한 권으로 끝내는 교과서

실험 관찰

한 권으로 끝내는 교과서 실험관찰 5·6학년 (개정판)

글 | 양일호(한국교원대학교 초등교육과 교수)

  과학 창의와 탐구 R&D 연구소 _ 권석원, 김은애, 김지영, 남지연, 송윤미, 이소리, 임선만, 한제준

그림 | 김나미, 최영아

사진촬영 | 조옥희, 문선옥, 한세영, 박세리

사진협조 | 국립고궁박물관, 국립공원관리공단, 국립수산과학원, 기상청, 대한육상경기연맹, 대한체육회, 부산대학교 단결정은행연구소, 산림청, 삼성전자,

  소방방재청, 에너지관리공단, 예천천문우주센터, 전국수영연합회, 한국도로공사, 한국에너지기술연구원, 한국항공우주연구원, 현대로템, 현대자동차,

  환경부 수생태보전과, K-water, LG전자, @micronaut caters news

1판 1쇄 발행 | 2010년 2월 20일 **2판 2쇄 발행** | 2017년 10월 16일

펴낸이 | 김영곤 **펴낸곳** | ㈜북이십일 아울북

이사 | 이유남 **에듀콘텐츠팀장** | 김수경

에듀콘텐츠팀 | 김지혜 탁수진 이명선 유하은

아동마케팅본부장 | 신정숙 **아동마케팅팀** | 변유경 김미정 김은지 **아동영업팀** | 김창훈 오하나 임우섭

소셜콘텐츠팀 | 김경애 한아름 백윤진

디자인 | 손성희

주소 | (413-120)경기도 파주시 회동길 201

전화 | 031-955-2100(대표), 031-955-2730(내용문의)

홈페이지 | www.book21.com

출판등록 | 2000년 5월 6일 제406-2003-061호

ISBN 978-89-509-5696-7

KC
• 제조자명 : (주)북이십일
• 주소 및 전화번호 : 경기도 파주시 회동길 201(문발동) / 031-955-2100
• 제조연월 : 2017.10.16
• 제조국명 : 대한민국
• 사용연령 : 3세 이상 어린이 제품

한 권으로 끝내는 **교과서**

NEW 개정 교과서 실험관찰 **164**개 완벽 정리!

실험관찰

💿 실험 동영상

집필 **양일호, 윤용석**

아울북

직접 보거나 관찰하지 않고 탐구할 수 있을까?

과학은 자연 현상을 합리적인 사고과정을 통해서 이해하는 학문입니다. 과학에서 사용하는 탐구적인 방법은 가장 신뢰도가 높은 것으로 인정을 받기 때문에, 과학적인 사고방식과 함께 탐구적인 방법은 비단 과학뿐만 아니라 모든 학문의 탐구와 인간의 일상생활에 있어서도 반드시 필요한 소양 중의 하나가 되었습니다. 더불어 과학적 태도를 기르는 것은 모든 인간이 올바른 삶을 영위하기 위해서 반드시 필요한 소양 교육이기도 합니다.

과학은 과학자들이 이루어 놓은 지식의 체계만을 의미하는 것은 아닙니다. 과학은 이 지식 체계와 아울러, 자연을 탐구하는 과학자들의 활동까지도 포함합니다. 따라서 학생들은 과학의 기본 개념을 이해하고, 과학적인 탐구 능력을 함양해야 합니다. 이와 더불어 과학 교육에서는 과학적인 태도와 과학의 본성에 대해 올바르게 이해를 하는 것도 중요한 일입니다. 특히, 최근에는 과학이 우리 사회에 미치는 영향이 지대하기 때문에 과학이 우리 사회와 어떤 관계가 있는가를 이해하고, 과학이 우리 사회가 직면한 문제를 해결하는 데 잘 활용될 수 있도록 하는 것이 매우 중요하게 부각 되고있습니다.

초등학교의 과학 교육은 과학의 이러한 성격과 특성을 반영하여, 기본적인 개념 이해와 초보적인 탐구 활동을 하게 함으로써 과학에 대한 올바른 인식과 태도를 가지고, 실생활과 관련하여 과학적인 탐구활동을 하는데 중점을 두어야 합니다.

이러한 의미에서 5~6학년 〈교과서 실험관찰〉은 5~6학년 과학 교과서에 있는 실험들을 단계별로 상세하게 설명하고 있어, 그 실험들을 따라가면 교과서의 실험들도 쉽게 이해하고 스스로 탐구할 수 있는 능력을 가질 수 있을 것이라 생각합니다.

3~4학년 〈교과서 실험관찰〉이 여러분에게 교과서에서 배우는 다양한 탐구 활동들을 자세하고 친절하게 안내하는 길잡이가 되었던 것처럼 5~6학년 〈교과서 실험관찰〉 역시 여러분의 탐구에 활력을 불어넣어 주는 길잡이가 되리라 기대합니다.

실험에 들어있는 중요한 과학 개념, 탐구과정 요소, 실험 방법, 실험 준비물, 실험 결과, 과학 이야기 등을 통해 교과서에서 배워야 할 핵심적인 개념과 실험에 대하여 자세히 풀이 하였으며, '과학자의 눈'을 통해 좀 더 알아보고 배우고 싶은 여러분의 궁금증도 해결할 수 있도록 하였습니다.

5~6학년 〈교과서 실험관찰〉을 통해 많은 친구들이 교과서에 있는 실험들을 쉽게 이해하고, 과학을 좋아하고, 과학을 배우는데 흥미를 갖게 되길 기대해 봅니다.

2015년 1월

양일호, 윤용석

이 책의 차례

지구와 우주

물질

에너지

이 책의 활용법

소주제(표제어)

생명, 지구와 우주, 물질, 에너지의 총 4영역을 다시 15개의 중분류로 나누었고, 그 속에서 또 다시 34개의 소분류(표제어)로 나누어 주제를 선별하였습니다. 좀 더 구체적인 과학 주제를 알 수 있습니다.

핵심 질문

표제어 별로 중요한 핵심 질문을 제시함으로써 무엇을 알아야 하는지 알 수 있습니다.

탐구 요소

관찰, 예상, 분류, 변인통제 등 탐구 활동을 할 때 필요한 탐구 요소를 아이콘으로 나타내었습니다.

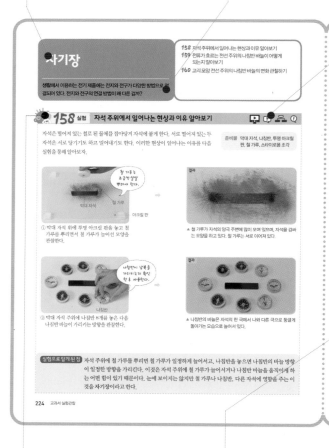

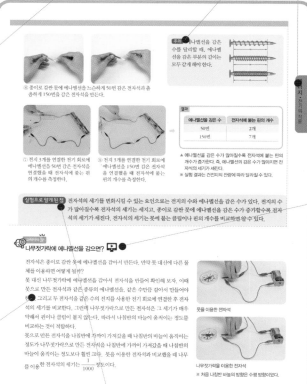

탐구 활동 번호와 분류

초등 5, 6학년의 개정 교과서에서 다루는 164개의 주요 탐구 활동 주제를 알 수 있으며, 각 주제마다 번호를 부여하고, 실험, 관찰, 조사로 분류하였습니다.

과학자의 눈

탐구 활동과 관련된 확장된 개념을 다루고 있어 심화 학습을 할 수 있습니다.

알게 된 점

실험, 관찰, 조사로 알 수 있는 점을 명확하게 정리해두었습니다.

주의

탐구 활동을 할 때 주의해야 할 점을 다루고 있습니다.

색인

4영역의 대분류와 중분류를 나타내고 있습니다.

실험 동영상

주요 실험의 이해를 돕기 위해 동영상으로 실험 과정 및 결과를 확인할 수 있습니다.

과학의 광장

관련 지식이나 재미있는 과학 상식에 관한 이야기를 쉽게 읽을 수 있습니다.

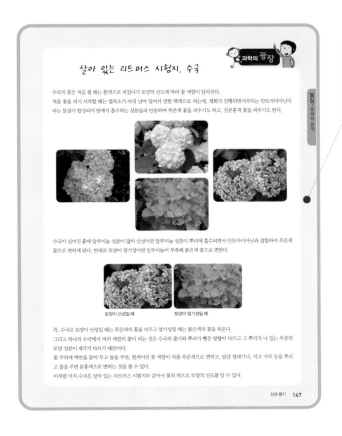

과학의 광장

살아 있는 리트머스 시험지, 수국

수국의 꽃은 처음 필 때는 흰색으로 피었다가 토양의 산도에 따라 꽃 색깔이 달라진다.
처음 꽃을 피기 시작할 때는 엽록소가 아직 남아 있어서 연한 백색으로 피는데, 개화가 진행되면서부터는 안토사이아닌이라는 물질이 합성되어 땅에서 흡수한 성분들과 반응하여 푸른색 꽃을 피우기도 하고, 진분홍색 꽃을 피우기도 한다.

수국이 심어진 흙에 알루미늄 성분이 많아 산성이면 알루미늄 성분이 뿌리에 흡수되면서 안토사이아닌과 결합하여 푸른색 꽃으로 변하게 된다. 반대로 토양이 염기성이면 알루미늄이 부족해 붉은색 꽃으로 변한다.

토양이 산성일 때 　토양이 염기성일 때

즉, 수국은 토양이 산성일 때는 푸른색의 꽃을 피우고 염기성일 때는 붉은색의 꽃을 피운다.
그리고 하나의 수국에서 여러 색깔의 꽃이 피는 것은 수국의 줄기와 뿌리가 뻗은 방향이 다르고 그 뿌리가 나 있는 부분의 토양 성분이 제각기 다르기 때문이다.
꽃 주위에 백반을 묻어 두고 물을 주면, 흰색이던 꽃 색깔이 차츰 푸른색으로 변하고, 달걀 껍데기나, 석고 가루 등을 뿌리고 물을 주면 분홍색으로 변하는 것을 볼 수 있다.
이처럼 마치 수국은 살아 있는 리트머스 시험지와 같아서 꽃의 색으로 토양의 산도를 알 수 있다.

산과 염기 147

일러두기

🧪 탐구 활동 주제 선정
〈교과서 실험관찰〉의 탐구 주제를 선정하기 위해서 초등 교과서에서 다루고 있는 실험과 관찰의 내용을 모두 선별하여 정리한 다음, 과학의 4영역인 생명, 지구와 우주, 물질, 에너지를 기준으로 구분하였습니다.

🧪 탐구 활동 주제 배열 및 표기
크게 생명, 지구와 우주, 물질, 에너지의 4영역으로 나누고, 그 속에서 각 영역별로 비슷한 내용의 주제를 묶어서 배열하였습니다. 탐구 활동의 종류는 크게 '실험, 관찰, 조사'로 나누어 탐구의 방향을 제시하였습니다.

🧪 탐구 요소의 구성
교육과정에서 제시하는 탐구 요소를 기준으로 하여 '관찰, 분류, 측정, 예상, 추리, 의사소통, 변인통제, 자료변환 및 해석, 문제인식, 가설설정, 결론도출, 일반화'로 구분하여 아이콘화 하였습니다.

◎ 부록 DVD
실험 과정 및 결과를 동영상으로 생생히 경험할 수 있도록 하였습니다.

실험관찰 파헤치기

● **탐구 요소란?**

개정 교과서에서는 '과학의 탐구 활동'이 강화되었습니다. 그러면서 과학의 지식을 아는 것이 아니라 과학을 하는 방법이 중요하게 되었습니다. 탐구를 하는 방법은 다양하지만, 그 형태에서 공통적으로 사용되는 과정이 있습니다. 이를 '탐구 과정'이라고 합니다. 우리나라 교육과정에서 제시하는 탐구 요소는 다음과 같습니다.

 관찰

탐구의 가장 기본적인 단계로, 모든 감각과 도구(현미경, 망원경 등)를 사용해서 문제와 관련된 정보를 얻는 과정

 측정

자, 온도계 등을 사용해서 관찰하고, 수량화하는 활동
예) 늘어난 용수철의 길이를 자를 이용해 잰다.

 추리

관찰한 내용을 해석하고, 설명하는 단계
예) 얼음물이 있는 유리컵 표면에 맺힌 물방울은 공기 속의 수증기로 추리할 수도 있고, 공기 중의 산소와 수소의 결합이라고 추리할 수도 있다.

 의사소통

탐구한 내용을 친구들에게 발표하고, 서로의 생각을 주고 받는 것
예) "화산 활동의 피해"를 발표하고, 화산 활동의 이로운 점은 없는지 등의 생각을 발표한다.

 분류

목적을 가지고 사물의 공통점이나 한 조건에 따라서 묶거나 구분하는 것
예) 날개가 있다 _ 나비, 부엉이
    날개가 없다 _ 호랑이, 사람

 예상

관찰이나 측정한 내용을 바탕으로 나중에 일어날 현상이 어떻게 될지 미리 판단하는 것
예) 손으로 무게를 어림해보고, 저울로 무게를 확인한다.

 변인통제

실험, 조사에 영향을 주는 여러 조건을 확인하고, 탐구하고자 하는 것 이외에 다른 조건을 모두 같게 하는 것
예) 화단 흙과 운동장 흙의 부식양을 비교할 때, 흙의 종류가 다른 것 이외에 흙의 양, 물의 양 등은 같게 한다.

 자료변환 및 해석

자료변환은 측정 결과로 얻은 자료를 기록하고, 해석할 수 있도록 표나 그래프 등으로 나타내는 활동
자료해석은 얻은 자료를 분석하고 예상이나 추리를 통해 연관시켜 의미나 관계를 찾는 과정을 말합니다.

 문제인식

자신이 알고 있는 지식으로 설명할 수 없는 현상을 관찰한 후, 의문을 가지고 알고자 하는 것
예) 텃밭에 심겨진 토마토에는 진딧물이 생기는데 상추에는 진딧물이 생기지 않는 것을 보고 "상추에는 왜 진딧물이 생기지 않을까?"라는 의문을 가진다.

 가설설정

자신이 알고 있는 지식으로 설명할 수 없는 현상을 관찰한 후, 의문을 가지고 알고자 하는 것
예) 텃밭에 심겨진 토마토에는 진딧물이 생기는데 상추에는 진딧물이 생기지 않는 것을 보고 "상추에는 왜 진딧물이 생기지 않을까?"라는 의문을 가진다.

 결론도출

탐구 과정 전체를 정리하는 단계로서 자신이 처음에 세웠던 가설의 옳고 그름을 판단하는 과정

 일반화

여러 가지 실험을 통해 확인된 실험 결과에서 규칙성을 발견하여 과학적 원리와 법칙을 찾아내는 과정

● **자유 탐구란?**

개정된 교육과정의 가장 중요한 특징 중의 하나가 매 학년별로 6차시의 '자유 탐구'가 강화되었다는 것입니다. '자유 탐구'는 쉽게 말해, 학생 스스로 '탐구할 주제를 정하고, 탐구하고, 보고서를 작성하여, 발표까지' 하는 것으로, 자기 주도적 탐구 학습을 말합니다. 탐구는 크게 다음과 같이 6단계로 나눌 수 있습니다.

1 단계 · 탐구 주제 정하기

선생님이 제시한 큰 주제에 대해 학생들이 브레인스토밍을 합니다.
그리고 탐구하고 싶은 소주제를 자유롭게 발표하고, 같은 주제를 선택한 학생들끼리 소집단을 구성합니다.

2 단계 · 탐구 계획 세우기

구성원끼리 선택한 과제를 해결하기 위한 계획을 세우는 단계입니다.
"누가 무엇을 할지?", "알고 싶은 내용은 무엇인지?", "필요한 정보를 어디서 얻을 수 있는지?" 등의 계획을 세웁니다.

3 단계 · 탐구 실행하기

모은 정보를 수집하고, 분석하고, 결론을 도출해보는 실행 단계입니다.
수집한 정보를 정리하고, 보고할 내용의 아이디어를 교환하고, 토론합니다.

4 단계 · 탐구 보고서 만들기

수집한 정보와 구성원끼리 토론한 내용을 가지고 최종 보고서를 작성하는 단계입니다. 주요 아이디어와 결론은 물론, 수집한 정보와 자료의 출처 및 자료 수집 방법 등이 포함되어야 합니다.

5 단계 · 탐구 결과 발표하기

작성한 보고서를 발표하는 단계입니다.
발표는 시청각 자료, 토론, 그림, 퀴즈, 형식 등 다양한 방법으로 할 수 있습니다.

6 단계 · 평가

지금까지 내용을 평가하는 단계입니다. 탐구 주제, 절차, 창의성, 참여 정도, 발표 방법의 창의성 등이 평가되지만, 학생들이 얼마나 자기 주도적으로 탐구를 했느냐를 주안점으로 평가됩니다.

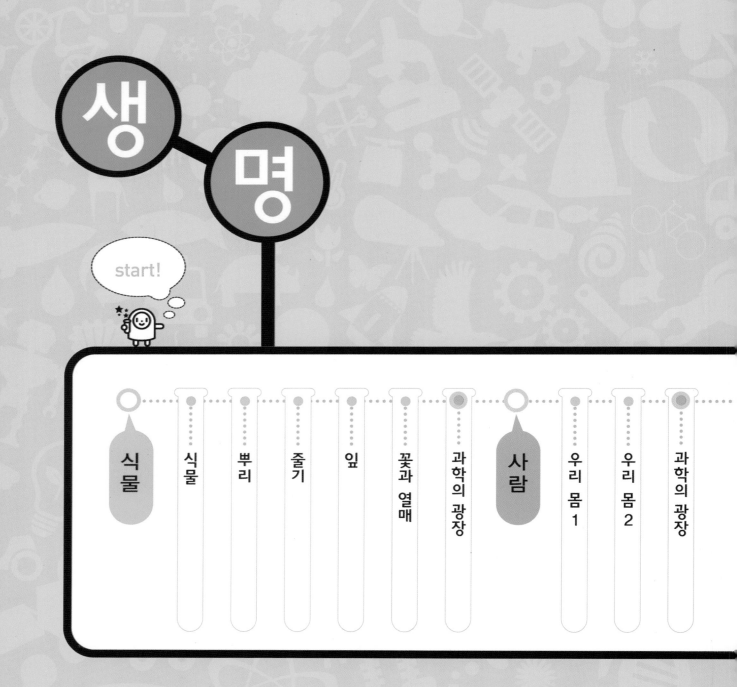

생 명

start!

'생명'은 생물을 연구 대상으로 하는 자연과학입니다. 생물은 생명을 가지고 있는 것을 말하며 보통 동물, 식물, 미생물 혹은 균류로 나눕니다. 생명은 이들의 구조, 기능, 생장, 서식, 진화, 분류 등을 탐구합니다. 지구 위의 모든 생물을 파헤쳐 봅시다.

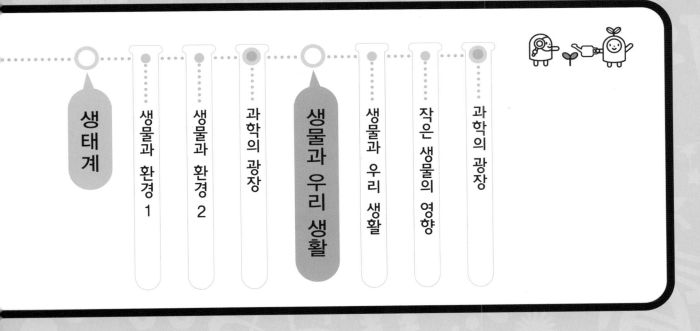

식물

식물은 어떤 구조로 되어 있을까? 식물을 이루는 기관들은 서로 어떤
관련성이 있을까?

1 관찰 식물의 구조 관찰하기

식물은 다양한 모습으로 살아가고 있다. 식물을 관찰하여 어떤 구조로 이루어져 있는지
알아보자.

준비물 식물 모종, 흰 종이, 돋보기

흰 종이에 올려놓아야 명확
하게 관찰할 수 있다.

식물의 구조

꽃

잎

열매
줄기

뿌리

① 식물 모종의 뿌리를 씻어 흰 종이에 올려 놓는다.

② 식물의 생김새를 관찰하여 그림으로 나타내고, 식물의 구조를 구분하고 명칭을 써 본다.

관찰로 알게 된 점 식물의 줄기는 땅 위에 나와 있으며, 잎이 달려 있는 마디가 있다. 줄기에는 끝눈과 곁눈이 있고, 색과 표면은 식물의 종류에 따라 다양하다. 또한 줄기는 뿌리와 잎을 연결하며, 식물을 지지하고 보호하는 역할을 한다.

과학자의 눈
풀과 나무의 비교

풀과 나무는 모두 땅속에 뿌리가 있고, 땅 위로 줄기, 잎, 꽃과 열매가
있다. 또한 풀과 나무가 자라면 꽃이 피고 열매를 맺는다. 하지만 나
무는 풀보다 크기 때문에 풀보다 큰 뿌리와 줄기, 잎으로 이루어져 있
으며, 대부분의 풀은 일년생 또는 이년생이지만 나무는 다년생이다.

▲ 풀(고추)

▲ 나무(배나무)

흙속에서 흡수한 물의 이동과 잎에서 만든 양분의 이동 과정을 통해 식물의 뿌리, 줄기, 잎, 꽃과 열매간의 관련성을 알아보자.

흙속의 물의 이동

① 뿌리에서 물을 흡수한다.

② 뿌리에서 흡수한 물이 줄기를 통하여 식물이 필요한 곳으로 이동한다.

③ 뿌리에서 흡수한 물이 줄기 속 물관을 통하여 식물 꼭대기까지 올라가기 위해서는 증산 작용이 일어나야 한다.

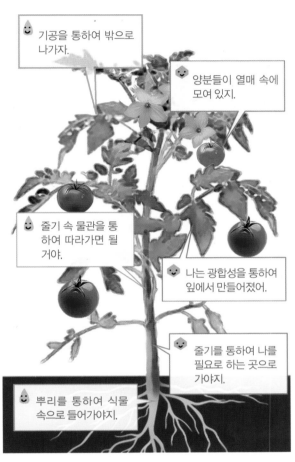

기공을 통하여 밖으로 나가자.

양분들이 열매 속에 모여 있지.

줄기 속 물관을 통하여 따라가면 될 거야.

나는 광합성을 통하여 잎에서 만들어졌어.

줄기를 통하여 나를 필요로 하는 곳으로 가야지.

뿌리를 통하여 식물 속으로 들어가야지.

잎에서 만들어진 양분의 이동

① 햇빛과 물, 이산화 탄소를 이용하여 잎에서 스스로 양분을 만든다.

② 뿌리에서 흡수한 물이 줄기 속 물관을 통하여 잎까지 이동하여 광합성에 이용된다. 광합성을 통해 잎에서 양분이 만들어진다.

③ 줄기 속 양분이 이동하는 통로를 통하여 식물이 필요로 하는 곳으로 이동한다.

④ 무, 고구마 등의 식물은 뿌리에 양분을 저장한다.

⑤ 꽃이 시들면서 씨가 있는 열매가 될 때 양분이 필요하다.

화창한 날과 비가 오는 날 물과 양분의 이동

구분	땅속의 물	잎에서 만들어진 양분
화창한 날	뿌리에서 물을 많이 흡수하며, 줄기의 물관을 통하여 잎으로 이동한 후 많은 양이 잎 밖으로 빠져나간다.	잎에서 광합성으로 양분이 많이 만들어지며, 줄기를 통하여 필요한 기관으로 이동하여 사용되거나 저장된다.
비가 오는 날	뿌리에서 물을 적게 흡수하며, 줄기의 물관을 통하여 잎으로 이동한 후 적은 양이 잎 밖으로 빠져나간다.	잎에서 광합성으로 양분이 적게 만들어지며, 줄기를 통하여 필요한 기관으로 이동하여 사용되거나 저장된다.

조사로 알게 된 점 식물의 뿌리, 줄기, 잎, 꽃과 열매는 서로 밀접한 관련이 있다. 뿌리에서 흡수한 물은 줄기의 물관을 통하여 잎까지 이동하고, 잎에서 광합성으로 만들어진 양분은 줄기를 통하여 필요한 기관으로 운반되어 사용되거나 저장된다. 뿌리, 줄기, 잎에서의 작용으로 식물은 자라고 꽃을 피우며 열매를 맺어 씨를 퍼뜨린다.

생명 · 식물

뿌리

땅속으로 뻗어 나가는 식물의 뿌리는 어떤 형태와 기능을 가지고 있을까?

관찰 3 뿌리의 구조와 하는 일–지지 기능

우리가 볼 수 있는 땅 위의 식물 모양은 모두 다르다. 땅속에 묻혀있는 부분은 어떤 모양일까? 실제 식물의 다양한 뿌리 모양을 관찰해 보고, 뿌리가 어떤 역할을 하는지 알아보자.

준비물 식물 그림카드, 식물

식물의 크기와 뿌리의 길이

뿌리의 길이가 길지 않고, 식물의 크기가 작다.

▼ 봉선화

뿌리 길이가 중간 정도이고, 식물의 크기도 중간 정도이다.

▼ 해바라기

뿌리가 매우 길고 굵으며, 식물의 크기가 크다.

느티나무 ▶

식물을 손으로 뽑아보기

▲ 풀은 손으로 뽑으면 쉽게 뽑힌다.

▲ 작은 나무는 흔들거리지만 잘 뽑히지 않고, 큰 나무는 손으로 뽑히지도 흔들거리지도 않는다.

관찰로 알게 된 점 식물의 크기가 작을수록 뿌리가 길지 않고, 식물의 크기가 클수록 뿌리가 길게 뻗어 있다. 또, 풀과 같이 크기가 작은 식물은 손으로 쉽게 뽑히지만 나무와 같이 크기가 큰 식물은 손으로 뽑을 수가 없다. 이처럼 뿌리는 바람 등의 외부의 힘에 잘 견딜 수 있게 하는 역할을 한다. 이를 뿌리의 **지지 기능**이라고 한다.

생명 · 식물

뿌리가 식물을 지탱하고 지지하는 지지 기능을 한다는 것을 알았다. 뿌리가 지지 기능 외에 어떤 기능을 하는지 알아보자.

준비물 양파, 비커, 칼 또는 가위, 물

① 뿌리의 길이가 4~5cm인 비슷한 크기의 양파 2개를 준비한다.

② 하나의 양파는 뿌리를 그대로 두고, 다른 양파의 뿌리는 모두 자른다.

③ 같은 양의 물이 든 비커에 양파의 뿌리가 잠기도록 넣고, 햇빛이 잘 드는 곳에 3~4일 이상 놓아둔다. 시간이 지난 후 물이 줄어든 양을 비교한다.

결과   뿌리가 있는 양파   뿌리를 자른 양파

▲ 뿌리가 있는 양파의 비커에서는 물의 양이 줄어들었는데, 뿌리를 자른 양파의 비커에서는 물이 거의 줄어들지 않았다.

관찰로 알게 된 점   뿌리가 있는 양파의 비커에서 물의 양이 줄어들었다는 것은 뿌리가 물을 흡수했다는 것을 뜻한다. 반면 뿌리를 자른 양파는 물을 흡수하지 못했기 때문에 비커에 남아있는 물의 양이 거의 그대로이다. 이 결과 식물의 뿌리는 흡수 기능을 한다는 것을 알 수 있다.

과학자의 눈
줄기에서 뿌리가 나온다고?

일반적으로 식물의 뿌리가 땅속에서 지지 기능을 하는 것과는 달리 식물의 줄기처럼 땅 위에 있는 부분에서 생겨난 뿌리가 땅속으로 들어가 지지 기능을 하는 것이 있는데, 이를 **버팀뿌리**라고 한다. 지지 기능을 하는 버팀뿌리의 대표적인 예로는 난, 옥수수, 야자나무, 뱅골보리수나무 등이 있다. 버팀뿌리가 자라 땅속에 들어가면 물과 영양분의 이동 통로로 이용된다.

난

뱅골보리수나무

옥수수

줄기

식물의 줄기는 어떤 역할을 할까? 줄기는 어떤 형태와 기능을 가지고 있을까?

5 관찰 줄기의 겉모양 알아보기

다양한 식물의 겉모양을 관찰하여 식물 줄기가 어떤 구조를 가지고 있는지 알아보자. 또, 줄기가 하는 일을 알아보자.

준비물 여러 종류의 식물 줄기 사진

다양한 식물 줄기의 형태

▲ 대나무 줄기
녹색이고, 마디가 있으며 단단하다.

▲ 개나리 줄기
녹색 또는 갈색이며 껍질은 약간 거칠다.

▲ 철쭉 줄기
갈색이며 껍질은 약간 거칠다.

공통적인 식물 줄기의 구조

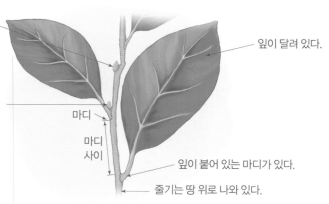

줄기 끝에 새로운 줄기와 잎을 만드는 끝눈이 있다.

줄기 사이에 곁눈이 있다.

잎이 달려 있다.

마디

마디 사이

잎이 붙어 있는 마디가 있다.

줄기는 땅 위로 나와 있다.

식물 줄기의 역할

1. 뿌리와 잎을 연결한다.

2. 식물을 지지한다.

3. 식물을 보호한다.

관찰로 알게된 점 식물의 줄기는 땅 위에 나와 있으며, 잎이 달려 있는 마디가 있다. 줄기에는 끝눈과 곁눈이 있으며, 색과 표면은 식물의 종류에 따라 다양하다. 또한 줄기는 뿌리와 잎을 연결하며, 식물을 지지하고 보호하는 역할을 한다.

6 실험 줄기 속 물의 이동 알아보기

줄기에서 물은 어떻게 이동할까? 봉선화와 백합을 이용해 줄기에서의 물의 이동과 줄기의 역할을 알아보자.

> **준비물** 봉선화, 백합, 붉은색 색소, 삼각 플라스크, 유리판, 문구용 칼 또는 면도칼, 유리막대, 돋보기 또는 실체 현미경

① 물이 든 삼각 플라스크에 붉은색 색소를 넣고 유리막대로 저어서 녹인다.

② 색소를 탄 물이 들어 있는 삼각 플라스크에 백합 줄기를 꽂고 4시간 이상 햇빛이 드는 창가에 둔다.

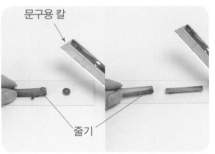

③ 줄기를 가로와 세로로 잘라 돋보기나 실체 현미경으로 관찰한다.

결과

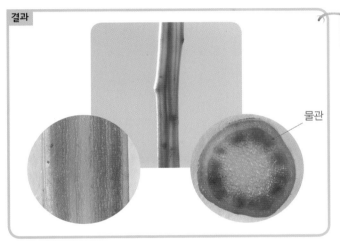

▲ 봉선화 줄기
물관이 줄기의 가장자리에 위치해 있으며, 줄기의 단면은 원형이다. → 쌍떡잎식물

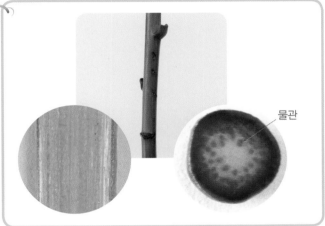

▲ 백합 줄기
물관이 줄기에 흩어져 있으며, 줄기의 단면은 원형이다. → 외떡잎식물

> **실험으로 알게 된 점** 식물에서 물은 줄기에 있는 물관을 통해 이동하며, 물관은 식물의 종류에 따라 줄기 가장자리에 위치하거나, 골고루 흩어져 있는 형태로 나타난다.

과학자의 눈
식물에 따라 물관의 크기는?

식물의 줄기에서 물이 지나가는 통로 역할을 하는 물관의 크기는 식물의 종류에 따라 차이가 있을까? 흔히 물관의 크기는 줄기의 크기가 큰 식물이 작은 식물에 비해 클 것이라고 생각할 수 있다. 하지만 대부분의 식물에서 물관의 크기는 서로 비슷하고, 줄기가 큰 식물의 경우 물관의 수가 더 많다.

어떤 식물의 물관 크기가 더 클까?

잎

식물의 잎은 어떤 구조를 가지고 있을까? 잎에 도달한 물은 어떻게 이용되며, 잎에서는 어떤 물질이 만들어질까?

7 관찰 식물의 잎 모양 관찰하기

식물을 관찰할 때 가장 먼저 눈에 띄는 잎의 구조에 대해 알아보자.

준비물 채집 용품, 식물도감

일반적인 잎의 구조

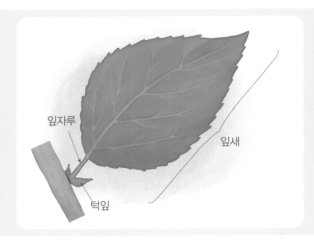

- 식물의 잎은 엽록체가 있어 녹색을 띤다.
- 잎의 납작한 부분인 잎몸이 잎자루에 연결되어 줄기에 붙어 있다.
- 잎새에는 잎맥이 있어 잎의 형태를 유지하고, 물과 영양분의 이동 통로가 된다.
- 식물의 잎에는 기공이 존재하며, 식물의 종류에 따라 기공의 형태가 매우 다양하다.

쌍떡잎식물의 잎	외떡잎식물의 잎
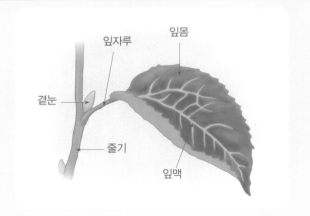	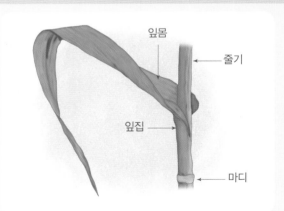
대부분의 쌍떡잎식물 잎은 넓적한 잎몸과 길쭉한 잎자루로 이루어져 있고, 그물맥이다.	대부분의 외떡잎식물 잎은 잎을 감싸는 잎집과 잎몸으로 이루어져 있고, 나란히맥이다.

관찰로 알게 된 점 식물의 잎은 엽록체가 있어 녹색을 띠며, 잎몸, 잎자루, 잎맥 등으로 구성된다. 잎에 잎맥이 있어 잎의 형태를 유지할 수 있고, 또한 잎맥은 물과 영양분의 이동 통로 역할을 한다.

식물의 잎 표피에는 무수히 많은 구멍이 있는데, 이 구멍을 기공이라 한다. 식물의 종류에 따라 기공의 모양은 어떻게 다른지 현미경으로 잎의 기공을 관찰해 보자.

준비물 식물의 잎, 광학 현미경, 핀셋, 덮개 유리, 받침 유리

식물의 기공 관찰하기

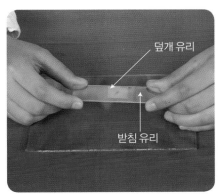

덮개 유리
받침 유리

① 식물의 잎을 얇게 벗겨 받침 유리에 놓고 덮개 유리를 덮어서 프레파라트를 만든다.

프레파라트

② 프레파라트를 현미경의 재물대 위에 놓고 관찰한다.

주의 현미경의 재물대 위에 프레파라트를 놓고, 대물렌즈를 프레파라트에 거의 닿을 정도로 접근시킨다. 대물렌즈를 위로 올리면서 초점을 맞추어 관찰한다.

생명·식물

식물의 종류에 따른 기공의 모습

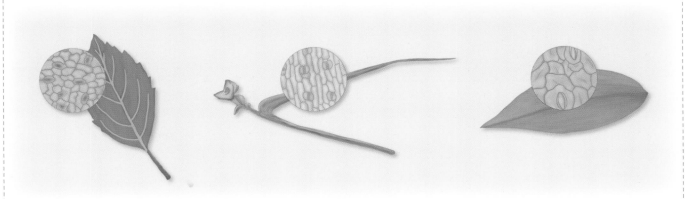

개나리의 기공(100배)　　　자주달개비의 기공(100배)　　　닭의장풀의 기공(100배)

기공이 하는 일

기공이 열렸을 때

기공이 닫혔을 때

◀ 기공이 열리면 물관에서 이동한 물이 수증기 상태로 빠져나간다. 또, 기공을 통해 광합성에 필요한 이산화 탄소가 들어오고, 광합성으로 만들어진 산소는 빠져나간다.

관찰로 알게 된 점 식물 잎의 표피에는 수많은 기공이 존재하며, 이산화 탄소가 들어오고 산소와 수증기를 내보내는 역할을 한다. 기공의 모습은 식물마다 다르다.

키가 큰 나무 꼭대기에 있는 잎까지 뿌리에서 흡수한 물이 올라갈까? 잎에 도달한 물은 어떻게 되는지 알아보자.

준비물 잎이 달린 식물 줄기, 눈금 실린더, 물, 비닐봉지, 돋보기, 자, 기름, 물

① 잎이 달려 있는 식물 줄기 2개를 준비하여 한쪽 줄기의 잎은 모두 뗀 후 눈금 실린더에 꽂는다.

② 줄기 2개가 꽂혀 있는 눈금 실린더에 물을 넣고 물 위에 기름을 한두 방울 떨어뜨린다.

③ 줄기가 꽂혀 있는 2개의 눈금 실린더를 크기가 같은 투명한 비닐봉지로 씌운다.

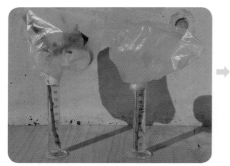

④ 2개의 눈금 실린더를 햇빛이 잘 드는 곳에 둔다.

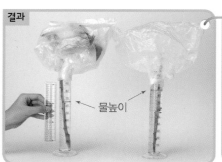

▲ 잎이 달린 줄기를 꽂은 눈금 실린더의 물이 많이 줄어들었다.

▲ 잎이 달린 줄기를 감싼 비닐봉지에서만 물방울이 관찰되었다.

실험으로 알게 된 점 잎이 달린 줄기가 물을 더 많이 흡수했으며, 이 물은 식물의 잎(기공)을 통해 수증기가 되어 빠져나갔음을 알 수 있다. 식물은 뿌리에서 줄기를 통해 잎까지 물을 끌어 올려 식물의 각 부분에서 사용하는데, 흡수한 물의 일부분은 식물의 잎에 있는 기공을 통해 빠져나간다. 뿌리에서 흡수한 물이 식물의 기공을 통하여 배출되는 현상을 **증산 작용**이라고 한다.

과학자의 눈
증산 작용의 의미

식물의 잎에서 물이 수증기가 되어 밖으로 빠져나가는 증산 작용은 뿌리에서 흡수한 물과 무기 양분을 식물 전체에 공급하는 원동력이 된다. 식물의 잎은 모두 줄기를 통해 뿌리와 연결되어 있는데, 잎 속에 있는 물이 기공을 통해 빠져나가면 줄기와 뿌리에 있는 물이 위로 올라갈 수 있게 된다. 또, 새로운 물과 무기 양분을 흡수하여 무기양분을 농축시키기도 한다. 그리고 물이 수증기가 되면서 식물체의 열을 빼앗으므로 식물의 온도가 조절된다. 여름날 숲 속에 들어가면 시원한 이유도 식물이 증산 작용을 하기 때문이다.

나무 꼭대기에서도 증산 작용이 일어난다.

증산 작용을 통한 물의 이동

10 실험 잎에서 만들어지는 물질 알아보기

식물은 양분을 만들 때 반드시 햇빛을 필요로 한다. 식물의 잎이 햇빛을 이용해 만드는 물질은 무엇인지 알아보자.

준비물 잎이 달린 식물, 은박지, 비커, 페트리 접시, 알코올램프, 삼발이, 아이오딘- 아이오딘화 칼륨 용액, 스포이트

① 식물의 잎에 은박지를 씌운 후 햇빛에 2~3일 동안 놓아 둔다.

② 은박지를 씌운 잎과 씌우지 않은 잎을 따서, 동시에 알코올에 넣고 물중탕을 한다.

나는 녹말과 반응하여 청람색으로 변한다.

③ 중탕한 잎을 따뜻한 물로 헹군 후, 아이오딘-아이오딘화 칼륨 용액을 떨어뜨려 잎의 색깔 변화를 관찰한다.

결과

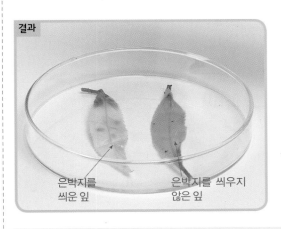

은박지를 씌운 잎   은박지를 씌우지 않은 잎

◀ 은박지를 씌운 잎은 아이오딘-아이오딘화 칼륨 용액에 변화가 없고, 은박지를 씌우지 않은 잎은 아이오딘-아이오딘화 칼륨 용액에 의해 청람색으로 변한다. 햇빛을 받은 잎과 받지 않은 잎의 색깔 변화가 다르게 나타난 것은 햇빛을 받은 잎의 경우 광합성에 의해 녹말이라는 양분이 생겼기 때문이다.

실험으로 알게 된 점 식물의 잎에는 엽록체가 있어서 녹색으로 보이는데, 이 엽록체에서 물과 이산화 탄소를 이용하여 양분을 만든다. 이 과정에 빛에너지가 필요한데, 빛에너지를 이용하여 양분을 만드는 작용을 **광합성**이라고 한다. 식물은 광합성을 통해 녹말이라는 양분을 만들고 씨앗이나 줄기, 뿌리 등에 여러 형태로 저장한다. 녹말은 아이오딘-아이오딘화 칼륨 용액과 반응하여 청람색의 색 변화가 일어난다.

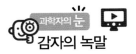 과학자의 눈
감자의 녹말

감자는 우리 주변에서 흔히 볼 수 있는 식물 중 녹말을 가장 많이 포함하고 있는 식물이다. 광합성에 의해 만들어진 녹말이 줄기인 감자에 저장된 것이다. 감자에 아이오딘-아이오딘화 칼륨 용액을 떨어뜨리면 청람색으로 변하는데, 이는 아이오딘-아이오딘화 칼륨 용액이 감자의 녹말과 반응하였기 때문이다. 밀가루, 밥, 식빵 등 녹말이 든 물질에서도 같은 색 변화를 관찰할 수 있다.

꽃과 열매

꽃과 열매는 어떤 공통적인 형태와 기능을 가지고 있을까?

11 관찰 꽃의 생김새 관찰하기

식물의 꽃은 다양한 모양과 색깔을 가지고 있다. 쉽게 볼 수 있는 꽃을 선택하여 꽃의 생김새를 관찰해 보자.

> **준비물** 백합꽃, 핀셋, 면도칼, 돋보기, 현미경, 받침 유리, 덮개 유리, 거름종이, 스포이트

꽃의 생김새와 꽃가루 관찰

◀ 꽃은 흰색이다. 꽃잎은 끝에만 갈라져 있으며, 풀줄기에 달려 있다.

① 백합꽃의 생김새를 관찰한다.

◀ 1개의 암술과 6개의 수술이 있고 꽃잎은 끝에만 갈라져 있다.

② 핀셋과 면도칼을 사용하여 꽃잎, 암술, 수술을 떼어 관찰한다.

③ 받침 유리에 꽃밥의 꽃가루를 떨어뜨리고, 그 위에 스포이트로 물을 한 방울 떨어뜨린다.

④ 덮개 유리를 덮는다.

⑤ 거름종이로 덮개 유리를 덮어 물기를 제거한다.

⑥ 프레파라트를 현미경의 재물대 위에 올려놓고 관찰한다.

결과

◀ 백합의 꽃가루
타원형이며, 주변에 작은 비늘 같은 구조로 덮여 있다.

> **관찰로 알게 된 점** 백합의 꽃은 흰색이며, 1개의 암술과 6개의 수술이 있다. 꽃잎은 끝에만 갈라져 있다. 꽃가루의 프레파라트를 만들어 현미경을 통해 관찰하면 꽃가루의 형태를 확인할 수 있다.

식물의 꽃은 종류에 따라 모양, 색깔, 향기 등이 다르지만 기본적인 구조는 같다. 꽃의 구조를 알아보자.

준비물 식물도감, 꽃

생명·식물

나리꽃의 구조

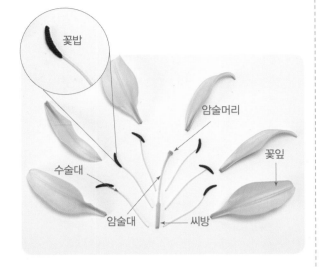

꽃밥

암술머리

꽃잎

수술대

씨방

암술대

구조	암술	수술	씨방
구성	암술머리, 암술대, 씨방	수술대, 꽃밥	밑씨

꽃의 구조와 하는 일

꽃잎
• 꽃의 내부 기관을 둘러싸서 암술과 수술 등의 중요 기관을 보호한다.
• 꽃잎의 색은 화려해서 곤충을 유인할 수 있으며, 식물 분류의 중요한 기준이 된다.

암술
• 꽃의 가장 안쪽 중앙에 위치하고 있으며, 꽃가루받이가 일어나는 곳이다.
• 암술머리, 암술대, 씨방으로 구성되며, 씨방에는 장차 씨가 될 밑씨가 들어 있다.

수술
• 암술 주위에 여러 개가 위치하고 있으며, 수술대와 꽃밥으로 구성되어 있다.
• 꽃밥에서는 꽃가루가 만들어지고, 꽃밥이 성숙하면 꽃가루가 터져나온다.

꽃받침
• 꽃이 자랄 때에 꽃을 덮어 보호하여 주고, 꽃이 필 때에 꽃을 받쳐 준다.
• 민들레의 경우에는 열매가 바람에 날리도록 한다.

관찰로 알게된 점 꽃은 식물의 종류에 따라 다양한 모양, 색깔, 향기 등을 가지고 있지만, 기본적인 구조는 일반적으로 꽃잎, 수술, 암술, 꽃받침으로 이루어져 있다. 하지만 모든 꽃이 이와 같은 구조를 가진 것은 아니다.

수술에서 만들어진 꽃가루가 암술머리로 옮겨 붙는 것을 꽃가루받이(수분)라고 한다. 꽃가루받이가 이루어진 다음에 씨가 자라고, 씨를 싸고 있는 부분이 열매가 된다. 꽃가루받이가 되기 위해 어떤 과정과 방법이 필요한지 알아보자.

준비물 동·식물도감

꽃가루받이 순서

① 수술의 꽃밥에서 꽃가루가 만들어진다.

② 암술머리에 꽃가루가 떨어지면 꽃가루가 암술대를 따라 씨방으로 이동한다.

꽃가루받이의 다양한 방법

충매화

풍매화

수매화

조매화

▲ 식물의 꽃가루가 수분되기 위해서는 수술에서 암술로 이동해야 한다. 꽃가루의 이동 방법은 여러 가지가 있다. 곤충을 이용하는 충매화, 바람을 이용하는 풍매화, 물을 이용하는 수매화, 새를 이용하는 조매화 등이 있다. 꽃의 모양과 향기를 관찰하면 꽃가루의 이동 방법을 예상할 수 있는데, 충매화는 꽃이 화려하고 꿀샘이 있으며, 풍매화의 꽃은 눈에 잘 띄지 않는다. 또, 조매화는 꽃이 비교적 크고 꿀도 많으며, 수매화는 대부분 수생 식물이다.

> 조사로 알게 된 점 꽃가루받이란 수술에서 만들어진 꽃가루가 암술머리로 옮겨 붙는 것을 말하며, 수분이라고도 한다. 꽃가루받이가 이루어진 다음에 씨가 자라고, 씨를 싸고 있는 부분이 열매가 된다. 꽃가루받이 방법에는 곤충을 이용하는 충매화, 바람을 이용하는 풍매화, 물을 이용하는 수매화, 새를 이용하는 조매화 등이 있다.

과학자의 눈
곤충의 눈으로 본 꽃의 모습은?

절지동물 중에서 곤충류나 갑각류 등의 눈은 구조가 특이한데, 여러 개의 홑눈이 벌집 모양으로 모여 이루어진 겹눈이다. 일벌의 경우 한 눈에 약 5500개의 홑눈이 있으며, 인간의 눈과 비슷한 형태의 빛을 감지한다. 그러나 눈의 구조 자체가 겹눈 구조이기 때문에 곤충은 세상을 모자이크처럼 본다. 모자이크처럼 보이기 때문에 꽃의 형태와 색깔을 판단하기는 매우 어렵지만, 한편으로는 꽃이 반사하는 자외선을 감지할 수 있어서 꽃을 쉽게 찾을 수 있다. 꿀벌의 시력은 인간의 $\frac{1}{80} \sim \frac{1}{100}$ 정도이다.

벌의 눈으로 본 꽃의 모습

14 관찰 열매의 구조와 하는 일 알아보기

복숭아와 배의 속 구조를 보고, 열매의 구조와 하는 일에 대해서 알아보자.

준비물 복숭아, 배, 칼, 식물도감

복숭아와 배 열매의 구조

구분	겉모습	속모습	씨앗
복숭아	씨방이 변해서 이루어졌으며, 솜털이 있는 껍질로 싸여 있다.	부드러운 과육과 딱딱한 갈색 씨앗이 1개 있다.	주름지고, 단단하며 계란 모양이다. 갈색이다.
배	꽃턱이 변해서 이루어졌으며, 거친 껍질로 싸여 있다.	단단한 과육과 작은 검정색 씨앗이 가운데 모여 있다.	매끄럽고, 단단하며 크기가 작다. 검정색이다.

▲ 열매는 겉이 껍질로 싸여 있으며, 씨앗을 보호하고 많은 영양분을 저장한다. 씨는 싹이 트면 자라서 어린 식물이 될 배와 배가 싹틀 때 필요한 양분을 저장하는 배젖으로 구성되어 있다.

관찰로 알게 된 점 열매는 씨와 씨를 보호하는 껍질을 합하여 부르는 말이고, 씨는 꽃가루와 밑씨가 결합한 후 자라서 형성된 것을 말한다. 씨를 보호하는 과육에는 많은 영양분이 저장되어 있어 다른 동·식물의 영양분이 되기도 한다.

과학자의 눈 참열매와 헛열매

일반적으로 콩이나 팥처럼 씨방이 자라서 열매로 된 것을 **참열매**라고 한다. 이와는 달리 씨방 이외의 부분이 크게 자라서 된 열매도 있는데, 이를 **헛열매**라고 한다. 헛열매의 경우 사과나 배는 꽃턱이 열매로 변한 것이며, 딸기도 우리가 먹는 부분은 꽃턱이 빨갛고 크게 자란 것이다. 석류는 암꽃의 꽃받침이 주머니 모양으로 변해 이루어진 헛열매이다.

콩(참열매)

석류(헛열매)

사과의 성장 과정을 통해 식물의 열매가 형성되는 과정을 알아보자.

준비물 사과, 식물도감

사과의 성장 과정

① 사과나무는 봄에 연분홍색 꽃이 핀다.

② 벌과 같은 곤충에 의해 수분이 된다.

밑씨   꽃가루

③ 일정 시간이 지나면 꽃가루와 밑씨가 결합하여 씨가 형성된다.

④ 씨는 점점 자라고 씨방이나 그 외의 부분에 다른 영양분이 첨가되면서 열매가 된다.

▲ 열매를 통해 새와 같은 동물을 유인할 수 있으며, 먹고 난 열매 속 씨앗이 소화되지 않고 남아 있어 식물의 씨앗을 가능한 멀리 퍼뜨릴 수 있게 된다. 이처럼 열매는 씨가 퍼지는 데 도움을 주는데, 씨가 퍼지는 방법은 열매의 생김새나 속구조와 밀접한 관련이 있다.

조사로 알게 된 점 식물은 다양한 방법으로 수분이 일어나고, 이후 씨가 형성되고 씨방이나 그 외 부분이 점차 자라면 열매가 된다. 열매는 식물의 씨앗을 멀리 퍼뜨릴 수 있는 도구가 된다.

과학자의 눈
밑씨는 어떻게 씨앗을 발달시킬까?

밑씨는 점점 발달해서 성숙한 씨가 되는데, 씨는 씨껍질, 배, 배젖 등으로 이루어진다. 이때 밑씨 껍질은 수분을 모두 잃고 배와 배젖을 보호할 수 있는 단단한 씨껍질이 된다. 배는 장차 어린 식물로 자랄 부분이고, 배젖은 배가 어린 식물로 자랄 때 필요한 영양분을 저장하는 부분이다. 이러한 단계가 되면 씨는 더 이상 발달하지 않고 동면과 같은 휴식 상태에 들어가게 된다. 이것은 일시적으로 씨가 쉬고 있는 상태로, 일정한 온도나 습도 등의 환경 조건이 다시 좋아지게 되면 새로운 개체를 만들기 위해 싹을 틔우게 된다.

밖이 너무 추워서 아직은 싹을 틔울 수 없어. 기다려야 해.

열매가 다 자라면 다양한 방법으로 씨를 퍼뜨린다. 씨가 퍼지는 다양한 방법에 대해 알아 보자.

준비물 식물 도감

바람에 의해서

단풍나무, 소나무, 참마 등의 씨는 날개 모양이며, 민들레, 엉겅퀴, 목화 등의 씨는 털이 많이 나 있어서 바람에 잘 날린다.

단풍나무 열매

민들레씨

동물의 몸에 붙어서

도깨비바늘, 도꼬마리, 가막사리 등의 씨는 갈고리 모양의 가시가 나 있거나, 씨 겉면이 끈끈하기 때문에 동물의 몸에 잘 붙는다.

도깨비바늘 열매

가막사리씨

동물이 먹은 뒤에 배설물로 나와서

감, 사과, 수박, 참외 등과 같은 열매는 동물이 열매를 먹고 씨를 배설함으로써 씨를 퍼뜨린다.

참외 열매

수박 열매

껍질이 터질 때의 탄력에 의해서

채송화, 냉이, 봉선화, 괭이밥, 제비꽃 등의 씨는 열매가 익으면 껍질이 터지면서 그 탄력에 의해 퍼진다.

제비꽃씨

봉숭아씨

물에 떠서

야자, 문주란, 연꽃 등은 물에 오래도록 떠 있을 수 있으며, 물에 떠서 씨를 퍼뜨린다. 씨는 속으로 물이 들어가지 않도록 두꺼운 껍질로 싸여 있다.

연꽃씨

야자씨

조사로 알게 된 점 식물은 다양한 방법으로 씨를 멀리까지 퍼뜨린다. 식물이 한 장소에서만 계속 싹을 틔운다면 어미 식물 아래에만 있기 때문에 어미 식물의 그늘로 인하여 햇빛을 받기 어렵고 양분과 공간이 부족하여 어린 식물이 잘 자랄 수 없다. 따라서 식물이 번성하려면 씨가 멀리 퍼져 싹을 틔워야 하며, 이때 바람, 동물, 물 등의 도움을 받는다.

실험 현미경으로 식물 세포 관찰하기

모든 생물은 세포로 이루어져 있다. 대부분의 세포는 크기가 매우 작아 맨눈으로 볼 수 없어 현미경을 이용하여 관찰한다. 현미경을 이용하여 식물 세포를 관찰해 보자.

준비물 광학 현미경, 영구 프레파라트(양파 표피 세포)

광학 현미경 사용 방법

① 회전판을 돌려 배율이 가장 낮은 대물렌즈를 중앙에 오게 한다.

② 현미경의 전원을 켠 다음에 조리개를 이용하여 빛의 양을 조절한다.

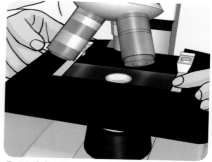

③ 클립을 열고 영구 프라파라트를 재물대 위의 가운데에 고정한다.

④ 옆에서 보면서 조동 나사로 재물대를 올려 대물렌즈와 프레파라트의 거리를 가장 가깝게 한다.

⑤ 조동 나사로 재물대를 천천히 내리면서 접안렌즈로 상을 찾는다.

⑥ 미동 나사로 상이 뚜렷하게 보이도록 조절하고, 저배율에서 고배율로 관찰한다.

광학 현미경으로 관찰한 식물 세포(양파 표피 세포)

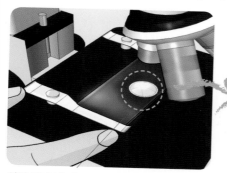

양파 표피 세포를 약품으로 염색해야 핵이 뚜렷하게 보인다.

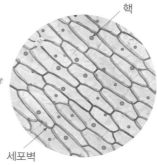

핵

세포벽

◀ 현미경으로 관찰한 양파 표피 세포는 벽돌이 쌓여 있는 것처럼 보이며, 세포 안에 작은 원이 하나씩 보인다. 벽돌처럼 생긴 방 하나 하나가 각각의 세포이며, 세포 안에 둥근 모양처럼 생긴 것은 핵이다.

실험으로 알게된 점 실험 결과 벽돌처럼 보이는 세포와 세포 안의 둥근 모양처럼 생긴 핵을 관찰할 수 있다. 현미경으로 세포의 핵을 관찰할 때는 약품으로 염색해야 뚜렷하게 볼 수 있다. 먼저 저배율로 세포 전체의 모습을 관찰한 후 고배율로 확대된 모습을 관찰한다.

세포 티셔츠 디자인하기

1. 함께 생각하기 〈세포 티셔츠 디자인 공모전 참가하기〉

① 식물체를 구성하는 식물 세포를 현미경으로 관찰하여 그리거나 식물의 구조를 티셔츠 무늬로 디자인하는 공모전에 참가하려고 한다.

② 현미경으로 관찰한 식물의 모습을 표현할 방법 : 본 그대로 그리거나 대표적인 세포벽을 하나 그리고 세포 모양을 반복하여 붙일 수 있다.

③ 모둠별로 다양한 방법을 생각해 본다.

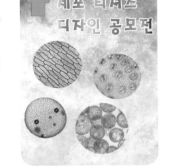

2. 함께 해결하기 〈세포 티셔츠 디자인하기〉

① 현미경으로 관찰한 식물 세포 사진을 그대로 그릴지, 간단히 표현할지 정한다.

② 컴퍼스, 삼각자 등을 사용하여 세포 모양을 그린다. 또는 색종이를 잘라 규칙을 생각하여 붙인다.

③ 표현하고자 하는 디자인에 알맞은 여러 가지 색깔을 골라 칠한다.

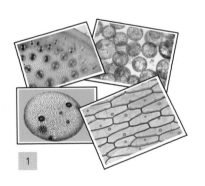

1

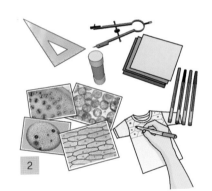

2

3

3. 함께 체험하기 〈세포 티셔츠 디자인 작품 발표하기〉

① 세포 티셔츠 디자인 공모전에 참가할 작품을 다음의 항목에 근거하여 친구들 앞에서 발표한다.

- 모둠원이 낸 아이디어와 채택한 아이디어
- 아이디어를 실현하기 위한 과정과 시행착오를 극복하는 과정

② 친구들이 디자인한 티셔츠를 감상하고 식물 세포를 표현한 특징을 찾아내 칭찬한다.

(예) 반복되는 세포 모양을 여러 가지 색깔로 나타내니 아름답다 등

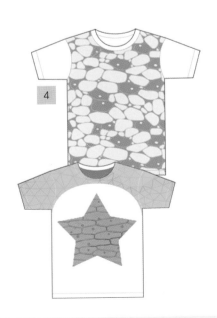

4

우리 몸 1

우리는 어떻게 몸을 움직일 수 있을까? 우리 몸 내부 기관에는 어떤 것이 있을까?

18 실험 인체 모형 만들기

숨을 쉬고, 음식물을 먹고, 움직이는 등 우리가 살아가는 데 필요한 일을 하는 몸 속 부분을 기관이라고 한다. 우리의 몸속은 어떻게 생겼는지 생각해 보면서 인 체 모형을 만들어 보자.

준비물 인체 모형, 똑딱단추, 셀로판 테이프

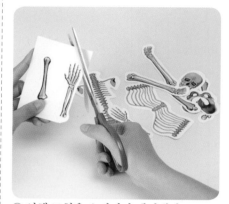

① 인체 모형을 오리거나 떼어낸다.

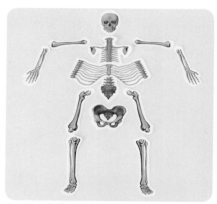

② 머리뼈와 몸통, 골반뼈, 팔뼈와 다리뼈 를 알맞은 위치에 배치한다.

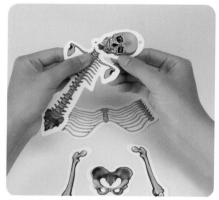

③ 갈비뼈는 투명테이프를 이용하여 몸통 에 붙이고, 머리뼈 부분을 똑딱단추로 고 정한다.

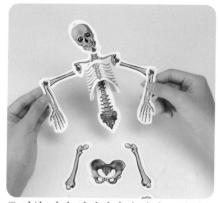

④ 뼈와 뼈가 연결되어 움직이는 부위는 똑딱단추로 연결한다.

⑤ 연결된 부분이 잘 움직이는지 확인한다.

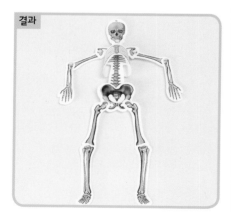

완성된 인체 모형

실험으로 알게 된 점 인체 모형을 보며 내 몸속에 어떤 기관이 어디에 어떻게 있을지 생각할 수 있다. 심장은 가슴 중앙에 서 약간 왼쪽에 있으며, 그 밖에 식도, 위, 작은창자, 큰창자 등이 있다. 또한 코, 기관, 기관지, 폐 등 이 있어 숨을 쉴 수도 있다.

🔊 과학자의 눈 뼈는 얼마나 튼튼할까?

사람의 뼈는 같은 무게의 철근 기둥보다 더 단단하며, 강도가 요구되는 곳의 뼈는 굵고, 구부러져야 하는 곳의 뼈는 수가 많다. 손상되기 쉬운 뼈의 끝 부위는 상대적으로 굵고, 근육의 지레 작용이 증가하는 부위는 볼록 튀어 나와 있다. 또, 정교한 신경과 혈관이 지나가는 통로엔 안전 통행을 보장하기 위해 홈이 파져 있다.

꼭두각시 인형, 피노키오

피노키오는 동화 '피노키오의 모험(1883)'에 나오는 주인공이다. 나무로 가구를 짜는 일을 하는 제페토 아저씨가 장작을 깎아서 작은 인형을 만들어 피노키오라고 이름을 붙인다. 피노키오는 온갖 모험을 하고 결국에는 사람이 된다.

실제로 피노키오는 나무로 만들어진 꼭두각시 인형이다. 꼭두각시 인형을 살펴보면, 조종대(핸들)에 연결된 실이 인형의 팔, 다리 등에 각각 연결되어 있다. 그래서 조종대(핸들)를 움직여 인형을 움직일 수 있다.

핸들과 연결된 꼭두각시 인형

꼭두각시 인형

포일을 이용하여 인체 모형 만들기 📺

포일을 이용해서도 인체 모형을 만들 수 있다. 그림과 같이 포일을 오려 뭉쳐서 몸의 모양을 만들고 약한 부분은 포일을 더 잘라서 덧붙이면 된다. 여기에다 색테이프로 감은 다음, 팔다리를 구부려 움직임을 표현한다. 유성 사인펜 등을 이용하여 몸속 여러 기관을 그릴 수 있다.

포일 오리는 방법
* 실선 부분을 오리세요.

① 포일을 오려 그림과 같이 인체의 형태를 만든다.

② 인체에서 팔다리를 구부려 움직임을 표현한다.

③ 어느 정도 몸의 형태가 되면 색테이프로 감는다.

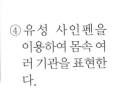

④ 유성 사인펜을 이용하여 몸속 여러 기관을 표현한다.

우리 몸에 있는 뼈를 만져 보고, 뼈의 생김새와 하는 일을 알아보자.

구분	뼈의 종류	생김새	하는 일
	머리뼈	동그란 모양	뇌를 보호한다.
	갈비뼈	여러 개의 뼈들이 좌우로 길게 연결되어 큰 공간을 이룬 모양	몸속의 심장, 폐 등 내장 기관을 보호한다.
	등뼈	여러 개의 마디가 연결된 모양	몸을 지지한다.
	팔뼈	길쭉하고 여러 개의 뼈가 연결된 모양	근육과 연결되어 팔을 구부리거나 펼 수 있다.
	다리뼈	팔뼈보다 더 긴 여러 개의 뼈가 연결된 모양	근육과 연결되어 다리를 구부리거나 펼 수 있다.

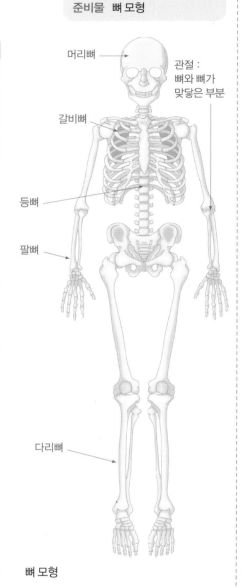

머리뼈

관절 : 뼈와 뼈가 맞닿은 부분

갈비뼈

등뼈

팔뼈

다리뼈

뼈 모형

관찰로 알게 된 점 우리 몸에는 머리뼈, 갈비뼈, 등뼈, 팔뼈, 다리뼈 등이 있다. 각각의 뼈는 다양한 생김새를 하고 있다. 뼈는 우리 몸이 지지할 수 있게 도와주고, 몸속 여러 기관을 보호해 준다.

과학자의 눈

우리 몸의 뼈를 보여 주는 엑스레이 사진

빠른 전자를 물체에 충돌시킬 때 투과력이 강한 복사선(전자기파)이 방출되는데, 이 복사선을 엑스선 또는 엑스레이(x-ray)라고 한다. 엑스선은 물질을 통과하면서 흡수되어 약해진다. 두꺼운 부위를 통과한 엑스선은 필름에 도달하지 못해 그 부분은 하얗게 되고, 얇은 부위를 통과한 엑스선은 필름에 많은 양이 도달해 까맣게 된다.

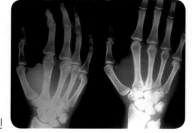

엑스레이 사진

뜀틀을 넘을 때는 구름판을 힘차게 굴러 몸을 높이 띄운 뒤에 멀리 팔을 뻗어 뜀틀의 끝을 짚으면 뜀틀을 넘을 수 있다. 뼈와 근육 모형을 만들어 우리는 어떻게 움직일 수 있는 것인지 알아보자.

준비물 굵은 빨대 두 개, 연필, 송곳, 할핀, 비닐봉지, 셀로판 테이프, 주름 빨대, 가위, 손 그림

생명·사람

뼈와 근육 모형 만들기

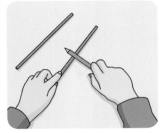

① 굵은 빨대 두 개를 연필로 눌러 납작하게 만든다.

② 송곳으로 굵은 빨대 한쪽 끝에 각각 구멍을 내고 할핀으로 연결한다.

③ 비닐봉지의 막힌 쪽을 셀로판 테이프로 감고, 벌어진 쪽에는 주름 빨대를 놓고 공기가 새지 않도록 감는다.

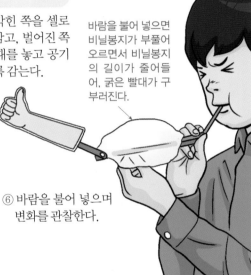

바람을 불어 넣으면 비닐봉지가 부풀어 오르면서 비닐봉지의 길이가 줄어들어, 굵은 빨대가 구부러진다.

⑥ 바람을 불어 넣으며 변화를 관찰한다.

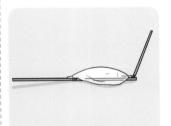

④ 비닐봉지를 오른쪽 굵은 빨대에 약간 치우치게 놓고, 한쪽 끝은 왼쪽 굵은 빨대에 붙이고 다른 쪽 끝은 오른쪽 굵은 빨대에 붙인다.

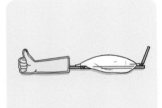

⑤ 주름 빨대를 짧게 자르고 왼쪽 빨대에 손 그림을 붙인다.

뼈와 근육이 하는 일

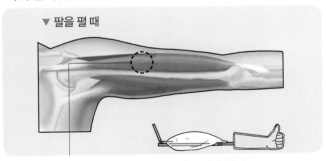

▼ 팔을 펼 때

근육이 줄어들거나 늘어나 연결된 뼈를 움직이게 한다.

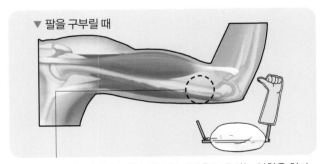

▼ 팔을 구부릴 때

뼈는 우리 몸을 지탱하고 몸속의 내부기관을 보호하는 역할을 한다.

실험으로 알게 된 점 뼈와 근육 모형에 바람을 불어 넣으면 비닐봉지가 부풀어 오르면서 비닐봉지의 길이가 줄어들어 굵은 빨대가 구부러진다. 이처럼 팔뼈에 붙어 있는 근육의 길이가 줄어들면서 팔이 구부러진다. 뼈에 근육이 연결되어 있어 근육의 길이가 늘어나거나 줄어들면서 뼈가 움직인다.

우리는 활동을 하거나 생장과 생명을 유지하는 데 필요한 영양소를 얻기 위해 음식을 매일 먹고 산다. 우리가 먹은 음식은 몸속에서 어떻게 될까? 입으로 먹은 빵이 어떤 과정을 거쳐 몸 밖으로 배출되는지 생각해 보자.

준비물 빵, 소화 기관 모형

소화 기관과 소화 과정

소화 기관
소화를 돕는 기관

간 : 쓸개즙을 만들어서 지방의 소화를 돕는다.

입 : 이로 음식물을 잘게 부수고 침과 잘 섞는다.

식도 : 근육 작용에 의해 음식물이 아래로 내려가도록 한다. 이러한 운동을 '꿈틀 운동'이라고 한다.

쓸개 : 간에서 만든 쓸개즙을 저장했다가 내보내 지방의 소화를 돕는다.

위 : 주머니 모양으로 생겼다. 식도를 통해 들어온 음식을 위액과 잘 섞어 죽과 같이 만든다.

이자 : 위의 뒤쪽에 위치하며, 이자액을 분비해서 탄수화물, 지방, 단백질을 분해한다.

작은창자 : 이자액의 도움을 받아 음식물의 대부분이 소화된다. 약 6m로 소화 기관 중 가장 길다.

큰창자 : 작은창자에서 흡수하고 남은 수분을 흡수한다. 소화되지 않은 음식물 찌꺼기를 덩어리 형태로 만들어 부피를 줄인다.

우리 몸속의 소화 기관은 하나의 기다란 관으로 연결된 것 같네.

항문 : 소화가 끝난 음식물 찌꺼기가 배출된다.

소화

생물이 살아가기 위해서는 에너지가 필요하다. 식물은 햇빛을 이용해 스스로 영양분을 만들지만 동물은 스스로 영양분을 만들지 못한다. 그래서 동물은 외부에서 영양분을 섭취하기 위해 먹이를 먹는다. 사람이 먹고 마시는 것은 '먹이'라 하지 않고 '음식'이라고 한다.

그런데 우리가 먹은 음식은 그대로 우리 몸속에 흡수되지 않는다. 식빵을 먹었을 때 식빵 자체가 우리 몸에서 흡수되지 않는 것처럼 말이다. 우리 몸속 세포에 영양분이 전달되기 위해서는 큰 덩어리의 음식물을 잘게 부수는 작용이 필요하다. 이러한 작용을 소화라고 한다. 예를 들어 우리가 식빵을 먹으면 입에서 이로 씹어 식빵을 잘게 쪼갠다. 그 다음 식빵은 위와 작은창자에서 소화 효소에 의해 더 잘게 나누어진다. 소화에 관여하는 몸속 기관을 소화 기관이라고 한다.

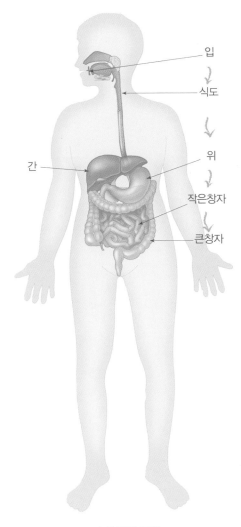

소화 기관 모형

식빵 덩어리

소화 작용

잘게 부숴진 식빵

생명 · 사람

조사로 알게 된 점 사람은 음식물을 통해 영양분을 섭취함으로써 살아가는 데 필요한 에너지를 얻는다. 음식물 속의 영양분이 몸속으로 흡수될 수 있도록 큰 덩어리의 음식물을 잘게 부수는 작용을 **소화**라고 한다. 소화 기관 및 소화 과정은 입 → 식도 → 위 → 작은창자 → 큰창자 → 항문으로 이어지면서 이루어진다. 간, 쓸개, 이자, 침샘 등은 소화를 돕는 기관이다.

과학자의 눈
소화제란?

소화제란 위와 장의 소화 기능을 높이는 약물로 소화 효소제와 위 운동 개선제가 있다. 소화 효소제는 작은창자에서 주로 작용하는데, 영양분이 잘 분해되어 장에서 원활하게 흡수되도록 해 주는 약이다. 소화 효소제는 식후에 설사 증상이 있을 때 주로 먹는다. 식사 후에 더부룩하거나, 체하고 얹힌 느낌이 있다면 식사 30분 전쯤 위장 운동을 개선하는 위 운동 개선제를 미리 먹어 두면 좋다.

여러가지 소화제

우리 몸에서 심장의 움직임을 느껴 보고 청진기를 이용하여 심장 박동 소리를 들어보자. 그리고 순환 기관 모형을 보면서 심장과 혈관의 위치, 생김새를 살펴보고 심장이 하는 일을 알아보자.

준비물 시계, 청진기, 수조, 물, 붉은색 식용 색소, 석유 주입기, 순환 기관 모형

심장의 움직임

◀ 왼쪽 가슴 위에 손을 얹으면 일정한 박자로 뛰는 심장의 움직임을 느낄 수 있다.

청진기는 환자의 몸 속에서 나는 소리를 듣는 데 쓰는 의료 기구이다.

◀ 청진기를 왼쪽 가슴 위에 얹으면 심장 박동 소리를 크게 들을 수 있다.

심장과 혈관의 위치 및 생김새

순환 기관	위치	생김새
심장	왼쪽 가슴 속	주먹만한 크기로 둥근 주머니 모양이다.
혈관	온몸에 퍼져 있음.	가늘고 긴 관 모양으로 가지를 치듯이 뻗어 있어 복잡하다.

심장이 하는 일 – 석유 주입기 실험

① 수조에 물을 반쯤 채우고 붉은색 식용 색소를 탄다.

② 석유 주입기의 곧은 호스를 수조에 담그고, 주름진 호스를 물 위로 잡는다.

③ 펌프(석유 주입기의 붉은색 부분)를 누른다.

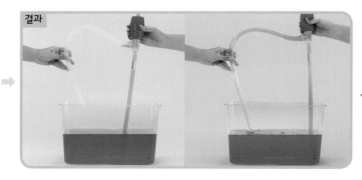

결과

◀ 석유 주입기는 수조에 담긴 물을 한쪽 호스로 빨아들인 다음 다른 호스로 내보낸다.

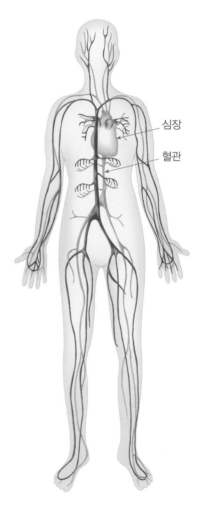

심장

혈관

순환 기관 모형

심장이 하는 일 - 석유 주입기 실험과 비교

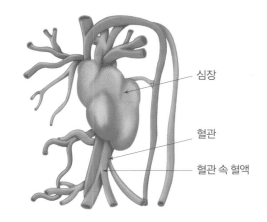

석유 주입기 실험	역할	몸속 기관
펌프	펌프 작용을 통해 액체가 한 방향으로 이동할 수 있도록 하는 역할	심장
호스	액체가 이동하는 통로	혈관
액체	몸속 혈액의 역할	혈액

실험으로 알게 된 점 심장은 순환 기관의 중심 기관으로 펌프 작용을 통해 온몸으로 혈액을 순환시키는 역할을 하고, 혈액은 몸에 필요한 산소와 영양소를 운반한다. 심장에서 나온 혈액은 혈관을 따라 온몸을 거친 후 다시 심장으로 되돌아간다. 혈액 순환에 관여하는 심장과 혈관을 **순환 기관**이라고 한다.

맥박

심장이 오므라들면서 피를 동맥으로 밀어낼 때, 동맥은 심한 압력을 받아서 늘어나는데, 이것을 **맥박**이라고 한다. 맥박은 동맥에서만 느낄 수 있는데, 맥박을 쉽게 측정할 수 있는 곳은 손목이나 목이다. 손목이나 목에서 맥박이 잘 느껴지는 것은 그 부위를 지나는 동맥이 피부와 가깝기 때문이다. 맥박수는 심장의 박동수와 같으며, 보통 사람의 경우 1분 동안 60~80회 정도이다.

맥박 재기

혈액 순환의 과정

혈액은 영양소와 산소를 몸의 각 세포에 운반해 주고, 에너지 생산 활동 결과 생긴 이산화 탄소와 찌꺼기를 폐와 배설 기관으로 이동시킨다. 혈액 순환 과정은 심장→동맥→모세 혈관→정맥→심장이다.

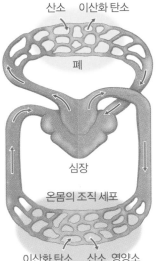

혈액 순환 과정

우리 몸 2

우리 몸속에서는 어떤 작용들이 일어나고 있을까? 우리 몸 내부 기관에는 어떤 것이 있을까?

23 실험 숨을 쉴 때 몸에서 일어나는 일 알아보기

우리는 언제나 숨을 쉰다. 몸속으로 들어간 공기는 어떻게 될까? 호흡 기관에 대해서 살펴보자.

준비물 줄자, 호흡 기관 모형

숨을 들이마실 때와 내쉴 때 몸에서 나타나는 변화

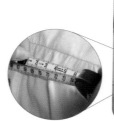

숨을 들이마실 때	구분	숨을 내쉴 때
올라간다.	어깨	내려간다.
위로 올라간다.	갈비뼈	원위치로 돌아간다.
들어간다.	배	나온다.
68.1 cm	가슴둘레 길이	67.2 cm

호흡 기관의 위치와 생김새

입은?
입은 코와 연결되어 있고 기관을 통해 공기를 이동시켜요. 입과 코가 기관에 같이 연결되어 있기는 하지만 입을 호흡 기관이라고 하기는 어려워요.

코 : 안쪽에 털이 나 있고 축축하여 먼지를 걸러준다.

기관지 : 기관의 끝에서 여러 개의 작은 관으로 갈라져 공기의 이동 통로 역할을 한다.

기관 : 거꾸로 된 Y자 모양으로 2개의 폐와 연결되어 있고 털이 있어 먼지를 거른다.

폐 : 가슴 양쪽에 2개가 있으며, 산소를 흡수하고 이산화탄소를 내보낸다.

호흡 기관 모형 만들어 호흡 과정 알아보기

준비물 페트병, 칼, Y자 유리관, 고무마개, 작은 고무풍선, 큰 고무풍선, 고무줄, 가위, 셀로판테이프

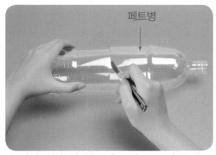

① 칼을 이용해 페트병을 반으로 자른다.

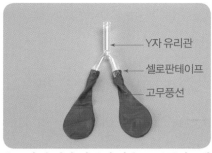

② Y자 유리관 양쪽에 작은 고무풍선 2개를 각각 끼우고 테이프를 이용해 빈틈이 없도록 막는다.

③ Y자 유리관을 끼운 고무마개를 페트병에 끼운다.

Y자 유리관은 기관과 기관지, 고무풍선은 폐, 고무풍선 막은 가로막과 같은 역할을 해.

④ 큰 고무풍선을 반으로 잘라 페트병 아래에 씌우고 테이프로 막는다.

⑤ 큰 고무풍선 막을 아래로 잡아당기면서 변화를 관찰한다.

⑥ 아래로 잡아당긴 큰 고무풍선 막을 다시 놓으면서 변화를 관찰한다.

결과

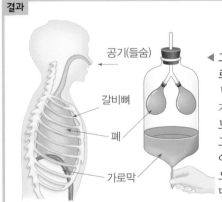

◀ 고무풍선 막을 아래로 당길 때
병 속의 부피가 커지고 기압이 낮아지므로 바깥 공기가 고무풍선 안으로 들어가 풍선이 부풀어오른다. 들숨에 해당한다.

공기의 이동 경로 : 코 → 기관 → 기관지 → 폐

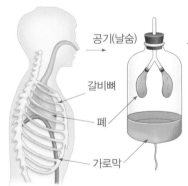

◀ 고무풍선 막을 다시 놓았을 때
병 속의 부피가 작아지고 고무풍선 속의 공기가 밖으로 빠져나가 고무풍선이 줄어든다. 날숨에 해당한다.

공기의 이동 경로 : 폐 → 기관지 → 기관 → 코

실험으로 알게 된 점 숨을 들이마시고 내쉬는 활동을 **호흡**이라고 하며, 호흡에 관여하는 코, 기관, 기관지, 폐를 **호흡 기관**이라고 한다. 사람은 호흡을 통해 몸에 필요한 공기(산소)를 들이마시고, 불필요한 공기(이산화탄소)를 몸 밖으로 내보낸다. 숨을 들이마실 때는 코 → 기관 → 기관지 → 폐, 내쉴 때는 폐 → 기관지 → 기관 → 코의 순서로 공기가 이동한다.

우리는 하루에 몇 잔의 물을 마시며, 하루에 몇 번 소변을 볼까? 오줌이 만들어지는 기관과 만들어진 오줌이 몸 밖으로 나오는 과정에 대해서 알아보자.

준비물 배설 기관 모형

배설 기관의 위치와 생김새

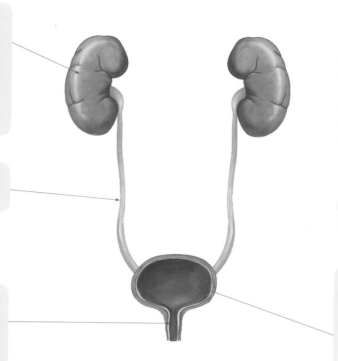

콩팥 : 강낭콩 모양으로 허리 등쪽에 2개가 있다. 길이 10cm, 너비 5cm 정도의 크기로, 혈액 속의 노폐물을 걸러내어 오줌으로 내보낸다.

오줌관 : 긴 관 모양으로 콩팥과 방광을 연결해 준다.

요도 : 방광에 모아진 오줌을 몸 밖으로 내보내는 관이다. 방광의 끝에 연결되어 있다. 오줌길이라고도 한다.

방광 : 오줌관의 양 끝이 연결되어 있고 주머니 모양이다. 오줌을 저장했다가 일정량이 되면 몸 밖으로 내보낸다. 근육이 탄력적이어서 오줌의 양에 따라 용량이 변하는데, 성인 남성의 경우 그 용량이 약 600mL이고 여성은 약 500mL이다.

노폐물이란?

노폐물은 생물체 내에서 물질 대사 결과 생기는 부산물이나 최종 산물 가운데 생물체에 불필요하거나 유해한 물질을 말한다. 동물의 몸에서는 단백질 대사 결과로 암모니아, 요소, 요산 등의 질소가 포함된 노폐물이 생긴다.

배설과 배출의 차이점

배설은 영양소가 우리 몸의 생명 활동을 위해 쓰이다가 만들어진 노폐물이 몸 밖으로 버려지는 과정을 말하고, 배출은 음식물의 소화 과정에서 소화 흡수되고 남은 찌꺼기를 항문을 통해 몸 밖으로 내보내는 것을 말한다. 즉, 소변은 배설, 대변은 배출에 해당한다.

혈액 속의 노폐물이 몸 밖으로 나오는 과정 – 콩팥이 하는 일

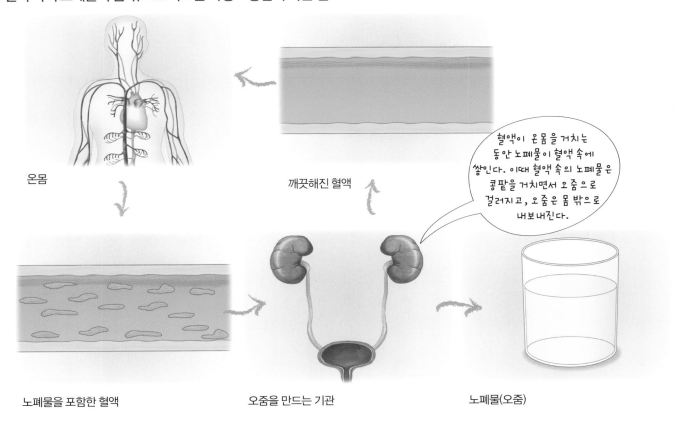

온몸

깨끗해진 혈액

혈액이 온몸을 거치는 동안 노폐물이 혈액 속에 쌓인다. 이때 혈액 속의 노폐물은 콩팥을 거치면서 오줌으로 걸러지고, 오줌은 몸 밖으로 내보내진다.

노폐물을 포함한 혈액

오줌을 만드는 기관

노폐물(오줌)

▲ 우리 몸은 영양소와 산소를 이용하여 몸에 필요한 에너지를 만드는데, 이때 노폐물도 생성된다. 노폐물을 몸 밖으로 내보내지 않으면, 몸속에 독성을 가진 물질이 쌓이게 돼 병에 걸릴 수 있다. 이처럼 혈액 속에 생긴 노폐물을 몸 밖으로 내보내는 것을 배설이라고 한다. 오줌의 배설 과정은 콩팥 → 오줌관 → 방광 → 요도 → 몸 밖이다.

조사로 알게 된 점 콩팥은 혈액 속의 노폐물을 걸러내어 오줌을 만드는 기관으로, 콩팥에서 만들어진 오줌은 오줌관, 방광, 요도를 통해 몸 밖으로 배설된다.

과학자의 눈
여과 과정으로 만들어지는 오줌

오줌이 생성되는 과정에는 혈압 차에 의해 걸러지는 여과 과정이 포함된다. 물속에 녹차 티백을 넣고 일정 시간 지난 후 건져 보면 티백 안의 잎은 그대로 있고 녹차 맛을 내는 물질만 물과 함께 빠져나온다. 크기에 따라 여과되는 물질이 있고 여과되지 않는 물질이 있다. 콩팥으로 들어가는 혈관은 굵은데, 콩팥에서 나오는 혈관은 가는 부분이 있다. 혈관의 굵기 차이로 인해 순간적으로 혈액이 몰려 압력이 높아진다. 이 압력에 의해 모세 혈관의 틈으로 혈액의 일부 물질이 밀려나오게 된다.

좁으니까 작은 것은 나가줘!

원뇨

우리 몸은 외부에서 주어지는 자극에 어떻게 반응하는지 알아보자.

준비물 자(30cm)

자 잡기 놀이하기

① 친구와 짝을 이루어 한 사람은 자의 위쪽 30cm 부분을 잡고 다른 사람은 엄지와 검지로 자의 아래쪽 5cm 부분을 잡을 준비를 한다.

② 자의 위쪽을 잡은 사람이 자를 놓으면 아래쪽에 있는 사람이 엄지와 검지로 자를 잡고, 잡은 부분의 숫자를 확인한다.

③ 짝과 역할을 바꾸어 다시 해 본다.

잡은 부분의 숫자가 적은 사람이 이긴 것이다.

자가 떨어지는 것이 자극이다.

떨어지는 자를 손으로 잡는 것이 반응이다.

자극에 반응하는 과정

① 눈으로 떨어지는 자를 봄.

모양체
홍채
수정체
망막
동공
맹점
각막
시신경

② 말초 신경을 통하여 뇌를 포함한 중추 신경으로 전달됨.

③ 뇌를 포함한 중추 신경은 전달된 정보를 해석하여 행동을 판단함.

④ 뇌를 포함한 중추 신경의 명령이 말초 신경을 통하여 운동 기관으로 전달됨.

⑤ 손과 팔이 떨어지는 자를 잡는 반응을 함.

감각 신경
반응
운동 신경
척수

실험으로 알게된 점 우리 몸의 감각 기관은 주변으로부터 전달된 자극을 받아들이는 역할을 한다. 자극에 반응하는 과정은 [자극 → 감각 기관 → 말초 신경 → 뇌를 포함한 중추 신경 → 말초 신경 → 운동 기관 → 반응] 이며, 이와 같은 과정은 순식간에 일어난다.

감각 기관과 신경

야구를 할 때에 타자는 매우 빠른 공을 정확하게 친다. 투수가 던진 공을 보는 타자의 눈처럼 주변으로부터 전달된 자극을 느끼고 받아들이는 기관을 감각 기관이라고 하며, 우리 몸에는 눈, 귀, 코, 혀, 피부 등의 감각 기관이 있다.

다섯 가지 감각 기관

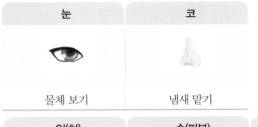

눈	코
물체 보기	냄새 맡기

입(혀)	손(피부)	귀
맛 느끼기	물체 만지기, 열, 접촉 느끼기	소리 듣기

신경

뇌를 포함한 중추 신경 ◄
감각 기관에서 받아들인 정보(자극)를 해석하여 행동을 결정하고, 운동 기관에 명령을 내린다.

말초 신경 ◄
감각 기관의 정보를 뇌를 포함한 중추 신경에 전달하고, 뇌를 포함한 중추 신경의 명령을 운동 기관으로 전달한다.

투수가 던진 공을 타자가 칠 때의 자극과 반응

① 투수가 던진 공을 봄.
(자극을 받아들임.)

② 공에 대한 시각 정보가 말초 신경을 통하여 뇌로 전달됨.

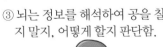

③ 뇌는 정보를 해석하여 공을 칠지 말지, 어떻게 할지 판단함.

④ 뇌의 명령이 말초 신경을 통하여 운동 기관으로 전달됨.

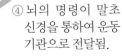

⑤ 팔을 휘둘러 야구 방망이로 공을 침.(반응을 함.)

운동을 하고 나면 우리 몸에는 여러 가지 변화가 생긴다. 왜 그러한 변화가 생기는지 알아 보자. 또, 우리 몸속 기관에 문제가 생겼을 때 나타나는 질병의 종류를 조사해 보고, 건강한 생활을 하려면 어떻게 해야 하는지 생각해 보자.

준비물 초시계, 백과 사전, 인터넷 자료, 신문 자료

운동 후 몸의 변화와 그 이유

운동 후

① 제자리에서 앉았다 일어나기를 1분 동안 반복할 때 우리 몸에서 나타나는 변화를 관찰한다.

▲ 숨이 차다.
에너지를 만들기 위해 산소를 많이 필요로 하기 때문이다.

▲ 열이 나고 힘이 없다.
에너지를 얻기 위해 혈액 공급을 빨리 해야 하기 때문이다.

▲ 오줌이 마렵다.
운동하는 데 필요한 에너지를 만들고 생긴 노폐물을 몸 밖으로 배설해야 하기 때문이다.

▲ 배가 고프다.
몸을 움직이는 데 필요한 에너지를 썼기 때문이다.

여러 가지 기관과 관련된 질병

뼈와 근육	소화 기관	순환 기관	호흡 기관	배설 기관	신경계
골절, 타박상	복통, 설사, 장염	심장병, 빈혈	감기, 천식, 폐렴	신장염, 방광염	소아마비, 알츠하이머

운동과 건강

몸속의 노폐물이 오줌으로 잘 배설되어 건강해져요.

뼈의 관절과 근육을 움직여서 몸이 튼튼해져요.

운동을 하면

밥맛이 좋아요.

숨이 덜 가빠요.

건강을 유지하기 위해서는 규칙적인 운동을 하고, 물을 자주 마시는 게 좋아요. 또 환기를 자주 시키고, 음식을 골고루 먹어야 해요.

조사로 알게 된 점 운동을 하고 나면 몸에 여러 가지 변화가 생기는데, 우리 몸속의 각 기관들은 각각의 기능을 수행하면서 긴밀하게 연결되어 있다. 각 기관의 기능에 이상이 생기면 여러 가지 질병이 생길 수 있는데, 운동을 하면 이러한 질병으로부터 우리의 몸을 건강하게 지킬 수 있다.

착시를 이용한 미술 작품 만들기

물체가 실제와 다르게 보이는 현상을 착시라고 한다. 이러한 착시를 이용하여 흥미로운 미술 작품을 만들 수 있다.

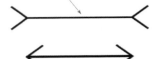
길이가 달라 보이지만 실제로는 같다.

창의적 설계 과정

다양한 의견을 제시한다. ➡ 의견을 모아 착시 현상을 이용한 미술 작품을 설계한다. ➡ 만들고자 하는 착시 작품을 어떻게 표현할지 밑그림을 그린다. ➡ 표현하고 싶은 작품에 필요한 재료를 준비하여 만든다.

미술 작품 만들기 (예) 사다리를 오르는 소년

▲ 정면에서 본 모습

▲ 오른쪽에서 본 모습

▲ 왼쪽에서 본 모습

① 종이를 반으로 접어 바닥면과 벽면을 만들고 그림처럼 선을 긋는다.

완성된 모습

② 관찰하고 싶은 지점을 정하여 사다리의 선을 고르고 나머지 선은 지운 후 정한 선을 이용하여 사다리 모양을 만든다.

③ 고무찰흙으로 사람을 만들어 사다리를 올라가는 모양으로 꾸민다.

착시 작품 감상하기

최근에는 착시를 이용해 미술 작품을 꾸며서 평면 그림을 튀어나온 것과 같은 입체 그림처럼 보이게 하기도 한다. 이를 트릭 아트라고 하며, 곳곳에 트릭 아트만 전시하는 전시장이 따로 있다.

생물과 환경 1

사람을 포함한 동·식물은 생태계 내에서 환경을 구성하는요소와 어떤 상호 작용을 하면서 살고 있을까?

27 관찰 생태계가 무엇인지 알아보기

생물은 자연 환경과 밀접한 관계를 맺고 살고 있다. 생물이 살아가려면 물과 공기 및 토양이 있어야 하고, 온도도 적당해야 한다. 어떤 장소에서 살아가는 모든 생물과 비생물 요소가 상호 작용하는 것을 생태계라고 한다.

생물 요소와 비생물 요소

생물 요소	비생물 요소
다람쥐, 토끼, 개구리, 뱀, 나비, 지렁이, 물고기(버들치), 작은 생물(물벼룩), 나무, 풀, 매, 여우, 표범, 버섯, 직박구리	흙, 물, 공기, 햇빛, 자갈, 바위

[관찰로 알게 된 점] 생물 요소에는 다람쥐, 토끼, 나무, 풀 등이 있고 비생물 요소에는 흙, 물, 공기 등이 있다. 어떤 장소에서 살아가는 모든 생물 요소와 비생물 요소가 상호 작용하는 것을 생태계라고 한다.

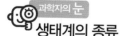

생태계의 종류

생태계는 생물이 살아가는 장소의 특성에 따라 육상 생태계, 수중 생태계 등으로 구분할 수 있다. 육상 생태계의 예로는 사막, 초원, 열대림, 온대림, 사바나 생태계 등이 있고, 수중 생태계의 예로는 민물, 바다, 습지 생태계 등이 있다. 다양한 생태계 중에서 습지 생태계는 많은 생물의 서식지이며, 오염 물질을 정화하고 홍수와 가뭄을 조절하는 역할을 한다. 수중 생태계 중 연못 생태계의 생물 요소에는 물풀, 연, 부들, 개구리밥, 검정말, 물고기, 각종 미생물 등이 있다. 또 비생물 요소로는 물, 공기, 돌, 자갈, 햇빛 등이 있다.

생물 요소는 생물들이 양분을 얻는 방법에 따라 생산자, 소비자, 분해자로 구분할 수 있다.

생산자, 소비자, 분해자

생산자는 초록색,
소비자는 붉은색,
분해자는 검은색,
환경은 노란색으로
표시하면 다음과 같아요.

생산자	소비자	분해자
(광합성을 통해) 양분을 스스로 만들어 사는 생물들	다른 식물이나 동물을 먹이로 하여 양분을 얻는 생물들	죽은 생물을 분해하여 다른 생물이 이용할 수 있게 해 주는 생물
풀, 나무	다람쥐, 토끼, 개구리, 뱀, 나비, 여우, 표범, 매, 지렁이, 물고기(버들치), 작은 생물(물벼룩), 직박구리	버섯, 곰팡이, 미생물

소비자 분류

소비자

1차 소비자라고 한다.

먹이 단계에 따라 2차 또는 3차 소비자가 된다.

	식물을 먹이로 하여 양분을 얻는 생물들		
생물	 토끼	다람쥐	 나비
먹이	풀	도토리와 같은 열매	꿀, 나무의 수액

	동물을 먹이로 하여 양분을 얻는 생물들		
생물	 개구리	뱀	매
먹이	곤충	개구리, 새 등	다른 종류의 새

관찰로 알게 된 점 생물 요소는 양분을 얻는 방법에 따라 생산자, 소비자, 분해자로 나눌 수 있다. 생산자는 양분을 스스로 만들어 살고, 소비자는 다른 식물이나 동물을 먹이로 양분을 얻는다. 분해자는 죽은 생물을 분해하여 다른 생물이 이용할 수 있게 해 준다.

생물은 생태계에서 상호 작용하면서 산다. 생태계 내의 다양한 생물 카드를 이용해 먹이 사슬 카드 놀이를 해 보자. 생물이 먹고 먹히는 관계에 따라 카드를 선택하고 연결 고리를 이용하여 한 줄로 연결한다. 그리고 여러 모둠에서 만든 먹이 사슬을 모아서 먹고 먹히는 관계에 따라 다시 연결해 보자.

준비물 여러 종류의 식물, 동물, 작은 생물 카드 세트, 연결 고리

먹이 사슬 생물들 사이의 먹고 먹히는 관계가 마치 사슬처럼 연결되어 있는 것

 풀  메뚜기  개구리  뱀 매

생산자, 1차 소비자, 2차 소비자의 순으로 연결되네.

생산자는 식물, 소비자는 동물이다.

먹이 그물 먹이 사슬이 여러 개 얽혀서 마치 그물처럼 나타나는 것(화살표 표시 방법 : 잡아먹히는 생물→잡아먹는 생물)

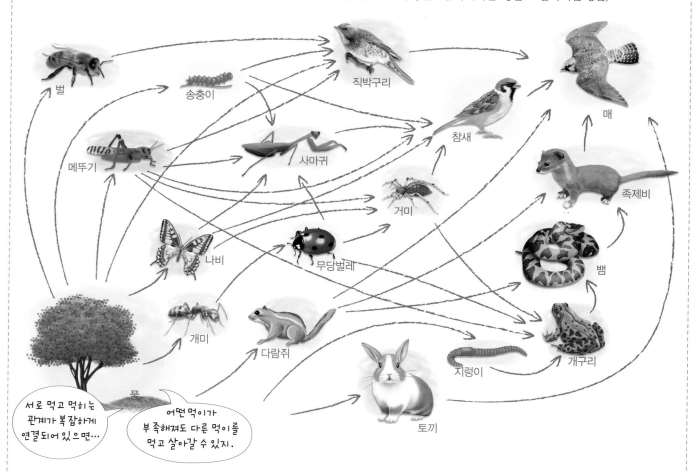

서로 먹고 먹히는 관계가 복잡하게 연결되어 있으면…

어떤 먹이가 부족해져도 다른 먹이를 먹고 살아갈 수 있지.

관찰로 알게 된 점 생물 카드를 먹고 먹히는 관계에 따라 연결 고리를 이용하여 한 줄로 연결할 수 있다. 이렇게 표현되는 것을 **먹이 사슬**이라고 한다. 먹이 사슬이 여러 개 얽혀서 마치 그물처럼 나타나는 것을 **먹이 그물**이라고 한다. 생물은 생태계에서 먹이 사슬 및 먹이 그물을 이루어 상호 작용하며 산다.

생태계를 구성하는 생물의 종류와 수는 먹고 먹히는 관계를 통하여 일정하게 조절된다. 이와 같이 어떤 지역에서 생물의 종류와 수가 일정하게 유지되는 것을 **생태계의 평형**이라고 한다. 먹이 피라미드를 통해 생태계 평형에 대해서 알아보자.

준비물 정육면체 상자 30개, 네임펜

먹이 피라미드

생산자인 식물을 먹이로 하는 초식 동물을 1차 소비자, 1차 소비자를 먹이로 하는 육식 동물을 2차 소비자, 마지막 단계의 소비자를 최종 소비자라고 한다. 이러한 먹이 사슬에 따라 생물의 종류와 수를 표시하면 단계가 위로 갈수록 줄어드는 피라미드 모양이 나타나며 이를 먹이 피라미드라고 한다.

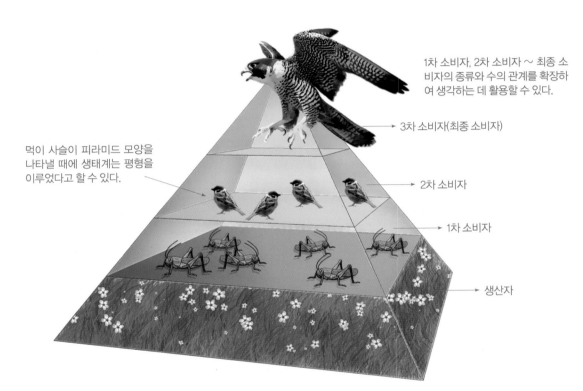

1차 소비자, 2차 소비자 ~ 최종 소비자의 종류와 수의 관계를 확장하여 생각하는 데 활용할 수 있다.

→ 3차 소비자(최종 소비자)

먹이 사슬이 피라미드 모양을 나타낼 때에 생태계는 평형을 이루었다고 할 수 있다.

→ 2차 소비자

→ 1차 소비자

→ 생산자

먹이 피라미드 만들기

① 그림에서 풀, 메뚜기, 개구리, 매가 몇 마리씩 있는지 살펴본다.

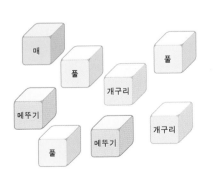

② 30개의 정육면체 상자에 해당 개수만큼 생물의 이름을 쓴다. 이때 생물마다 다른 색지로 구분하면 보기 좋다.

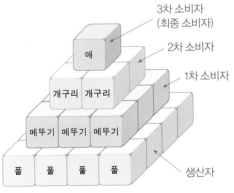

3차 소비자 (최종 소비자)
2차 소비자
1차 소비자
생산자

③ 생산자, 1차, 2차, 3차(최종) 소비자의 순으로 상자를 쌓는다.

생태계 평형이 유지되는 원리

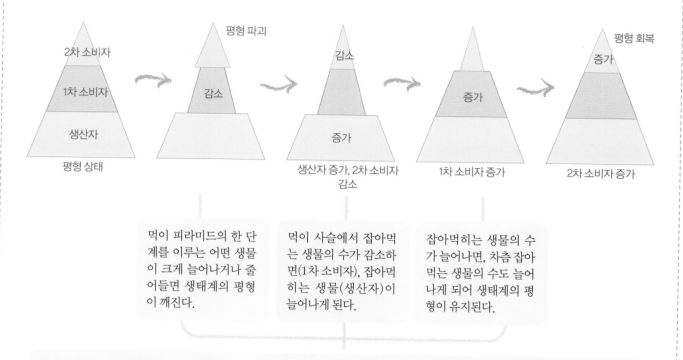

먹이 피라미드의 한 단계를 이루는 어떤 생물이 크게 늘어나거나 줄어들면 생태계의 평형이 깨진다.

먹이 사슬에서 잡아먹는 생물의 수가 감소하면(1차 소비자), 잡아먹히는 생물(생산자)이 늘어나게 된다.

잡아먹히는 생물의 수가 늘어나면, 차츰 잡아먹는 생물의 수도 늘어나게 되어 생태계의 평형이 유지된다.

복잡한 먹이 그물을 이루고 있는 생태계는 어떤 한 종류 생물의 수가 갑자기 감소하여도 먹고 먹히는 관계가 비슷한 다른 생물이 감소한 생물을 대신할 수 있기 때문에 생태계 전체적으로 볼 때는 안정된 평형 상태를 유지한다.

생태계 평형이 유지되는 예 : 로열 섬 생태계 변화

로열 섬은 북아메리카 오대호 중에 가장 큰 슈피리어 호에 있는 섬이다. 식물만 무성하던 1900년대 초, 미네소타 주에서 헤엄쳐온 사슴이 정착하였다. 이로 인해 풀이 줄어들었으나 1949년 겨울에 섬에 만들어진 얼음 다리를 통해 늑대 한 쌍이 들어온 후 생태계 평형이 이루어졌다. 이후 먹고 먹히는 관계를 유지하며 현재까지 25마리의 늑대와 1000마리의 사슴이 수를 조절하며 살고 있다고 한다.

식물만 무성하던 미국 슈피리어 호 안에 있는 로열 섬에 먹이를 찾던 사슴 한 무리가 정착하였다.

점점 늘어나는 사슴들로 인하여 풀이 줄어들어 로열 섬은 점차 황폐해졌다.

어느 해 겨울, 로열 섬으로 건너온 늑대들이 사슴을 잡아먹기 시작하였다.
그 후로 사슴의 수는 더 이상 늘어나지 않았고 풀도 다시 늘어나 로열 섬의 생태계는 균형을 이루게 되었다.

조사로 알게 된 점 먹이 사슬의 단계에 따라 생물의 수 또는 양을 표시하면 단계가 올라갈수록 작아지는 피라미드 모양이 된다. 이러한 먹이 피라미드는 먹고 먹히는 관계를 통하여 조절되어 생태계 평형이 유지된다.

생산자인 식물은 햇빛을 이용해 양분을 만들고, 나머지 생물은 식물이 생산한 양분을 얻어 살기 때문에, 햇빛은 모든 생물에게 없어서는 안되는 중요한 요소이다. 또한 물도 생물이 살아가는 데 꼭 필요하다. 이러한 비생물 요소는 생물에게 어떤 영향을 주는지 알아보자.

준비물 콩나물, 페트병 4개, 솜, 어둠 상자, 물

① 페트병 4개의 중간 부분을 자른다.

② 병의 입구 부분을 거꾸로 하여 솜을 깔고, 콩나물을 넣는다.

③ 페트병 2개는 햇빛이 잘 비치는 곳에 놓고, 그 중 1개에는 하루 3회 이상 물을 준다. 다른 페트병 2개는 어둠 상자로 씌우고, 그 중 1개만 하루 3회 이상 물을 준다.

햇빛이 비치는 곳에서 하루 3회 이상 물을 준 것
(햇빛 ○, 물 ○)

▲ 이틀 후 옅은 녹색을 띠며, 시간이 지날수록 좀 더 짙은 녹색으로 변한다. 줄기의 굵기는 좀 더 굵어지며 햇빛을 향해 자란다.

햇빛이 비치는 곳에서 물을 주지 않은 것
(햇빛 ○, 물 ×)

▲ 시간이 지나면서 옅은 녹색을 띠며, 콩나물의 줄기와 잎이 시든다.

어둠 상자로 덮고 하루 3회 이상 물을 준 것
(햇빛 ×, 물 ○)

▲ 시간이 지나도 노란색을 띠며, 콩나물의 줄기가 가늘게 자란다.

어둠 상자로 덮고 물을 주지 않은 것
(햇빛 ×, 물 ×)

▲ 시간이 지나도 노란색을 띠며, 콩나물의 줄기와 잎이 시든다.

실험으로 알게 된 점 페트병에 콩나물을 넣고 햇빛이 비치는 곳에서 하루 3회 이상 물을 주어 기른 것은 짙은 녹색을 띠며 잘 자란다. 이와 같이 햇빛, 물과 같은 비생물 요소가 있어야 생물이 잘 자란다. 이 외에 공기, 흙도 중요한 비생물 요소이다.

생물이 사는 환경은 지역과 시간대에 따라 다양하다. 양지에서 사는 식물과 음지에서 사는 식물은 같은 모양일까? 낮에 주로 활동하는 새와 밤에 주로 활동하는 새는 생김새가 비슷할까? 생물이 다양한 환경에 어떻게 맞추어 살고 있는지 알아보자.

생물이 환경에 적응한 방법

빛이 적은 곳에서는 잎이 얇으면 빛을 받기에 효과적이야.

▶ 햇빛이 비치는 곳에 사는 식물
햇빛이 비치는 곳에 사는 식물의 잎은 가장자리가 뾰족하고, 색이 짙고, 두께가 두껍다.

◀ 그늘진 곳에 사는 식물
그늘진 곳에 사는 식물의 잎은 가장자리가 둥글고 색이 옅고 두께가 얇다.

난 주로 밤에 활동하는데, 적은 빛에서도 잘 볼 수 있도록 빛에 민감한 시각을 가지고 있지.

▶ 올빼미
비둘기보다 눈이 크고 잘 발달되어 있다.

◀ 비둘기
작은 눈을 갖고 있다.

과학자의 눈
생물이 환경에 적응한 예

▲ 백목련의 겨울눈
여러 겹의 껍질이 눈을 싸고 있어서 추위를 견딜 수 있다.

▲ 두꺼비의 겨울잠
기온이 낮고 먹이를 구하기 힘든 겨울철을 지내기 위해 겨울잠을 잔다.

▲ 청설모의 털갈이
털갈이를 한 후, 겨울철에는 털이 길어져 추위를 이겨낼 수 있다.

적당히 마른 몸을 가지고 있어서 더운 곳에서 살기에 적당해. 귀가 커서 방출되는 열의 양이 많아.

추위에 견딜 수 있는 두꺼운 지방의 몸을 가지고 있지. 귀가 작아 방출되는 열의 양이 작아.

사막 여우 ▶
마른 편이고 귀가 크다.

◀ 북극 여우
몸이 크고 귀가 뭉툭하고 작다.

물이 부족한 사막에서는 물을 굵은 줄기에 저장해. 또, 잎을 가시로 바꾸어 물의 손실을 막고 동물로부터 나 자신을 보호해.

사막의 선인장 ▶
줄기가 굵고 가시가 있다.

◀ 열대림의 식물
넓은 잎을 가지고 있다.

관찰로 알게된 점 빛이 적은 곳에 사는 식물의 잎은 넓고 얇다. 또, 밤에 주로 활동하는 동물들의 시각은 민감하며, 더운 곳에 사는 동·식물은 열을 잘 방출하는 구조를 가진다. 또한 건조한 곳에 사는 동·식물은 물을 저장할 수 있는 구조를 가진다. 이와 같이 생물은 다양한 환경에 적응하며 살아간다.

▲ 녹색의 메뚜기
몸 색깔이 주위 환경과 비슷해서 포식자의 눈에 잘 띄지 않는다.

▲ 화려한 색의 독개구리
독이 있다는 것을 알려 포식자로부터 자신을 보호한다.

▲ 나뭇잎과 비슷한 모양인 으름덩굴큰나방

▲ 나뭇가지 모양의 자벌레

다른 생물과 비슷하게 모양, 색, 행동을 변화시켜 자신을 보호한다.

생물과 환경 2

사람들은 생태계에 어떤 영향을 미치며, 깨끗한 환경을 유지하기 위해 우리는 어떤 노력을 해야 할까?

33 조사 우리 생활이 생태계에 미치는 영향 알아보기

사람들은 도로를 만들거나 건물을 짓기 위해 많은 땅과 자원을 이용한다. 이렇게 산업화, 도시화가 진행되면서 자연 환경이 크게 훼손되고 있다. 사람들의 생활이 생태계에 어떤 영향을 미치는지 알아보자.

준비물 학교 주변 지도, 색연필, 큰 종이

① 우리 주변(학교, 거리 등)에서 자연 환경이 훼손된 사례를 조사한다.

자연 환경이 훼손된 사례

② 큰 종이에 조사한 내용을 마인드 맵으로 정리하여 발표한다.

자연 환경이 훼손된 사례

도로를 만들기 위해 산을 깎은 모습

건물을 짓기 위해 산을 깎은 모습

산에서 나무를 벌목하는 모습

농약을 이용하여 농사짓는 모습

물고기가 화학 물질로 오염된 강물에서 죽은 모습

생물이 사는 공간을 없애면 생태계가 파괴된다. 또, 농약이나 화학 물질을 배출시키면 생물이 살고 있는 환경이 오염된다.

조사로 알게된 점 산업화, 도시화와 같은 인간의 활동은 생물이 사는 공간을 없애거나 물, 흙, 공기 등의 자연 환경과 생활 환경이 손상되는 환경 오염을 일으켜 생태계에 해로운 영향을 미친다. 이로 인해 생태계의 평형이 깨진다.

자동차나 공장의 배기가스에 의해 대기가 오염되면 산성비가 내린다. 산성 용액에서 배추 씨의 싹을 틔워 보고, 산성비와 환경 오염이 생물에게 어떤 영향을 주는지 알아보자.

> 준비물　황산 용액(pH 4), 거름종이, 페트리 접시, 배추씨, pH 시험지, 비커

생명·생태계

① 두 개의 페트리 접시에 거름종이를 깐다.

② 한쪽에는 희석한 황산 용액을, 다른쪽에는 물을 거름종이가 축축해질 정도로 넣는다.

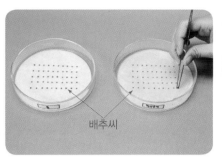

③ 양쪽의 거름종이 위에 배추씨를 각각 50개씩 놓는다.

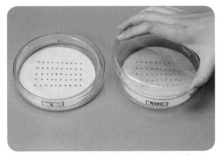

④ 뚜껑을 닫고 따뜻한 곳에 보관한다.

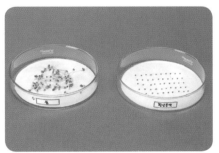

⑤ 일주일 간 매일 일정한 시각에 두 페트리 접시에서 싹이 튼 씨앗의 개수를 세어 기록한다.

> 주의　동일한 사람이 규칙적으로 매일 같은 시간에 한 번씩 측정한다. 관찰한 날짜와 시간을 반드시 기록하고 사진을 찍거나 그림을 그려 정리해도 좋다.

결과

물과 황산 용액에서의 씨앗의 발아

구분	발아한 씨앗의 개수(개)							
	1일 13:00	2일 13:00	3일 13:00	4일 13:00	5일 13:00	6일 13:00	7일 13:00	합계 (계)
물을 넣은 접시	10	20	30	35	40	45	50	50
황산 용액을 넣은 접시	0	0	1	1	1	1	1	1

물을 넣은 접시(7일 후)

황산 용액을 넣은 접시(7일 후)

◀▲ 황산 용액(산성 용액)이 배추씨를 손상시켜 씨가 싹트지 못했다.

> **실험으로 알게 된 점**　산성 용액에서 배추 씨가 싹트지 않았다는 것을 알 수 있다. 이와 같이 산성비는 토양을 산성화시켜 식물의 생장과 토양 속의 여러 생물들에게 좋지 않은 영향을 미친다.

오염된 물을 깨끗하게 정화할 수 있는 장치인 간이 정수기를 만들어 물이 정화되는 원리를 알아보자.

준비물 흙탕물, 비눗물, 기름물, 비커, 페트병, 칼, 가위, 거즈, 솜, 깨끗이 씻은 자갈과 모래, 잘게 부순 숯, 활성탄, 고무줄

① 페트병의 끝 부분에 칼집을 내고 가위로 자른다.

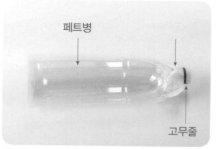

② 페트병의 입구를 솜과 거즈로 감싸고 고무줄로 묶는다.

③ 페트병의 안쪽 아랫부분에 뭉친 솜을 넣고 그 위에 거즈를 넣는다.

④ 활성탄, 거즈, 뭉친 솜, 거즈, 잘게 부순 숯, 거즈, 고운 모래, 거즈, 굵은 자갈의 순으로 페트병에 넣는다.

⑤ 흙탕물, 비눗물, 기름물을 관찰한다.

⑥ 앞의 세 용액을 간이 정수기로 여러 번 거른 후 관찰한다.

흙탕물, 비눗물, 기름물을 간이 정수기로 거르기 전과 후 비교

거르기 전		용액의 종류	거른 후	
	흙 냄새가 나며, 색은 짙은 갈색을 띠고 흙 알갱이가 만져진다.	흙탕물		탁했던 색이 맑아지고 냄새가 많이 없어진다.
	비누 냄새가 나고, 거품이 난다. 색은 뿌옇고 미끌미끌하다.	비눗물		거품이 거의 없어지고 냄새가 덜 난다.
	기름이 물 위에 떠 있고 기름 냄새가 난다. 색은 누런 색을 띠며 미끌미끌하다.	기름물		물 위의 기름이 거의 없어지고, 냄새가 덜 난다.

간이 정수기의 원리

- 굵은 자갈
- 거즈
- 고운 모래
- 거즈
- 잘게 부순 숯
- 거즈
- 뭉친 솜
- 거즈
- 활성탄
- 거즈
- 뭉친 솜
- 거즈

자갈, 모래 : 오염 물질을 가라앉히는 작용

숯, 활성탄 : 오염 물질이 붙는 작용

거즈, 뭉친 솜 : 오염 물질을 거르는 작용

간이 정수기와 비슷한 원리로 물을 정화하는 예

정수기

하수 처리장

정수 처리장

자연 하천

실험으로 알게 된 점 간이 정수기로 오염된 물을 깨끗하게 정화할 수 있다. 자연 스스로 어느 정도의 정화 능력을 가지고 있지만 한계가 있기 때문에 우리는 환경을 보전하기 위해 노력해야 한다.

과학자의 눈
수돗물의 정수 과정

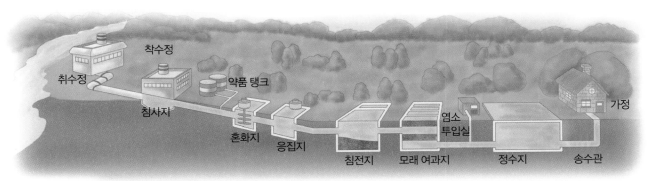

- 취수정
- 착수정
- 약품 탱크
- 침사지
- 혼화지
- 응집지
- 침전지
- 모래 여과지
- 염소 투입실
- 정수지
- 송수관
- 가정

환경 보전을 위한 노력들

생태 공원 지정

국립 공원 지정

사냥과 낚시 제한

생활 용품 재활용

생태계와 환경을 사랑하고 보전하는 마음을 다른 사람들에게 홍보할 수 있는 광고지를 만들어 보자.

준비물 큰 종이, 크레파스, 색연필, 사인펜 등 다양한 필기도구

멸종 위기의 동물들
- 우리가 지켜야 할 대한민국 보물들 -

물고기 사냥꾼 —수달

맹~꽁~하고 합창하는 맹꽁이

긴 부리로 갯벌의 게를 쏙쏙 알락꼬리마도요

어른처럼 수염이 나는 수염풍뎅이

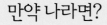
우리가 지켜줘야 해요!

잔반 아직도 남기십니까?
음식물 쓰레기를 줄입시다.

라면 국물로 오염된 물을 물고기가 살 정도의 맑은 물로 바꾸는 데 어느 정도의 물이 필요할까요?

라면 국물 한 컵(150mL)을 버렸을 경우 5000컵의 물이 필요합니다.
김치찌개를 한 컵 정도 버리면 10000컵, 우유 한 컵을 버리면 50000컵의 물이 필요합니다.

국물 음식을 남기지 않으면 물도 그만큼 절약되겠지요?

먹을 만큼만 담아서 먹고 빈그릇으로 냅시다.

라면 국물 한 컵 남겼을 뿐인데 5천컵의 물이 필요하다구?

5천컵이 되려면 아직도 멀었어!!

만약 나라면?

다음의 상황에서 당신은 어떻게 하겠습니까?
환경에 대한 사랑하는 마음도 알아보고 더 좋은 방법도 알 수 있는 재미있는 심리 테스트!!

날씨가 덥습니다. 동생과 밖에서 놀고 있는데 동생이 호스를 갖고 물장난을 치자고 합니다.
여러분이라면 어떻게 하겠습니까?

① 주저 없이 그러자고 한다.
② 물장난을 치긴 하는데 물을 많이 낭비하지 않기로 한다.
③ 망설인다. 왜냐하면 옳지 않은 일인 걸 알기 때문이다.
④ 동생에게 다른 놀이를 하자고 한다.
⑤ 냉정하게 싫다고 말한다.
⑥ 꽃밭에 물주기 놀이를 하자고 한다. 물을 좋은 데 쓰는 일일 테니까.

하나를 골랐나요?
아래 페이지에서 여러분의 생각에 대한 도움말을 읽어 보세요.

my 에코백

엄마랑 마트에 갈까?

야호! 좋아요!

장바구니를 챙기렴.

장바구니요?

얘가, 큰일날 소릴~

왜 귀찮게 장바구니를 가져가요?

비닐봉지를 만들기 위해서 1년에 약 1,200억 원이 든단다. 또 비닐봉지가 썩기까지는 200년이 걸리지.

그렇게나 많이요?

이제는 비닐봉지 사용을 줄이고 장바구니를 사용해야겠어요.

자연을 담는 나의 멋진 에코백~

주의 모둠별로 노래나 시, 사진, 만화 등 다양한 방법 중에 하나를 선택하여 만든다. 다른 모둠의 발표를 주의 깊게 듣고 생태계와 환경에 관한 내용 중 어떤 것이 포함되어 있는지 찾아본다.

조사로 알게된 점 다른 사람들에게 환경 보전에 대해 홍보하는 광고지를 만들어 생태계와 환경을 사랑하고 보전하는 마음을 불러일으킬 수 있다.

37 조사 **생태계 복원 노력 알아보기**

생태계 복원은 생물이 살고 있는 곳을 생물 종이 훼손되기 이전의 상태로 되돌리는 것을 의미한다. 사람들이 어떤 방법으로 생태계를 회복시키려고 노력하는지 살펴보자.

준비물 생태계 복원 예 자료

생태계 복원 방법

하천 조사

생태 지도 작성 및 복원 계획 세우기

◀ 생태 하천으로 복원하기 위해 식물학자, 동물학자, 생태학자가 서로 협력하여 그 곳에 살고 있는 동·식물의 생태적 특징을 세밀하게 조사, 분석한 후, 가장 적합한 복원 방법을 계획한다.

생명 · 생태계

생태계 복원의 예

물이 고여서 썩는 것을 막고, 작은 생물이 잘 이동할 수 있게 징검다리의 수를 줄이고 지그재그 모양으로 놓자.

하천에 흘러드는 하수를 자연적으로 정화시키기 위해 주변에 갈대를 심자.

물가 식물을 심자.

복원 전

→ 서울 양재천 복원 전후의 모습

복원 후

조사로 알게 된 점 그 지역에 살고 있는 다양한 동·식물이 사는 공간을 원래대로 회복시켜 서로 조화롭게 살아갈 수 있는 자연 환경을 마련해 주는 것이 생태계 복원의 가장 큰 목적이다.

과학자의 눈
생태 통로

큰 도로나 터널이 생기면 그 주변에 사는 동·식물의 서식 공간이 분리되어 동물들이 도로로 내려오기도 한다. 이러한 일을 방지하고, 동·식물의 환경을 보호하기 위해 도로 위쪽에 '생태 통로'를 만들어 준다. 이 것을 통해 동물이 이동할 수 있고, 식물의 서식지를 이어줄 수 있다.

자연 환경 훼손 사례를 하나 선택하여 그 곳의 자연 환경 상태, 해결해야 할 점을 조사해 보고, 생태계 복원 방법을 탐구해 보자.

준비물　큰 종이, 다양한 필기 도구

구분	등산로	오염된 하천	기름이 유출된 바닷가 갯벌	산불 발생 후 산의 모습
사례				
자연 환경 상태 및 해결해야 할 점	사람들이 많이 지나다녀서 주변 나무들의 뿌리가 땅 밖으로 드러났다.	사람들이 쓰레기를 버려서 냄새가 많이 난다.	기름이 스며들어 갯벌 속에 동물들이 살 수 없다.	나무와 풀들이 모두 죽어서 더 이상 자라지 못하며, 먹이와 둥지가 모두 타버려서 동물들이 살 수 없다.
훼손된 자연 환경을 복원하는 방법	나무 뿌리가 밖으로 드러나지 않게 흙을 덮어 준다.	쓰레기들을 치우고, 하천의 물을 정화시키는 식물을 심는다.	바다와 갯벌을 덮고 있는 기름을 닦아낸다.	새들이 머물 수 있는 둥지를 만들어 주고, 나무와 풀을 많이 심어 예전의 모습으로 돌아가게 한다.
복원 이후의 모습 예상도	뒷길 주변에 있는 나무, 풀, 꽃들이 잘 자라 다양한 작은 생물들이 살게 된다.	하천의 물이 맑고 깨끗해지며, 다양한 식물과 동물들이 하천에서 살아간다.	조개, 가재, 게 등 갯벌 속에 사는 다양한 동물들이 다시 늘어난다.	숲이 예전의 모습을 되찾아 많은 동·식물이 살고 있다.

조사로 알게된점 자연 환경 훼손 사례 중에서 한 가지를 선택하여, 이를 회복할 수 있는 생태계 복원 계획을 세우는 활동을 통해 우리 주변에서 살고 있는 동·식물을 소중히 여기고 마을의 환경 문제를 해결하기 위한 방안을 세워 보는 기회를 가질 수 있다. 생태계 복원은 자연적이거나 인위적인 간섭에 의해 훼손된 생물의 서식처를 훼손되기 이전의 상태로 되돌리는 것을 의미한다.

위장 전술의 효과

왼쪽의 사진에서 무엇이 보이는지 살펴볼까? 나뭇잎만 보인다구? 그렇다면 으름덩굴큰나방의 위장 전술 성공! 자세히 보면 대칭을 이룬 나뭇잎처럼 보이는 것이 있는데, 이것은 나방의 날개이다. 이처럼 어떤 생물들은 주위 환경과 비슷하게 몸 색깔을 변화시켜 포식자나 피식자의 눈에 잘 띄지 않는다. 이 또한 생물이 환경에 적응한 예이다.

신문지로 간단히 위장 전술의 효과를 살펴보자.

[준비물] 신문지 2장, 색종이 4장, 가위

① 두 사람 중 한 사람이 신문지에서 2개, 색종이에서 4개의 물고기 모양을 오린다. 이때 서로 포개서 한꺼번에 오리면 좋다.

② 다른 한 사람은 고개를 돌리고 이 과정을 보지 않는다.

③ 바닥에 남은 신문지 한 장을 펼쳐 놓고 자른 6장의 물고기 모양을 늘어 놓는다.

④ 실험을 준비한 학생이 '물고기가 몇 마리인가?'라고 외치면 고개를 돌리고 있던 나머지 한 사람은 신문지 위의 물고기 숫자를 센다. 이때 1초 동안 쳐다보고 몇 마리인지 말하도록 한다.

고등어가 어디에 있지?

고등어는 등쪽은 짙은 푸른색이고 배 쪽은 은백색이다. 바다새가 위에서 보았을 때 바다와 같은 짙은 푸른색의 고등어 등은 잘 보이지 않는다. 바다 밑에서 위쪽으로 쳐다보면 수면은 햇빛을 받아 은백색으로 반짝인다. 고등어를 잡아먹는 큰 물고기들 위로 은백색의 배를 가진 고등어가 헤엄쳐가면 눈에 잘 띄지 않고 몸을 보호할 수 있다.

생물과 우리 생활

우리 주위에는 어떤 작은 생물이 있을까? 작은 생물은 우리에게 어떤 영향을 미칠까?

 39 실험 **폭신폭신한 빵의 반죽을 만드는 방법 알아보기**

제빵사는 폭신폭신한 빵을 만들기 위해 효모를 넣어 반죽한다. 효모를 사용하여 만든 빵 반죽의 변화를 관찰해 보자.

준비물 계량컵(100mL), 밀가루, 큰 그릇, 계량스푼, 설탕, 건조 효모, 비커(200mL), 랩, 송곳, 수조, 따뜻한 물

① 100mL의 밀가루에 계량스푼으로 설탕 한 수저를 넣는다.

② 건조 효모 2g을 넣는다.

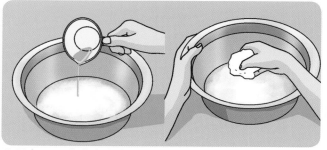

③ 물을 조금씩 넣어 가며 반죽하여 덩어리를 만든다.

④ 반죽한 밀가루 덩어리를 200mL 비커에 눌러 담는다.

⑤ 비커를 랩으로 덮은 다음에 송곳으로 구멍 두 개를 뚫는다.

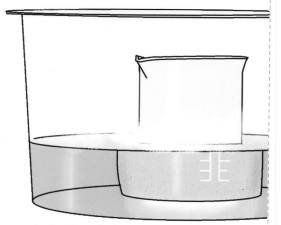

⑥ 따뜻한 물이 담긴 수조에 비커를 넣고 20분 이상 기다린다.

결과

◀ 처음 만들었을 때에 비해 크기가 부풀었다.

실험으로 알게 된 사실 폭신폭신한 빵을 만들기 위해 효모를 사용하며, 밀가루 반죽에 효모를 넣으면 반죽이 부푸는 것을 관찰할 수 있다. 효모는 가루 물질처럼 보이지만 생명이 있는 생물로 설탕처럼 빵에 들어가는 재료이다.

우리 주변에서 여러 종류의 나무와 풀을 볼 수 있고, 나무와 풀 주변을 자세히 둘러 보면 버섯과 같은 생물도 볼 수 있다. 버섯과 곰팡이를 자세히 관찰해 보자.

준비물 느타리버섯, 빵에 자란 곰팡이, 페트리 접시, 돋보기, 마스크, 핀셋, 장갑

생명 · 생물과 우리 생활

- 색깔 : 윗부분은 갈색이고 아랫부분은 하얀색이다.
- 크기 : 손가락 마디 정도이다.
- 모양 : 곧게 뻗어 있고 윗부분은 펼쳐져 있다.
- 특징 : 매끈매끈한 느낌이며 결이 있다.
- 식물과 비슷한 점과 다른 점 : 눈에 보이는 크기이고, 자리를 잡고 서 있는 것이 식물과 비슷하지만 식물과 달리 뿌리, 잎, 꽃 등이 없다.

▲ 느타리버섯

- 색깔 : 푸른색, 하얀색, 검은색 등이다.
- 크기 : 버섯에 비하여 각각의 크기가 작다.
- 모양 : 퍼져 있는 모양이 각각 다르다.
- 특징 : 곰팡이가 자란 자리의 빵의 크기가 줄어들었으며, 정해진 모양이 없이 뭉쳐 있다.
- 식물과 비슷한 점과 다른 점 : 점차 자라며 커지는 것과 물이 있어야 사는 것이 식물과 비슷하지만 식물과 달리 작은 실처럼 모여 있고 자리 잡고 서 있지 않다.

▲ 빵에 자란 곰팡이

관찰로 알게 된 점 버섯과 곰팡이는 식물과 달리 뿌리, 줄기, 잎이 없고 꽃과 열매를 만들지 않으며, 동물이나 식물 또는 썩은 물질에서 양분을 얻어 자란다. 곰팡이는 빵과 같은 양분이 있는 곳에서 실뭉치처럼 뭉쳐 자란다.

과학자의 눈
버섯과 곰팡이의 특징과 사는 환경

버섯과 곰팡이는 광합성을 하지 못하기 때문에 스스로 양분을 만들지 못한다. 따라서 다른 동물이나 식물, 썩은 물질에서 양분을 얻어 자란다. 이와 같은 버섯과 곰팡이, 효모와 같은 생물을 균류라고 한다. 버섯과 곰팡이는 따뜻하고 축축한 곳에서 잘 자라며, 버섯은 여름철에 비가 온 뒤에 숲 속의 나무 밑동이나 썩은 부분 등에서 볼 수 있고, 곰팡이도 겨울보다 덥고 습한 여름에 빨리 자라는 것을 볼 수 있다.

▲ 따뜻하고 축축한 곳에서 잘 자라는 버섯　▲ 옥수수에서 자란 곰팡이

물에 사는 작은 생물에는 어떤 것이 있으며, 생김새나 특징은 어떨까?
물에 사는 작은 생물을 관찰해 보고, 살고 있는 환경의 특징을 알아보자.

준비물 동·식물도감, 돋보기, 페트리 접시, 실체 현미경

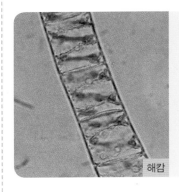
해캄

- 생김새와 특징 : 짙은 녹색의 가늘고 긴 머리카락 모양, 주로 한 덩어리로 뭉쳐 있다.
- 살고 있는 환경 : 수온이 높은 계절에 호수나 늪, 흐르는 물가에서 주로 산다.

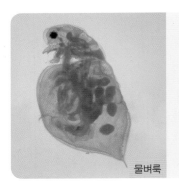
물벼룩

- 생김새와 특징 : 투명한 껍질에 싸여 있고, 4~6쌍의 다리를 가진 타원형의 작은 생물로 머리 앞쪽 더듬이를 움직이며 헤엄친다.
- 살고 있는 환경 : 연못과 같이 고여 있는 물에서 주로 산다.

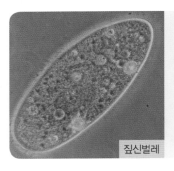
짚신벌레

- 생김새와 특징 : 눈에 보이지 않을 정도로 작으며, 끝이 둥근 원통 모양이다. 광합성을 하지 못하여 다른 생물을 먹고 살아간다. 헤엄쳐 움직일 수 있다.
- 살고 있는 환경 : 하천이나 연못 바닥에 산다.

플라나리아

- 생김새와 특징 : 몸은 1~3 cm로 편평하고 길쭉하며 연한 갈색이고, 머리는 삼각형 모양이다.
- 살고 있는 환경 : 하천이나 호수의 바닥과 돌 위를 기어 다닌다.

관찰로 알게 된 점 물에 사는 작은 생물은 물의 흐르는 정도나 깊이, 양에 따라 다양한 생김새와 특징을 가지고 있으며, 물에서 양분과 먹이를 구하고, 호흡하며 살기에 편리한 생활 방식을 가진다. 물에 사는 작은 생물에는 해캄, 물벼룩, 짚신벌레, 플라나리아, 장구벌레 등이 있다.

과학자의 눈
물에 사는 작은 생물에는 어떤 것이 있을까?

물속에는 해캄이나 물벼룩뿐만 아니라, 다양한 작은 생물들이 살고 있다. 개울이나 냇가를 보면 녹색의 뿌연 것을 볼 수 있는데, 이것은 해캄과 같은 작은 생물로 녹조류라고 한다. 녹조류에는 반달말, 장구말, 클로렐라 등이 있으며, 황갈색을 띠는 규조류도 있다. 또한 물속에는 녹조류나 규조류처럼 움직임이 없는 작은 생물뿐만 아니라 아메바나 짚신벌레, 유글레나와 같이 사람의 눈에는 보이지 않지만 몸을 이리 저리 움직일 수 있는 작은 생물도 살고 있다.

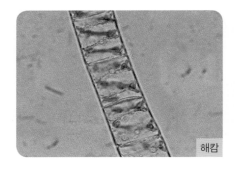
해캄

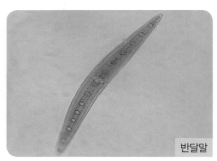
반달말

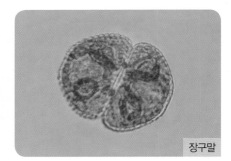
장구말

습지란 하천, 연못, 늪, 갯벌 등과 같이 항상 물과 무기 양분 등이 공급될 수 있는 안정적인 생태 환경을 갖추고 있어 수많은 생물들의 서식지가 되는 공간을 말한다. 민물의 작은 하천을 포함하여 늪이나 해수가 들어오는 갯벌 등이 일반적인 습지이다. 습지는 작은 생물의 다양한 생명 활동이 일어나는 생태계 자원의 보고이다. 습지의 종류에 따라 그 곳에 살고 있는 작은 생물을 알아보고, 습지의 특징과 중요성에 대해서 알아보자.

습지

늪에 사는 작은 생물

늪

소금쟁이

물방개

▲ 늪이란 수심 3m 이하의 호수와 비슷한 물 웅덩이를 말하며, 일반적으로 수심이 얕아 바람에 의해서 물이 잘 섞이므로 오랜 기간 고여 있지 않다. 늪에는 물방개, 장구애비, 소금쟁이, 날도래, 하루살이, 검정말, 장구말과 더불어 수많은 수서 생물들이 살고 있다.

갯벌에 사는 작은 생물

홍합   별불가사리   말미잘   갈고둥
가시거미   집게   따개비
성게   불가사리   총알고둥
꼬막   갯강구
맛조개
동죽   집갯지렁이
흰발농게
갯고둥   바지락   갯지렁이
말뚝망둥어

◀ 갯벌은 자갈벌, 모래펄, 진흙벌로 나누며, 해당 흙의 종류에 따라 서식하는 작은 생물의 종류와 생활 방식이 다양하다. 게, 갯지렁이, 따개비, 고둥, 불가사리, 말미잘 등을 관찰할 수 있다.

조사로 알게 된 점 습지는 하천, 연못, 늪, 갯벌과 같이 안정적인 생태 환경을 갖추고 있는 서식지를 말하며, 다양한 작은 생물이 살고 있는 생태계 자원의 보고이다. 습지에 사는 작은 생물에는 물방개, 장구애비, 검정말, 갯지렁이, 따개비, 고둥 등이 있다.

작은 생물의 영향

우리 생활과 건강에 영향을 미치는 작은 생물에는 무엇이 있을까?

 43 조사 **작은 생물이 우리에게 주는 이로움 조사하기**

우리 주변에 살고 있는 작은 생물이 우리에게 주는 이로운 점에는 무엇이 있는지 알아보자.

준비물 백과사전, 동·식물도감, 인터넷

발효 음식을 만드는 작은 생물

치즈

▲ 우유를 응고, 발효시켜 만든 식품으로, 맛과 향, 종류가 다양하다.

김치

▲ 전통 발효 음식으로 다양한 유산균의 발효 작용을 통해 새콤한 맛을 낸다.

요구르트

▲ 우유에 유산균을 넣어 발효시켜 응고된 식품으로 소화나 장의 기능을 돕는다.

된장

▲ 콩을 발효시킨 메주를 이용해 만드는 우리 나라 전통 발효 음식이다. 고추장이나 간장, 청국장도 이에 해당한다.

젓갈

▲ 생선 살이나 알, 내장 등을 소금에 절여 발효시켜 만든 식품이다. 새우젓, 조개젓, 명란 젓 등이 있다.

식초

▲ 곡물이나 과일 등을 발효시켜 만든 신맛을 내는 대표적인 조미료 중의 하나이다.

우리 생활에 이로움을 주는 작은 생물

지렁이

음식물 쓰레기를 분해하여 토양에 이로운 분변토를 내놓고, 토양에 공기가 드나들 수 있는 구멍을 내준다.

무당벌레

농작물에 피해를 주는 진딧물과 같은 해충을 잡아먹기 때문에 농사에 유익하게 이용된다.

조사로 알게된 점 우리에게 이로움을 주는 발효 음식에는 치즈, 김치, 요구르트, 된장, 젓갈, 식초 등이 있다. 발효 음식은 유산균이나 효모균과 같은 작은 생물을 이용하여 만든 음식이다. 이외에도 우리 생활에 이로움을 주는 지렁이나 무당벌레 등과 같은 다양한 작은 생물이 있다.

우리 건강에 영향을 미치는 작은 생물에는 어떤 것들이 있을까? 우리 몸을 아프게 하거나, 또는 질병을 치료하는 데 도와주는 곰팡이, 세균, 바이러스에 대해 알아보자.

준비물 곰팡이, 세균, 바이러스 관련 자료

종류	특성	예	
곰팡이	발효 음식이나 항생제 제조를 통해 인간의 생활에 도움을 주지만, 종류에 따라 독성을 지니고 있어 질병을 일으키기도 한다.	균사 **누룩곰팡이** 술, 간장, 된장 등을 만드는 데 이용되는 곰팡이로 흰색, 검은색, 갈색 등 다양하다.	균사 **푸른곰팡이** 항생제인 페니실린 제조에 이용된다.
세균	대장균은 장 속에서는 유익한 역할을 하지만, 장 밖에서는 다른 세균과 마찬가지로 질병의 원인이 된다.	**대장균** 사람이나 동물의 장 속에 있는 세균으로 장 속에 있는 유해 세균 번식을 막는다. 암의 진단이나 치료에 이용되기도 한다.	**포도상구균** 사람이나 동물 점막에서 흔히 존재하는 세균으로, 식중독이나 염증과 같은 무서운 질병을 일으키기도 한다.
바이러스	최근 바이러스 연구를 통해 인간에게 필요한 물질을 복제하는 등 다양한 목적으로 사용되지만 모기에 의해 전염되는 바이러스 등은 병을 일으키는 원인이 된다.	**인플루엔자 바이러스** 독감을 일으키는 원인 바이러스로, 신종플루도 바이러스에 의한 질병이다.	**모기의 흡혈** 모기는 인간에게 병원균이나 바이러스를 옮겨 무서운 열병을 일으키기도 한다.

조사로 알게 된 점 작은 생물은 우리 몸속에 존재하면서 우리의 건강에 많은 영향을 미친다. 대표적으로는 곰팡이, 세균, 바이러스 등이 있다. 곰팡이, 세균, 바이러스는 대부분 사람의 건강에 유해한 영향을 주지만, 다양한 방법으로 이용되어 유익한 영향을 주기도 한다.

첨단 생명 과학이란 현대 사회의 중요한 문제를 해결하고 인류의 미래를 대비할 수 있는 최신의 생명 과학 연구와 더불어 생명 과학 분야에서 현재 우리 생활에 적용되어 쓰이는 것을 말한다. 병원과 과수원, 하수 처리장에서 활용되고 있는 첨단 생명 과학에 대해 알아보자.

▲ 병원에서

주사와 약들 중에서 일부는 생물을 생명 과학으로 활용한 것이다. 예를 들어, 푸른 곰팡이를 활용하여 세균에 의한 질병을 치료하는 약을 만들었다.

세균을 없애는 성질을 활용한 항생제에 활용된다.

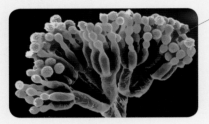

▲ 푸른곰팡이

해충을 물리치는 친환경 농약은 다양한 생물을 활용하여 만들었기 때문에 사람과 환경 모두에게 해롭지 않다.

해충을 없애는 곰팡이와 세균으로 생물 농약을 만든다.

▲ 해충을 물리치는 세균

과수원에서

우리 생활에서 사용할 수 있는 오염된 물을 깨끗하게 만드는 데 다양한 생물이 활용되고 있다.

곰팡이, 세균 등이 오염 물질을 깨끗하게 하는 성질을 활용한 것이다.

하수 처리장에서

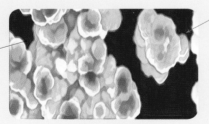

▲ 오염 물질을 먹는 세균

조사로 알게 된 점 첨단 생명 과학은 우리 생활에 많이 활용되고 있으며, 이 외에 스키장에서 인공 눈을 만들거나 당뇨병을 치료하기 위한 약을 대량 생산하고, 바다에 유출된 석유를 정화하는 데 세균을 활용한다. 이 때, 중금속 오염을 막는 곰팡이, 세균을 죽이는 바이러스 등이 적극 활용된다.

세균은 매우 작아 눈에 보이지 않기 때문에 배지에 세균을 많은 수로 늘려서 관찰한다. 배지를 이용해 어떻게 손을 씻으면 우리 손에 세균이 적게 발견되는지 알아보자.

준비물 한천 배지(핸드 플레이트)

① 고무 장갑을 이용해서 한쪽 손은 물로만 씻고 다른 손은 비누로 깨끗이 씻는다.

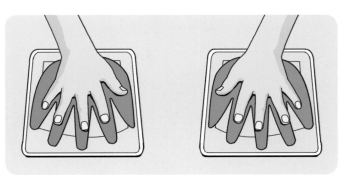

② 핸드 플레이트 두 개를 준비하여, 한쪽에는 물로만 씻은 손, 다른 한쪽에는 비누로 씻은 손을 10초 동안 가볍게 찍는다.

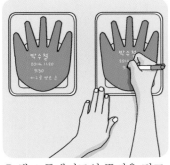

③ 핸드 플레이트의 뚜껑을 덮고, 이름, 날짜와 시간, 물로만 씻은 손인지 비누로 씻은 손인지 기록하고 따뜻한 곳에 24~36시간 동안 놓아둔다.

결과

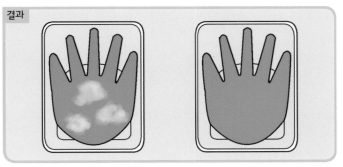

▲ 물로만 씻은 손   ▲ 비누로 씻은 손

물로만 씻은 손을 찍은 핸드 플레이트에서는 세균이 배양되어 나오지만 비누로 씻은 손을 찍은 핸드 플레이트에서는 세균이 눈에 띄게 나타나지 않았다.

실험으로 알게 된 점 물로만 씻은 손은 비누로 씻은 손에 비해 세균이 많기 때문에 손의 세균이 배지로 옮겨 가서 많이 자라 색깔이 변한다. 따라서 손을 씻을 때는 비누를 이용해야 손에 있는 세균을 많이 제거할 수 있다.

과학자의 눈

손을 왜 씻어야 할까?

손은 끊임없이 무엇인가를 만지고, 집고, 만들기 때문에 각종 세균에 가장 많이 노출이 된다. 따라서 손은 사람의 몸에서 세균과 바이러스가 가장 많은 곳이다. 또한 호흡 기관으로 감염되는 바이러스의 경우에도 공기에 의해서보다 병균이 묻은 손을 코나 입에 대거나 병균이 묻은 손으로 만진 물건과 신체 일부분의 접촉으로 감염이 된다. 이렇듯 각종 전염병의 70%가 손을 통하여 전염된다. 따라서 손을 깨끗이 씻어서 손에 있는 세균을 없애고 세균이 늘어나는 것을 막아야 한다.

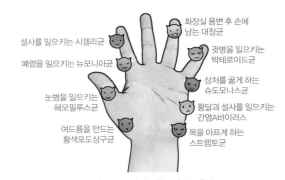

설사를 일으키는 시겔리균
폐렴을 일으키는 뉴모니아균
눈병을 일으키는 헤모필루스균
여드름을 만드는 황색포도상구균
화장실 용변 후 손에 남는 대장균
귓병을 일으키는 박테로이드균
상처를 곪게 하는 슈도모나스균
황달과 설사를 일으키는 간염A바이러스
목을 아프게 하는 스트렙토균

손으로 전파되는 각종 세균

생태학자들은 어떤 방식으로 무엇을 연구할까? 우리 집, 학교, 마을의 서식 환경과 그 곳에 살고 있는 다양한 작은 생물에 대한 정보를 제공하는 작은 생물 생태 지도를 만들어 보자.

준비물 전지, 동·식물도감, 색지, 색연필, 작은 생물 사진, 가위, 풀

생태학자가 하는 일

▲ 자연 생태계에 대한 이해를 돕기 위해 다양한 생물에 대한 자료를 모으고 분석한다. 또, 우리가 살고 있는 지구 내에 있는 다양한 생태계를 연구하고 보존하는 데에 필요한 정보를 제공해 준다.

생태 지도란?

새 — 독수리
식물 — 동백나무, 제비꽃, 고마리
동물 흔적 — 노루 발자국, 수달 발자국, 고라니 발자국
비둘기
청둥오리
물고기 — 칼납자루, 은어, 붕어

▲ 환경에 따라 서식하는 생물에 대한 특징과 생활 방식 등의 다양한 정보를 제공해 주는 자료로서, 해당 서식지에 분포하는 생물 종에 대한 정보를 얻을 수 있고, 겨울 철새의 경우 언제 해당 종을 관찰할 수 있는지 등의 안내도 받을 수 있다.

생태 지도 만드는 순서

1단계 해당 지역에 사는 생물 종과 환경 생태계 조사

▲ 학교나 집, 마을 주변의 작은 생물 찾아보기

2단계 생물의 서식지와 생활 방식 및 우리 생활과의 관계 정리

▲ 조사한 작은 생물을 정리하고, 사는 곳의 환경적 특성과 우리 생활에 주는 영향 정리하기

3단계 다양하고 창의적인 표현을 통해 생태 지도 작성

▲ 서식지, 생물 이름, 특징 및 생김새는 기본으로 제공하고 부족한 부분 보충하기

조사로 알게된 점 생태학자들은 지구 공간 속에 살고 있는 다양한 생물에 대한 자료를 모으고, 분석하여 우리에게 필요한 정보를 제공해 준다. 생태 지도를 통해 다양한 환경 속에서 살아가는 생물의 특징과 생활 방식을 이해하고, 다양한 생태 정보를 얻을 수 있다.

과학자의 눈

바이오스피어 2(Biosphere 2) 이야기

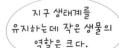
지구 생태계를 유지하는 데 작은 생물의 역할은 크다.

1991년 9월부터 2년 동안 과학자들은 미국에 있는 애리조나 사막에 지구 생태계를 대신할 수 있는 인공의 세계를 만들어 실험하였다. 하지만 바이오스피어 2 프로젝트는 산소의 감소와 이산화 탄소의 증가로 인해 실패하였다. 이러한 실패의 가장 큰 이유는 세균이나 곤충, 식물 등과 같은 작은 생물의 역할이 제대로 이루어지지 못했기 때문이다. 그만큼 지구 생태 환경 유지에 작은 생물의 역할은 매우 중요하다.

바이오스피어 2 전경

해캄은 동물일까? 식물일까?

우리가 앞에서 배운 작은 생물에는 아주 다양한 종류가 있다. 작은 생물들은 모두 식물과 동물로 구분할 수 있을까? 그렇다면 해캄이나 곰팡이, 버섯 등은 식물일까? 동물일까?

지구상에는 약 200만 종류의 생물이 살고 있다. 지금도 다양한 종류의 생물이 발견되고 이름이 붙여지고 있으며, 아직도 발견되지 않아 이름이 없는 생물들이 무수히 많다. 이렇게 다양한 생물들의 특성을 이해하기 위해서는 서로 비슷한 점과 다른 점에 따라 생물을 구별하는 방법이 필요했는데, 이것이 분류학이 발전하게 된 계기가 되었다.

1707년 스웨덴에서 태어난 린네는 생물학자가 아니더라도 누구나 쉽게 동물과 식물을 분류할 수 있는 방법을 만들었다. 그는 지구상에 존재하는 생물을 크게 동물과 식물로 분류하였는데, 많은 생물들이 발견되면서 이러한 분류는 점차 다른 분류 방식을 요구하게 되었다.

생물은 식물과 동물로 분류할 수 있다.

▲ 린네
(Linné, C.von: 1707∼1778)

생물은 식물과 동물뿐 아니라, 원생생물로 분류할 수 있다.

▲ 헤켈
(Haeckel, E.: 1834∼1919)

헤켈은 이러한 문제점을 해결하기 위해 식물, 동물이라는 기존 분류 관점에 원생 생물이라는 미생물을 포함시키게 되었다. 이는 동물과 식물이라는 이분법적 생물 분류 사고를 갖는 사람들에게 분류학의 개념을 확장시키고, 변화시키는 주요한 계기가 되었다.

린네나 헤켈의 분류 방식이 발전하여 현대 생물 분류학에서는 일반적으로 동물계, 식물계, 균계, 원생생물계, 원핵생물계의 다섯 개의 계로 구분하고 있다. 최근에는 생물들의 공통적 세포 수준 비교를 통해 고세균, 진정세균, 진핵생물의 3가지 영역으로 나누어 제시하기도 한다. 생물 분류란 항상 변하는 것이고, 기준을 어떻게 제시하느냐에 따라서 바뀔 수 있는 것이다. 하지만 논리적인 타당성이 확보되어야만 분류 체계로 인정받을 수 있다.

해캄의 경우 린네의 방식을 따르자면 식물에 해당하고, 헤켈이나 5개의 계로 나누는 분류에 따르면 원생생물에 해당할 것이다. 하지만 곰팡이나 버섯은 균류에 해당한다.

생명 • 생물과 우리 생활

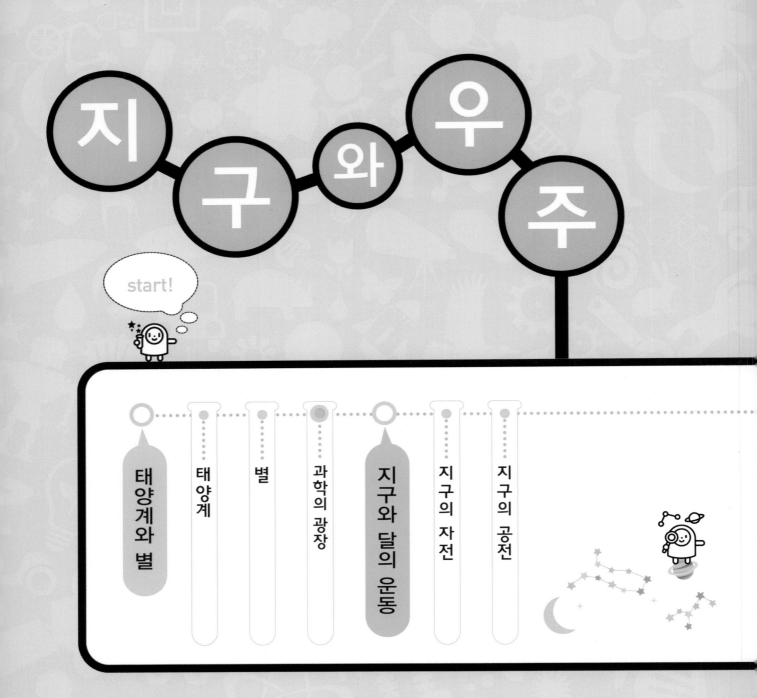

지구와 우주

start!

'지구와 우주'는 일반적으로 지구과학이라고 불리며, 기상, 지각, 해양, 천문학 등을 다룹니다. 우리가 살고 있는 지구와 지구를 포함한 우주 공간에 대해 낱낱이 알아봅시다.

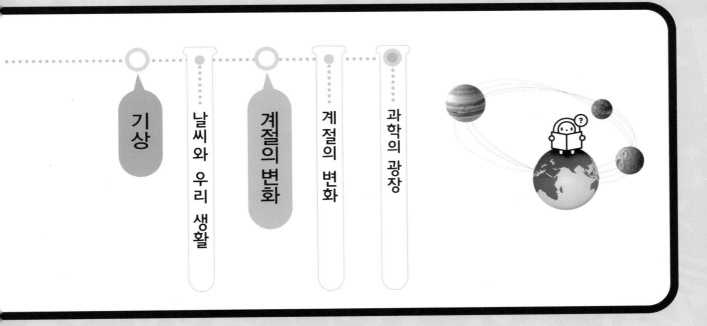

기상

날씨와 우리 생활

계절의 변화

계절의 변화

과학의 광장

태양계

행성이란 무엇일까? 태양계에는 어떤 행성들이 있을까?

 **48** 조사 **태양계 구성원 알아보기**

별이란 스스로 빛을 내는 천체를 말한다. 우주에는 수많은 별들이 있다. 그 중 하나가 태양이다. 스스로 빛을 내지 못하고 별 주위를 돌고 있는 것을 행성이라고 한다. 지구와 같이 태양 주위를 돌고 있는 행성에는 어떤 것들이 있는지, 또 별자리에는 어떤 것이 있는지 알아보자.

준비물 행성 및 별자리 카드

행성

수성

금성

지구

화성

목성

토성

천왕성

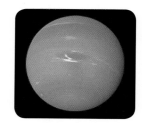
해왕성

별자리

페가수스자리

목동자리

오리온자리

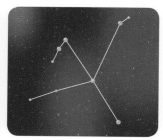
독수리자리

조사로 알게 된 점 태양계 행성들은 모두 색깔이 다르며, 크기 또한 매우 다양하다. 별자리도 다양한 모양으로 구성되어 있는 것을 알 수 있다.

조사 **태양계 행성의 특징 알아보기**

태양의 영향이 미치는 공간과 그 공간에 있는 구성원을 통틀어 태양계라고 한다. 태양계를 구성하는 행성과 태양이 지구에 미치는 영향을 알아보자.

준비물 다양한 행성 사진

태양계의 구성

수성
달보다 좀 더 크고, 행성 중 제일 작다. 표면 온도가 높고 대기는 없다.

화성
붉은색이며 2개의 위성을 갖고 있다

토성
여러 개의 고리가 있으며, 고리는 얼음이나 얼음으로 둘러싸인 암석 덩어리로 예상된다.

해왕성
태양에서 가장 멀리 떨어져 있다. 푸른색으로 보이며, 여러 개의 고리와 위성이 있다.

금성
지구 안쪽에서 돌고 있으며 두꺼운 이산화 탄소 대기가 있다.

지구
유일하게 물과 생명체가 있고, 1개의 위성을 갖고 있다.

목성
가장 큰 행성으로 줄무늬가 있다. 많은 위성을 갖고 있다.

천왕성
거의 누워서 자전하며, 여러 개의 고리가 있고 많은 위성을 갖고 있다.

▲ 태양의 주위를 일정한 주기로 돌고 있는 행성은 8개가 있다. 화성과 목성 사이에는 소행성들이 많다. 또, 행성 주위를 도는 위성, 태양 주위를 돌아서 멀리 갔다가 다시 돌아오는 혜성이 있다.

태양이 지구에 미치는 영향

지금까지 알려진 바로 태양계에서 생명체가 살고 있는 유일한 곳은 지구뿐이다. 지구가 초록별이라고 불리는 이유도 이 때문이다. 지구에 생명체가 살 수 있는 이유는 태양과 적당한 거리를 유지하고 있어 태양열(빛)을 적당히 받고 있기 때문이다. 또한 지구 중력에 의해 공기가 지구 주위를 싸고 있으므로 뜨거운 태양열(빛)이 차단되어 식물이 살기에 적당하다. 태양열(빛)을 이용해 식물은 광합성을 하여 양분을 만들고, 이 양분을 동물이 먹게 된다. 이렇게 지구에서는 다양한 생물이 살아갈 수 있다.

태양 에너지의 이용

조사로 알게 된 점 태양계의 행성은 태양에 제일 가까운 수성부터 금성, 지구, 화성, 목성, 토성, 천왕성, 해왕성까지 총 8개이다. 그리고 태양계에는 행성뿐만 아니라, 위성, 소행성, 혜성들이 있다. 태양에서 오는 빛을 받아 지구에 있는 식물은 광합성을 하여 양분을 만들고, 그 양분을 사람과 동물이 먹게 된다. 이렇게 태양에서 오는 빛이 없다면 지구에는 생명체가 살 수 없게 된다.

태양계 행성 중에서 가장 큰 것과 가장 작은 것은 어느 것일까? 행성들의 크기를 비교해 보자.

준비물 자, 전지, 컴퍼스

태양계 행성의 크기

구분	반지름(km)	구분	반지름(km)	구분	반지름(km)
태양	695000	지구	6378	토성	60268
수성	2440	화성	3396	천왕성	25559
금성	6052	목성	71492	해왕성	24764

▲ 지구와 크기가 가장 비슷한 행성 : 금성
　지구보다 큰 행성 : 목성, 토성, 천왕성, 해왕성
　지구보다 작은 행성 : 수성, 금성, 화성

행성을 큰 것부터 차례로 나타내기

지구의 반지름을 1로 했을 때 태양과 행성의 크기

명칭	반지름	명칭	반지름	명칭	반지름
태양	109	지구	1	토성	9.4
수성	0.4	화성	0.5	천왕성	4.0
금성	0.9	목성	11.2	해왕성	3.9

태양과 태양계 행성의 크기 비교

지구의 반지름을 1cm로 하여 다른 행성들의 크기를 그림으로 나타내어 비교해 보자.

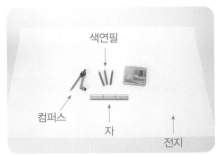

① 전지와 컴퍼스, 자, 색연필 등을 준비한다.

② 대각선 한쪽 끝에 태양을 일부분 그린 다음 행성의 크기 비교표를 보고 컴퍼스를 이용하여 전지에 지구를 그린다.

③ 차례대로 대각선을 따라 행성을 그린다.

▲ 한눈에 행성의 크기를 비교할 수 있다. 가장 작은 행성은 수성이고 가장 큰 행성은 목성이다.

▲ 수성과 화성은 작은 콩, 금성은 구슬, 천왕성, 해왕성은 야구공, 목성은 배구공, 토성은 핸드볼공의 크기와 비슷하다.

실험으로 알게 된 점 지구의 크기를 1로 했을 때, 각 행성들의 크기를 나타내면 크기 차이를 쉽게 알 수 있다. 크기를 비교한 결과 태양계의 행성 중에서 가장 큰 것은 목성이라는 것을 알 수 있다. 그 다음으로 토성, 천왕성, 해왕성, 지구, 금성, 화성, 수성 순으로 작아진다. 태양의 크기는 지구의 약 109배이다.

과학자의 눈
태양계 행성에서 퇴출된 명왕성

태양계의 9번째 행성이었던 명왕성은 2006년 국제천문연맹이 행성의 분류법을 바꾸면서 행성 지위를 박탈당해 왜소행성으로 분류되었다. 왜소행성으로 분류된 이후 134340이란 번호를 부여받았다. 왜소행성으로는 Eris 다음으로 두 번째로 큰 천체이다. 명왕성이 행성에서 제외된 이유는 행성이라고 불릴만큼 크기가 크지 않다는 점인데, 명왕성의 반경은 달(1738km)보다도 작은 1151km 밖에 되지 않는다. 또, 궤도 기울기가 커서 다른 행성과 차이를 보인다. 그리고 명왕성의 위성이 실제로 명왕성과 서로 영향을 주고 받으며 돌고 있어 행성으로 분류하기에는 무리가 있기 때문이다.

명왕성(소행성 134340)

지구에서 태양까지의 거리는 얼마나 될까? 태양에서 행성까지의 거리를 알아보자.

준비물 자, 전자계산기, 행성 사진

태양에서 행성까지의 거리

태양에서 지구까지의 거리를 1로 보았을 때 태양에서 각 행성까지의 상대적인 거리는 다음과 같다.

행성	태양에서 행성까지의 거리	상대적인 거리
수성	5800만km	0.4
금성	1억 800만km	0.7
지구	1억 5천만km	1.0
화성	2억 2800만km	1.5
목성	7억 7800만km	5.2
토성	14억 2600만km	9.5
천왕성	28억 7100만km	19.2
해왕성	45억 1300만km	30

▲ 지구에서 가장 가까운 행성은 금성이고, 태양에서 멀어질수록 행성들 사이의 거리가 멀어진다.

태양에서 행성까지의 상대적인 거리 비교 결과

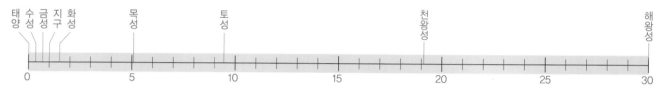

조사로 알게 된 점 태양에서 지구까지의 거리를 1로 했을 때, 태양에서 각 행성까지의 거리를 이용하면 상대적인 거리를 쉽게 비교할 수 있다. 지구에서 가장 가까운 행성은 금성이다. 태양에서 멀어질수록 행성들 사이의 거리가 멀어지는 것으로 보아 태양계가 매우 넓은 것을 알 수 있다.

과학자의 눈

지구에서 태양까지 가는 데는 얼마나 걸릴까?

지구에서 태양까지 초속 300000km의 빛의 속도로 가면 8분 20초가 걸리고 걸어서는 4270년이나 걸린다. 참고로 지구에서 달까지의 거리는 약 380000km인데, 지구 둘레가 약 40000km이므로 지구 9바퀴 반을 도는 거리이다. 달까지는 초속 11.2km로 나는 우주 로켓을 이용하면 약 9시간 30분 걸린다.

여러 방법으로 태양까지 가는 데 걸리는 시간

구분	걸리는 시간
빛(300000km/초)	8분 20초
소리(340m/초)	14년 8개월
비행기(2000km/시간)	8년 6개월
고속열차(300km/시간)	60년
걸어서(1.1m/초)	4270년

52 실험 태양계 행성이 어떻게 움직이는지 알아보기

지구는 1년에 한 번 태양 주위를 돈다. 다른 행성은 태양 주위를 어떻게 움직이고 있는지 알아보자.

준비물 마분지 4장, 컴퍼스, 클립, 압정, 가위, 크기가 다른 스타이로폼 공 5개, 우드락, 셀로판 테이프, 5가지 색상의 네임펜

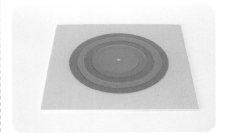

① 마분지를 이용해 크기가 다른 5개의 원판을 만든 후에 겹치고 압정을 이용해 고정시킨다.

② 네임펜으로 색칠한 스타이로폼 공을 클립에 끼워 원판 위에 올려놓고 테이프를 이용해 고정시킨다.

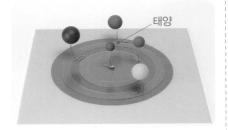

③ 태양계 행성 순서를 생각하며 행성 모형들을 각각 고정시킨다.

④ 태양계 행성들이 어떻게 움직일지 생각하면서 원판을 돌려본다.

결과

▲ 태양을 중심으로 궤도를 따라 행성이 돈다.

행성들의 자전과 공전

◀ 행성들이 제자리에서 도는 것을 자전이라고 하고, 태양의 주위를 도는 것을 공전이라고 한다. 행성들은 제자리에서 자전을 하면서 태양 주위를 시계 반대 방향으로 공전한다.

실험으로 알게 된 점 실험에서 원판을 돌리면 행성들이 태양 주위를 도는 것을 확인할 수 있다. 북반구에서 관찰하면 행성들은 태양을 중심으로 시계 반대 방향으로 공전한다. 각각의 행성들은 태양과의 거리가 다르고 크기도 달라 태양을 한 바퀴 도는 데 걸리는 시간은 행성마다 다르다. 이렇게 행성이 태양 주위를 한 바퀴 도는 데 걸리는 시간을 공전 주기라고 한다. 지구의 경우 공전 주기는 1년이다.

별

별자리는 어떻게 이름이 붙여진 것일까? 북극성은 어떻게 찾을수 있을까?

53 관찰 별자리에 대해 알아보기

밤하늘에는 수많은 별이 있다. 오랜 옛날부터 사람들은 하늘의 별을 무리 지어 별자리를 만들고, 신화에 나오는 동물이나 인물 등의 이름을 붙였다. 밤하늘에서 볼 수 있는 대표적인 별자리와 북극성을 찾는 방법을 알아보자.

별자리의 이름과 모양

신화에 나오는 동물의 이름을 붙인 별자리이다.

큰곰자리

북극성 주변에 위치하고 있어 우리 나라의 경우 일년 내내 볼 수 있는 별자리이다. 큰곰자리의 엉덩이와 꼬리 부분으로 이어지는 밝은 별로 이루어진 국자 모양의 별자리는 7개의 별로 이루어져 있어 북두칠성으로 알려져 있다.

신화에 나오는 동물의 이름을 붙인 별자리이다.

사자자리

봄철의 대표적인 별자리로, 그리스 신화에서 헤라클레스에게 퇴치된 사자이다.

신화에 나오는 동물의 이름을 붙인 별자리이다.

백조자리

여름철에 볼 수 있는 별자리로, 은하수 한가운데에 위치하여 있고, 크고 아름답다. 꼬리 부근에 있는 데네브는 견우성, 직녀성과 더불어 여름의 대삼각형을 이룬다.

신화에 나오는 인물의 이름을 붙인 별자리이다.

오리온자리

겨울철 남쪽 하늘의 별자리이다. 허리 부분에 해당하는 별 세 개는 매우 눈에 띄기 쉬워 겨울철에 찾기 쉽다. 오리온 자리는 1년 중에서 가장 화려하고 가장 찾기 쉬운 별자리로 꼽힌다.

과학자의 눈
서양의 별자리와 황도 12궁

현재 우리가 사용하고 있는 별자리는 서양의 그리스 시대에 만들어진 것이다. 특히 태양이 지나가는 길에 있는 별자리를 황도 12궁이라고 한다. 이에 속한 별자리는 물고기, 양, 황소, 쌍둥이, 게, 사자, 처녀, 천칭, 전갈, 궁수, 염소, 물병 자리이다. 별자리 운세 등을 볼 때 이용되는 별자리가 바로 황도 12궁이다.

북쪽 하늘의 별자리를 이용하여 북극성 찾기

준비물 북두칠성 및 카시오페이아자리 사진 자료

북쪽 하늘

① 북두칠성과 카시오페이아 별자리 사진을 참고로 하여 왼쪽 사진에서 두 별자리를 찾아 연결해 본다.

② 아래에 나와 있는 방법을 이용해 북극성을 찾아본다.

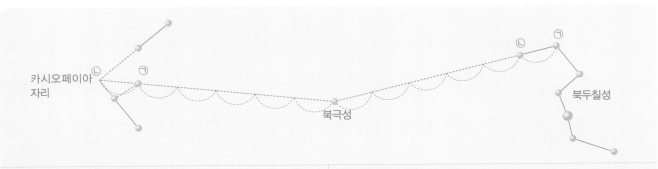

카시오페이아자리를 이용하는 방법	북두칠성을 이용하는 방법
첫 번째 별과 두 번째 별을 이은 선분을 연장시키고, 네 번째와 다섯 번째 별의 선분을 연장시켜서 만나는 점 ⓛ과 세 번째 별 ㉠을 이은 선분을 5배 연장시키면 북극성을 찾을 수 있다.	북두칠성의 ㉠ 별과 ⓛ 별을 이은 선분의 거리를 5배 연장시키면 북극성을 찾을 수 있다.

밤하늘에서 행성 찾기

준비물 천체 관측 프로그램, 필기도구, 나침반, 손전등

가로등이나 불빛이 적은 곳에서 잘 관측된다.

망원경이 없을 경우 맨눈으로 관찰한다.

① 천체 관측 프로그램((예)스텔라리움)을 이용하여 관측하고자 하는 시각의 행성 위치를 확인한다.

② 관측하고자 하는 시각에 밖으로 나가 행성을 찾는다.

조사로 알게 된 점 밤하늘에서 볼 수 있는 별자리 중에서 큰곰자리와 사자자리, 백조자리는 신화에 나오는 동물의 이름을 따서 만든 별자리이고, 오리온자리는 신화에 등장하는 인물의 이름을 따서 만든 별자리이다. 북쪽 하늘에서는 북두칠성과 카시오페이아자리, 두 별자리를 이용하면 북극성을 찾을 수 있다.

우주를 탐사하기 위해서는 어떤 것들이 필요할까? 우주 탐사 계획을 세우면서 우주 탐사에 요한 것들에 대해 알아보자.

준비물 우주 탐사 계획서, 우주 탐사에 관한 자료

탐사 계획 세우기

① 우주에서 탐사할 장소를 선택한다.

② 우주 탐사에 관한 자료를 수집한다.

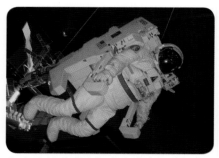

③ 우주 비행사들은 어떤 장비를 착용하고 있는지 조사한다.

탐사 계획서 쓰기

우주 탐사 계획서

1. 탐사할 행성 : 화성

2. 선택한 행성의 특징 : 태양계의 4번째 행성으로, 제2의 지구라고 불릴 만큼 지구와 매우 비슷하다. 하루 길이가 지구와 거의 같다. 지구와의 거리는 5600만km. 산, 사막, 물의 흔적이 있는 협곡도 존재한다.

3. 탐사 목적
   • 외계 생명체의 흔적을 찾기 위해
   • 우리나라 우주선의 성능을 시험해 보기 위해

4. 탐사 전에 개발해야 할 특별한 장비
   • 외계인의 언어를 해석하는 장비
   • 물의 흔적을 찾을 수 있는 장비
   • 오줌을 물로 바꾸는 간편한 장비
   • 빠른 속도로 날 수 있는 소형 우주 탐사정

5. 미리 연습하거나 준비해야 할 것 : 우주에서 걸어 다니는 것(무중력 상태 적응 훈련)

6. 이용할 우주선의 모양과 구조 : 달걀 모양의 1인 우주선

조사로 알게 된 점 우주 탐사 계획을 세울 때에는 탐사할 행성을 선택한 후 행성에 대한 다양한 정보를 수집하고 탐사 목적을 뚜렷하게 세워 준비하는 것이 중요하다.

우주 탐사선 보이저호

미국국립항공우주국은 태양계에서 비교적 먼 거리에 위치하고 있는 목성형 행성인 목성, 토성, 천왕성, 해왕성 등을 탐사하기 위해 보이저 1호와 보이저 2호를 발사하였다. 보이저 1호는 1977년 9월 5일 주로 태양계 외곽을 탐사하기 위한 목적으로 발사하였고, 보이저 2호는 1977년 8월 20일 주로 목성형 행성을 탐사하기 위해 발사하였다. 미국 국립항공우주국 나사는 보이저 1호가 2013년 9월 태양계를 완전히 벗어났다고 발표하였다.

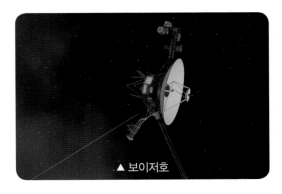

▲ 보이저호

지구와 우주 · 태양계와 별

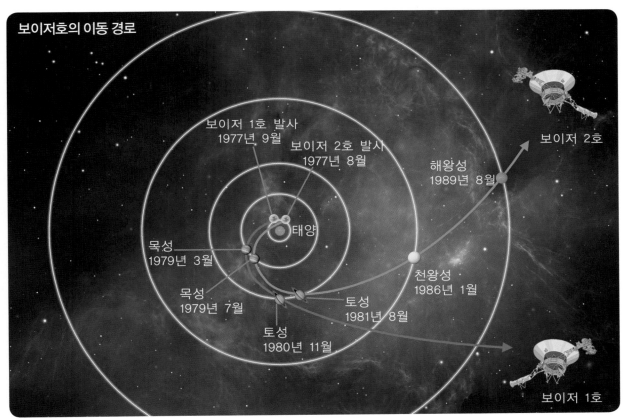

보이저호의 이동 경로

보이저 1호 발사
1977년 9월

보이저 2호 발사
1977년 8월

해왕성
1989년 8월

보이저 2호

태양

목성
1979년 3월

목성
1979년 7월

토성
1981년 8월

천왕성
1986년 1월

토성
1980년 11월

보이저 1호

보이저호는 화성, 목성, 토성, 천왕성, 해왕성을 지나가며 행성 표면의 자세한 모습을 지구로 보내왔다. 이는 지구에서 아무리 성능이 좋은 망원경으로도 알아낼 수 없는 것이다. 탐사선이 보내온 화성 표면은 사막과 같은 모습이고, 목성 표면에 태풍과 같은 소용돌이 바람이 불며, 토성에는 수많은 고리가 있다는 것을 발견하였다. 또한 천왕성과 해왕성의 위성 표면이 얼음과 암석으로 덮여 있고 폭풍과 같은 거센 바람이 끊임없이 불고 있다는 것을 알아내었다.

별 **87**

지구의 자전

태양을 가장 먼저 볼 수 있는 곳은 어디일까? 낮과 밤은 왜 생기며, 하루동안 달과 별은 어떻게 움직일까?

55 실험 태양을 가장 먼저 볼 수 있는 곳 찾기

우리 눈에는 태양이 동쪽에서 떠서 서쪽으로 지는 것처럼 보인다. 실제로 태양이 동쪽에서 서쪽으로 움직이는 것일까? 태양의 움직임을 관찰해 보고, 태양이 움직이는 것처럼 보이는 까닭을 알아보자.

준비물 지구의, 갓이 없는 스탠드, 종이 인형

지구의를 서서히 돌릴 때

① 지구의에 있는 우리나라 지도 위에 사람 모양의 종이 인형을 붙인다.

스탠드 는 태양의 역할을 한다.

② 스탠드와 지구의의 위치를 잡고 스탠드를 켠다. (스탠드와 지구의의 사이는 50 cm 정도 거리를 유지한다.)

③ 지구의를 서서히 돌리면서 인형이 전등을 보았을 때 어떻게 보일지 생각해 본다.

결과

▲ 태양인 스탠드는 그대로이고, 지구의를 돌리면 지구의 위의 인형은 자신은 그대로 있고 태양이 반대로 돌고 있는 것으로 느낀다.
즉, 지구가 서쪽에서 동쪽으로 자전하기 때문에 태양이 동쪽에서 떠서 서쪽으로 지는 것처럼 보이는 것이다.

지구의를 가만히 두었을 때

◀ 지구의를 움직이지 않고 가만히 두면 지구의 위의 인형에게는 태양이 움직이지 않는 것처럼 보인다.

우리나라에서 태양을 가장 먼저 볼 수 있는 곳을 지구의에 표시하기

준비물 지구의 전개도

새해가 되면 일출을 보기 위해서 바닷가로 가는 사람들이 많다. 우리나라에서 태양을 가장 먼저 볼 수 있는 곳은 어디인지 지구의를 만들어 알아보자.

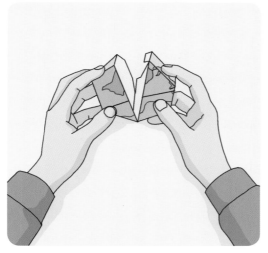

① 지구의 전개도로 지구의 형태를 만든 후 우리나라의 위치를 확인한다.

우리나라의 동쪽에서 태양을 먼저 볼 수 있다.

② 지구의에 우리나라의 동쪽, 서쪽, 남쪽, 북쪽을 표시한 후, 태양을 가장 먼저 보려면 어떻게 회전시켜야 하는지 생각하며 돌려 본다.

우리나라에서 태양을 가장 먼저 볼 수 있는 곳

독도

독도는 우리나라에서 태양을 가장 먼저 볼 수 있는 곳이다. 독도는 울릉도에서 동남쪽으로 89km 떨어진 곳에 위치한다.

울진 간절곶

섬이 아닌 곳 중 우리나라에서 태양을 가장 먼저 볼 수 있는 곳은 울진 간절곶이다. 포항의 호미곶, 강릉의 정동진보다 몇 분 빨리 태양을 볼 수 있다.

실험으로 알게 된 점 지구의를 돌리면 지구의 위의 사람은 자신은 가만히 있고 태양이 돌면서 동쪽에서 뜨고 남쪽을 지나 서쪽으로 지는 것처럼 보인다. 이것은 마치 버스를 타고 가면서 길거리의 가로수를 보면 가로수가 뒤로 가는 것처럼 보이는 것과 같은 원리이다. 상대적인 위치 변화를 느끼는 것이다. 이와 같이 천체 활동에서도 지구가 하루에 한 번 서쪽에서 동쪽으로 자전하기 때문에 가만히 있는 태양이 동쪽에서 서쪽으로 움직이는 것처럼 보이는 것이다.

지구에서 보면 태양이 움직이는 것처럼 보이지만 실제로 지구가 자전함으로써 태양이 움직이는 것처럼 보인다. 이를 역할 놀이를 하면서 알아보자.

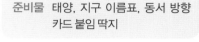
준비물 태양, 지구 이름표, 동서 방향 카드 붙임 딱지

① 두 사람이 짝을 지어 한 사람은 지구 역할을 맡고, 다른 한 사람은 태양 역할을 맡는다.

② 각 역할에 맞는 이름표를 머리에 쓴다.

③ 지구 역할을 맡은 사람의 오른손에 '서'라고 쓰인 카드를 붙이고, 왼손에는 '동'이라고 쓰인 카드를 붙인다.

④ 두 사람이 마주 보고 선다.

⑤ 지구 역할을 맡은 사람은 팔을 펼친다.

⑥ 지구 역할을 맡은 사람은 제자리에서 서쪽에서 동쪽으로 한 바퀴 돌면서 태양 역할을 맡은 사람이 어느 방향으로 움직이는 것처럼 보이는지 확인한다.

지구의 자전

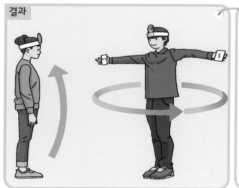

▲ 지구 역할을 맡은 사람이 서쪽에서 동쪽으로 회전할 때에 태양 역할을 맡은 사람은 동쪽에서 서쪽으로 움직이는 것처럼 보인다.

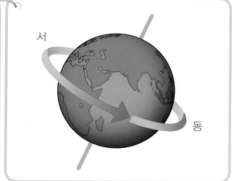

▲ 지구는 서쪽에서 동쪽으로 자전하며, 이때문에 태양이 동쪽에서 서쪽으로 움직이는 것처럼 보인다.

실험으로 알게된 점 역할 놀이에서 지구가 서쪽에서 동쪽(시계 반대 방향)으로 회전하면 태양이 동쪽에서 서쪽(시계 방향)으로 움직이는 것처럼 보이는 것과 같이 지구가 서쪽에서 동쪽(시계 반대 방향)으로 자전하기 때문에 태양이 동쪽에서 서쪽(시계 방향)으로 움직이는 것처럼 보이는 것이다.

57 실험 낮과 밤이 생기는 까닭 알아보기

하루는 24시간으로 이루어져 있다. 태양이 비추고 있는 동안을 낮, 태양이 비추지 않는 동안을 밤이라고 말한다. 이렇게 낮과 밤이 생기는 까닭을 알아보자.

준비물 지구의, 갓이 없는 스탠드, 종이 인형

① 지구의에 있는 우리나라 지도 위에 사람 모양의 종이 인형을 붙인다.

스탠드는 태양의 역할을 한다.

② 스탠드와 지구의의 위치를 잡고 스탠드를 켠다. (스탠드와 지구의의 사이는 50 cm 정도 거리를 유지한다.)

③ 지구의를 서서히 돌리면서 우리나라가 밝을 때와 어두울 때를 확인한다.

결과

지구의를 돌려 우리나라가 밝을 때─낮

지구의를 돌려 우리나라가 어두울 때─밤

◀ 지구의를 돌리면 우리나라가 밝아졌다 어두워졌다 하므로 낮과 밤이 생기는 것을 알 수 있다.

실험으로 알게 된 점 스탠드에 불을 켰을 때, 지구의에서 밝은 부분은 낮이고, 어두운 부분은 밤인데, 지구의를 돌리지 않으면 낮과 밤의 부분이 항상 똑같다. 그러나 지구의를 돌리면 낮과 밤이 번갈아 생긴다. 지구의를 돌리는 것은 지구의 자전을 의미하는데, 지구는 한 축을 중심으로 서쪽에서 동쪽(시계 반대 방향)으로 하루에 한 바퀴씩 자전을 한다. 즉, 지구가 자전을 하기 때문에 낮과 밤이 생긴다.

과학자의 눈

태양계 행성들의 자전 방향

지구는 시계 반대 방향으로 자전을 하는데, 태양계의 다른 행성들도 자전을 할까? 태양계의 행성들도 지구와 같이 자전을 한다. 하지만, 금성과 천왕성은 지구와 다른 모습으로 자전을 한다. 금성은 지구와 다르게 시계 방향으로 자전을 하며, 천왕성은 바퀴가 굴러가는 것처럼 누워서 위아래로 돈다.

| 수성 0.1° | 금성 172° | 지구 23° | 화성 25° | 목성 3° | 토성 27° | 천왕성 98° | 해왕성 30° |

저녁에 본 달은 한밤중에는 어디쯤 있을까? 하루 동안 달이 움직이는 것과 움직이는 것처럼 보이는 이유를 알아보자.

준비물 하루 동안의 달 움직임 사진

달이 보이는 원리

태양 빛

◀ 달은 스스로 빛을 내지 못하므로 태양 빛을 반사하는 부분만 보인다. 이때 달은 약 한 달을 주기로 모양이 변한다.

달의 움직임 관찰하기

오후 6시
오후 8시
오후 10시
남
동   서

▲ 매월 음력 8일의 달의 이동 방향 : 오후 6시경 남쪽 하늘에 높이 떠서 서쪽으로 움직인다.

참고

달의 움직임을 관찰하는 방법
① 해가 지면 남쪽을 향해 선다.
② 자신이 서 있는 위치를 확인하고 멀리 보이는 건물 중에서 기준점이 될 만한 것을 찾는다.
③ 매 시간마다 같은 위치에 서서 기준점을 확인한 후에 달을 관측한다.

자정 0시
오후 7시
남
새벽 6시
동   서

▲ 매월 음력 15일의 달의 이동 방향(보름달) : 오후 7시경에 동쪽 하늘에 떠서 남쪽을 지나 새벽에 서쪽으로 움직인다.

관찰로 알게된 점 매월 음력 8일에 뜨는 반달과 매월 음력 15일에 뜨는 보름달의 움직임을 하루 동안 관찰해 보면 달이 동쪽에서 서쪽으로 움직이는 것을 알 수 있다. 또한 달이 시간에 따라 일정한 거리(각도)만큼 움직이는 것도 알 수 있다. 이렇게 달이 동쪽에서 서쪽으로 이동하는 것처럼 보이는 것은 태양의 움직임처럼 지구가 서쪽에서 동쪽으로 자전하기 때문이다.

59 관찰 하루 동안 별의 위치 변화 알아보기

밤 하늘에 떠 있는 별들은 밤새 움직이지 않고 있을까? 겨울철 남쪽 하늘에서 볼 수 있는 오리온자리를 찾아 하룻밤 동안 별자리의 위치는 어떻게 변하는지 알아보자.

준비물 관찰 기록장

남쪽 하늘의 별자리의 위치 변화

① 별자리의 움직임을 관찰하기 위해 사람의 모습을 하고 있는 오리온자리를 찾는다.

② 관측 장소를 정하고 방위를 확인한다. 관측 장소를 정할 때에는 물이나 나무 등 기준을 정하면 편리하다.

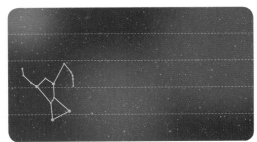

③ 관측 시간을 정해 기록장에 시간과 위치를 기록하는데, 이때 한 장에 모두 기록하는 것이 좋다.

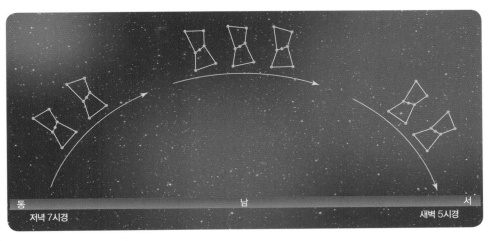

◀ 하룻밤 동안에 오리온 자리는 동쪽 하늘에서 남쪽을 지나 서쪽 하늘로 움직인다.

북쪽 하늘의 별자리의 위치 변화

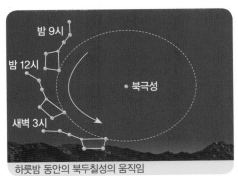

하룻밤 동안의 북두칠성의 움직임

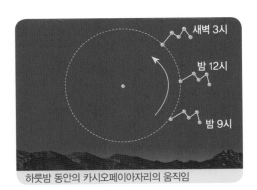

하룻밤 동안의 카시오페이아자리의 움직임

◀ 북극성을 중심으로 시계 반대 방향으로 움직인다.

관찰로 알게 된 점 하룻밤 동안 별자리는 가만히 있지 않고 움직인다. 남쪽 하늘의 별자리는 태양의 이동 방향과 같이 동쪽에서 떠서 서쪽으로 지며 북쪽 하늘의 별자리는 시계 반대 방향으로 움직인다. 하룻밤 동안 별자리가 움직이는 이유는 지구가 서쪽에서 동쪽으로 자전하기 때문이다.

북쪽 하늘의 별자리의 움직임

지구의 공전

지구의 공전이란 무엇일까? 여러 날 동안 달의 모양과 계절에 따라 별자리가 달라지는 까닭은 무엇일까?

60 실험 역할 놀이를 하면서 지구의 공전 이해하기

① 두 사람이 짝을 지어 한 사람은 지구 역할을 맡고, 다른 한 사람은 태양 역할을 맡는다.

② 각 역할에 맞는 이름표를 머리에 쓴다.

③ 지구 역할을 맡은 사람의 오른손에 '서'라고 쓰인 카드를 붙이고, 왼손에는 '동'이라고 쓰인 카드를 붙인다.

④ 두 사람이 마주 보고 서고, 지구 역할을 맡은 사람은 팔을 펼친다.

⑤ 태양 역할을 맡은 사람은 제자리에 가만히 있고, 지구 역할을 맡은 사람은 자전하면서 태양 역할을 맡은 사람의 주위를 한 바퀴 공전하면서 보이는 교실의 물체를 확인한다.

지구의 공전

지구의 공전 방향은 서쪽에서 동쪽 방향(시계 반대 방향)이다.

결과
▲ 지구 역할을 맡은 사람이 가~라 위치에 있을 때 보이는 교실의 물건이 다르다.

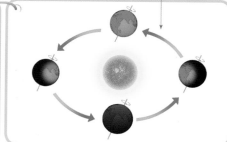

▲ 지구는 태양을 중심으로 일정한 길을 따라 자전을 하면서 공전한다. 이때, 위치가 달라져 위치마다 보이는 천체가 다르다.

실험으로 알게 된 점

역할 놀이에서 지구 역할을 맡은 사람이 공전할 때 보이는 교실의 물건이 다른 것처럼 지구가 태양 주위를 공전하면서 위치가 바뀌고, 그 위치에 따라 보이는 천체의 모습이 달라진다.

여러 날 동안 달의 모양을 관찰하여 보고, 달의 모양에 따라 어떤 이름을 가지고 있는지 알아보자.

준비물 달의 모양 붙임 딱지

① 여러 날 동안 달의 모양을 관찰한다.

② 여러 날 동안 달의 모양이 어떻게 변하는지 관찰하여 본다.

초승달 → 상현달 → 보름달 → 하현달 → 그믐달

여러 날 동안 달의 모양

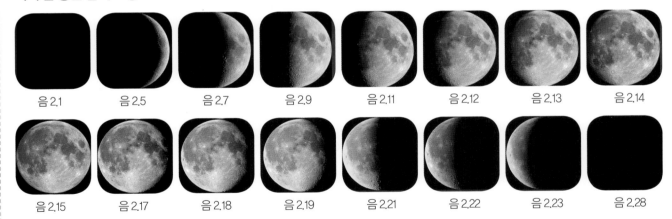

음 2.1 음 2.5 음 2.7 음 2.9 음 2.11 음 2.12 음 2.13 음 2.14

음 2.15 음 2.17 음 2.18 음 2.19 음 2.21 음 2.22 음 2.23 음 2.28

▲ 여러 날 동안 달의 모양은 달의 오른쪽 부분이 보이기 시작하면서 점점 왼쪽으로 커지다가 보름달이 지나면서부터는 오른쪽이 점점 보이지 않게 되고 다시 그믐달 모양이 된다.

실험으로 알게 된 점 달은 초승달, 상현달, 보름달, 하현달, 그믐달이 반복되면서 모양이 변한다. 매일 태양이 서쪽 지평선에 사라진 직후에 관찰할 수 있으며 보이는 위치도 날마다 서쪽에서 동쪽으로 조금씩 옮겨 간다.

봄에 볼 수 있는 별자리를 가을에도 볼 수 있을까? 별자리가 계절에 따라 어떻게 달라지는지 알아보자.

준비물 전기스탠드, 계절의 대표적인 별자리 사진, 회전 의자

계절에 따라 별자리가 달라지는 까닭 알아보기

① 전기스탠드를 켜고 등지고 앉는다.

② 앉아 있는 사람 앞에 별자리 사진을 놓고, 전등, 사람은 각각 어떤 역할을 하는지 생각해 본다.

주의

• 전등은 태양의 역할이고, 사람은 지구의 역할이다.
• 태양을 보고 있을 때는 낮에 해당되고, 태양을 등지고 있을 때가 밤이 된다.
• 관찰하는 사람이 제자리에서 도는 것은 지구의 자전에 해당하고, 관찰하는 사람이 자리를 옮겨 다니는 것은 지구의 공전에 해당한다.

계절별 대표적인 별자리

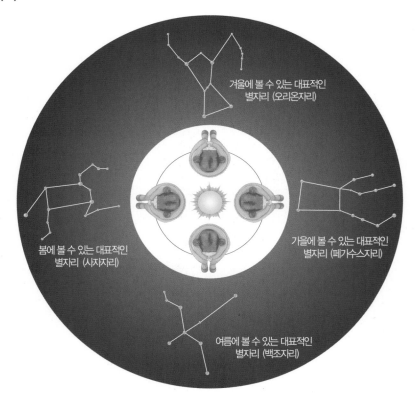

겨울에 볼 수 있는 대표적인 별자리 (오리온자리)

봄에 볼 수 있는 대표적인 별자리 (사자자리)

가을에 볼 수 있는 대표적인 별자리 (페가수스자리)

여름에 볼 수 있는 대표적인 별자리 (백조자리)

관찰로 알게 된 점) 지구가 태양 주위를 공전하기 때문에 별자리는 계절마다 바뀌게 된다. 우리나라에서 봄에 볼 수 있는 대표적인 별자리는 사자자리이며, 여름은 백조자리, 가을은 페가수스자리, 겨울은 오리온자리이다. 모든 별자리는 태양이 동쪽에서 떠서 서쪽으로 지는 것처럼 매일 하루에 한 번씩 하늘에 나타난다. 단지 낮에는 태양 빛이 너무 밝아서 볼 수 없을 뿐이다.

계절별 대표적인 별자리

각 계절에 관측되는 별자리는 태양의 반대쪽에 있어 태양이 질 때 동쪽에서 떠오르는 별자리를 말한다. 자정에는 남쪽 하늘에서 볼 수 있다.

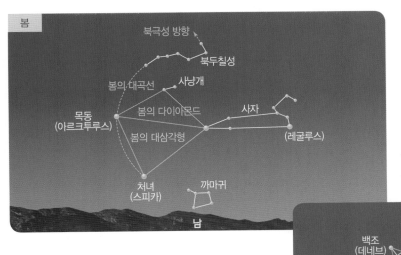

봄

북극성 방향
북두칠성
봄의 대곡선
사냥개
봄의 다이아몬드
사자
목동
(아르크투루스)
봄의 대삼각형
(레굴루스)
처녀
(스피카)
까마귀
남

◀ 봄철 별자리는 북두칠성을 기준으로 목동자리, 처녀자리, 사자자리이다. 각 별자리에서 밝은 별을 연결하여 봄의 대삼각형이라고 한다.

백조
(데네브)
직녀
(베가)
헤르쿨레스
왕관(북쪽)
여름의 대삼각형
땅꾼(뱀주인)
견우
(알타이르)
궁수
전갈
남
여름

여름철 별자리는 견우성을 기준으로 백조자리와 거문고▶
자리, 독수리자리, 전갈자리이다. 각 별자리에서 직녀성,
견우성, 데네브를 연결하여 여름의 대삼각형이라고 한다.

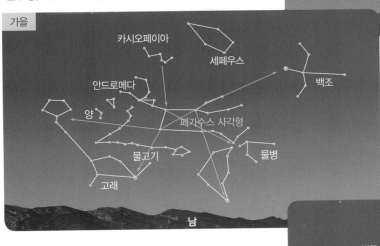

가을

카시오페이아
세페우스
백조
안드로메다
양
페가수스 사각형
물고기
물병
고래
남

◀ 가을철 별자리는 카시오페이아자리를 기준으로 페가수스자리와 페가수스자리 주변에 위치한 물고기자리, 조랑말자리, 물병자리이다. 페가수스자리가 만드는 커다란 사각형을 페가수스 사각형이라고 한다.

마차부
(카펠라)
쌍둥이
(폴룩스)
겨울의 다이아몬드
오리온
(베텔기우스)
황소
(알데바란)
겨울의 대삼각형
작은개
(프로시온)
삼태성
(리겔)
큰개
(시리우스)
남
겨울

겨울철 별자리는 오리온자리 주변으로 작은개자리,▶
황소자리, 쌍둥이자리, 마차부자리이다. 오리온자리, 작은개자리, 큰개자리의 밝은 별을 연결하여 겨울의 대삼각형이라고 한다.

지구와 우주 · 지구와 달의 운동

여러 날 동안 같은 장소, 같은 시각에 달을 관찰하면 달의 모양이 조금씩 변하는 것을 볼 수 있다. 그 까닭을 알아보자.

준비물 하얀색 스타이로폼 공, 연필, 전기 스탠드

달의 모양이 변하는 까닭 알아보기

① 스타이로폼 공에 연필을 꽂는다.

② 스타이로폼 공을 들고 스탠드 앞에 서서 스타이로폼 공에 스탠드의 불빛이 반사된 것을 관찰한다.

③ 가, 나, 다, 라 위치를 달리하며 스타이로폼 공에 반사된 불빛을 관찰한다.

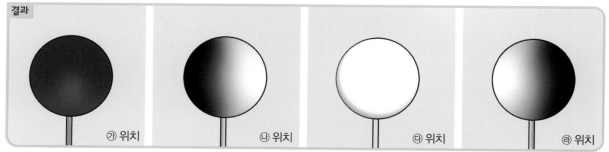

결과

⑦ 위치 ⑭ 위치 ⑮ 위치 ⑯ 위치

▲ 가~라 위치에서 보는 스타이로폼 공에 반사된 불빛이 다른 까닭은 스타이로폼 공의 위치에 따라 불빛을 반사하는 부분이 다르기 때문이다.

삼구의 모형을 이용한 달의 위상 실험

① 삼구의의 지구의에 사람 인형을 붙이고 삼구의를 움직이면서 음력 3일, 8일, 15일에 보이는 달의 모양과 위치를 삼구의에 나타낸다.

태양

음력 15일

음력 3일

음력 8일

▲ 달의 모양이 달라지는 것은 태양을 중심으로 지구가 돌고, 그 지구를 달이 돌기 때문이다.

실제 관측을 통한 달의 모양과 움직임 관찰

하루 동안 달의 움직임을 관찰할 때와 같이 관찰 장소를 정해 매일 같은 시각(오후 6시경)에 관찰 기준점을 보며 달의 위치와 모양을 관찰하여 표시한다.

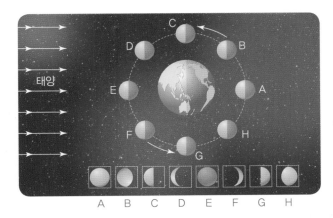

◀ 달에서 밝게 보이는 곳은 태양 빛을 받고 있는 부분이다. 지구에서는 태양 빛을 받고 있는 부분을 보는 것이다. 그래서 달의 위치에 따라 태양 빛에 반사된 달의 모양이 조금씩 다르게 보여 모양도 달라지게 된다. 그리고 달이 뜨는 위치가 다른 이유는 달이 지구를 중심으로 한 달에 한 바퀴씩 공전하기 때문이다.

여러 날 동안 달의 모양과 위치 변화

위 그림에서 볼 수 있는 달의 모양은 음력 1일부터 15일경까지 똑같은 시각에 관찰한 모습이다. 달은 동쪽에서 뜨지만 초승달부터 보름달까지는 낮에 떠서 서쪽으로 움직이다가 해가 진 직후에 잘 보이게 된다. 즉, 초승달은 낮에 동쪽에서 떠서 움직이다가(태양 빛이 밝아 낮에는 초승달은 관찰할 수 없다.) 해가 지면서 날이 어두워지자 서쪽에서 잠시 보이다가 지평선 아래로 내려가는 것이다.

상대적으로 보름달은 해가 거의 질 때쯤 동쪽 하늘에서 지평선 위로 솟아오르기 때문에 밝은 보름달을 하룻밤 동안 관찰할 수 있는 것이다.

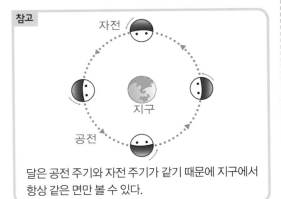

참고

달은 공전 주기와 자전 주기가 같기 때문에 지구에서 항상 같은 면만 볼 수 있다.

참고 실험으로 알게된 점 달은 스스로 빛을 내지 못하기 때문에 태양 빛을 받아 반사시킨다. 달의 모양이 달라지는 것은 달의 위치에 따라 반사되는 부분이 다르기 때문이다. 그리고 달이 뜨는 위치가 다른 이유는 달이 지구를 중심으로 한 달에 한 바퀴씩 공전하기 때문이다.

날씨와 우리 생활

날씨는 아주 다양하다. 날씨와 관련된 다양한 현상에는 어떤 것들이 있을까?

64 실험 습도는 어떻게 측정하는지 알아보기

물에 젖은 옷을 방 안에 두면 옷이 마르는 것을 볼 수 있다. 이것은 물이 수증기의 형태로 공기 중으로 증발했기 때문이다. 이처럼 공기 중에는 수증기가 포함되어 있다. 공기 중에 수증기가 포함된 정도를 습도라고 한다. 습도를 어떻게 측정할 수 있는지 알아보자.

준비물 온도계, 물, 헝겊 조각, 스탠드, 고무줄, 비커

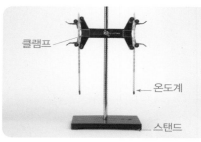

① 스탠드와 클램프를 이용하여 두 개의 온도계를 설치한다.

② 한 개의 온도계 액체샘을 헝겊으로 감싸고 물이 든 비커에 담근다.

③ 10분 후 두 온도계의 눈금을 읽고, 습도표를 이용해 습도를 구한다.

결과

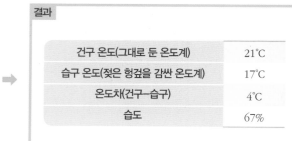

건구 온도(그대로 둔 온도계)	21℃
습구 온도(젖은 헝겊을 감싼 온도계)	17℃
온도차(건구−습구)	4℃
습도	67%

습구 온도(℃)	건구와 습구의 온도차(℃)						
	0	1	2	3	4	5	6
16	100	90	82	74	66	60	54
17	100	91	82	74	67	61	55
18	100	91	83	75	68	62	56
19	100	91	83	76	69	62	57
20	100	91	83	76	69	63	58
21	100	92	84	77	70	64	58

주의

습도표를 읽는 방법

먼저 측정한 습구 온도를 왼쪽 축에서 선택한다. 그리고 건구와 습구 온도의 차를 상단에서 선택한다. 두 축이 서로 만나는 점이 현재 습도이다.

실험으로 알게 된 점 젖은 헝겊의 물이 증발하면서 열을 빼앗기 때문에 습구 온도가 건구 온도보다 낮다. 만약 습도가 낮다면 증발이 잘 일어나기 때문에 습구 온도는 더 내려가고, 건구 온도와의 차이는 더 커진다. 즉, 건구 온도와 습구 온도의 차이가 크면 습도가 낮고, 온도의 차이가 적으면 습도가 높다.

습도의 종류

습도의 종류에는 여러 가지가 있지만 크게 상대 습도와 절대 습도로 나눌 수 있다. **상대 습도**는 현재 공기 중에 포함된 수증기량을 그 기온에서의 포화 수증기량으로 나눈 값을 백분율(%)로 나타낸 것이다. 여기에서 **포화 수증기량**이란 어떤 온도의 공기 $1m^3$에 최대로 포함할 수 있는 수증기의 양을 말한다. 공기는 온도가 높을수록 포함할 수 있는 수증기의 양이 커지기 때문에 일반적으로 공기의 온도가 높을수록 상대 습도는 낮아진다. 위 실험에서 측정한 습도도 상대 습도이다. **절대 습도**는 공기 $1m^3$ 중에 포함된 실제 수증기의 양을 g으로 나타낸 것이다. 건습구 습도계는 물의 증발 현상을 이용하여 측정한다.

65 조사 **습도를 조절하는 방법 알아보기**

습도는 우리 생활에 많은 영향을 준다. 습도가 높을 때와 낮을 때 어떤 일이 일어나는지 조사해 보고, 습도를 조절하는 방법을 알아보자.

준비물 인터넷

습도와 우리 생활

▲ 습도가 높을 때

　음식이 잘 상하고, 쇠붙이에 녹이 슬기 쉽다.

▲ 습도가 낮을 때

　빨래는 잘 마르나, 산불이 나기 쉽다.

습도를 낮추는 방법

▲창문을 열어 통풍을 시킨다.

▲ 제습기를 사용한다.

▲ 난방을 한다.

습도를 높이는 방법

▲ 젖은 수건을 걸어 둔다.

▲ 가습기를 작동시킨다.

▲ 난로 위에 물 주전자를 올려 놓는다.

> **조사로 알게 된 점** 습도는 우리의 건강과 밀접한 관계가 있다. 우리가 생활하는 데 가장 적당한 실내 습도는 50~60% 정도이다. 습도를 조절하기 위해서는 가습기나 제습기를 사용하는 것 외에도 창문을 열거나, 젖은 수건을 걸어 놓는 것도 좋은 방법이다.

과학자의 눈
불쾌지수

불쾌지수는 미국의 기후학자 톤(E.C.Thon)이 고안한 것으로, 기온과 습도 그리고 풍속과 햇빛의 양과 관련하여 사람이 느끼는 불쾌감을 지수로 나타낸 것이다. 실내에서의 불쾌지수는 다음과 같은 식으로 구할 수 있다.

불쾌지수 = 0.72 × (건구 온도 + 습구 온도) + 40.6

불쾌지수는 일반적으로 기온과 습도가 높고 햇볕이 강할수록 높고, 바람이 강할수록 낮다. 불쾌지수가 80~85일 때는 모든 사람이 불쾌감을 느끼며, 85 이상이면 참을 수 없는 불쾌감을 느낀다고 한다.

이슬과 안개가 어떻게 만들어지는지 알아보고, 실험을 통해 공기 중의 수증기가 어떤 모습으로 변하는지 확인해 보자.

준비물 둥근바닥 플라스크, 비커, 얼음, 따뜻한 물, 검은색 도화지

이슬, 안개, 구름, 비 알아보기

이슬

안개

구름

비

▲ 아침에 공기 중의 수증기가 차가운 식물의 잎이나 풀잎에 작은 물방울로 맺혀 있는 것

▲ 지표면 근처에서 공기가 차가워져 수증기가 작은 물방울로 응결한 것

▲ 공기가 상승하면서 차가워져 수증기가 높은 하늘에서 응결하여 떠 있는 것

▲ 구름에 있는 작은 물방울들이 뭉쳐서 큰 물방울이 되어 땅으로 떨어지는 것

이슬과 안개 생성 과정 알아보기

① 따뜻한 물을 비커에 넣는다.

둥근바닥 플라스크
비커
② 둥근바닥 플라스크에 잘게 부순 얼음과 적은 양의 물을 넣은 후, 따뜻한 물을 넣은 비커 위에 올려놓는다.

③ 검은색 도화지를 뒤에 대고 비커 안쪽, 플라스크 옆면, 아랫면을 관찰한다.

결과

작은 물방울 맺힘.
뿌옇게 흐려짐.

▲ 비커 안쪽 : 안개
뿌옇게 흐려진다.

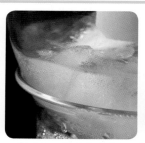
▲ 플라스크 옆면과 아랫면 : 이슬
아주 작은 물방울이 생긴다.

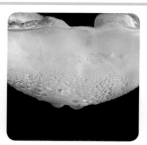

실험으로 알게된 점 비커 안쪽에는 따뜻한 물이 증발하다가 둥근바닥 플라스크에서 내려오는 찬 공기와 만나서 작은 물방울로 떠 있게 되는데, 그 결과 비커 안쪽이 뿌옇게 흐려진다. 이는 안개가 만들어지는 것과 같은 원리이다. 비커의 안쪽과 플라스크 옆면, 아랫면에 물방울이 맺히는데 이는 공기 중의 수증기가 차가운 표면에 닿아 생긴 것이다. 이는 아침에 공기 중의 수증기가 차가운 식물의 잎이나 풀잎에 작은 물방울이 맺히는 이슬이 만들어지는 것과 같은 원리이다.

구름은 어떻게 만들어질까요? 구름 발생 실험을 통하여 구름을 관찰해 보고 비와 눈이 어떻게 만들어지는지 알아보자.

준비물 빈 병, 공기 압축 마개, 액정 온도계, 스포이트, 물

구름 발생 실험하기

① 빈 병에 물을 5mL 정도 넣고 현재의 온도를 측정한 다음에 입구를 공기 압축 마개로 닫는다.

② 공기 압축 마개의 윗부분을 눌러 병 안의 공기를 압축한다.

③ 공기를 압축하면서 병 안의 온도 변화를 측정한다.

④ 온도 변화가 더 이상 없으면 공기 압축 마개의 뚜껑을 열고 병 안에서 나타나는 현상과 온도 변화를 관찰한다.

결과

◀ 공기 압축 마개의 뚜껑을 열면, 빈 병 안이 구름이 피어오르는 것 같이 뿌옇게 흐려지며, 온도가 낮아진다. 이는 빈 병 안의 온도가 낮아지면서 수증기가 냉각되어 물방울로 변하기 때문이다.

구름이 만들어지는 과정

◀ 지상에 있던 공기가 하늘 높이 올라가면 온도가 낮아지면서 구름이 만들어진다.

비, 눈이 만들어지는 과정

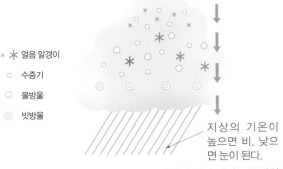
* ❋ 얼음 알갱이
○ 수증기
○ 물방울
◎ 빗방울

지상의 기온이 높으면 비, 낮으면 눈이 된다.

▲ 구름 속의 작은 물방울이나 얼음 알갱이가 점점 커지고 무거워져서 떨어지면 지표면의 기온에 따라 비나 눈이 된다.

실험으로 알게 된 점 빈 병 안에 있는 공기를 계속 압축하여 온도 변화가 더 이상 없을 때 공기 압축 마개의 뚜껑을 열면 빈 병 안의 온도가 낮아지며 구름처럼 뿌옇게 흐려진다. 이는 구름이 만들어지는 원리와 같으며, 구름 속의 작은 물방울이나 얼음 알갱이가 점점 커지고 무거워져서 떨어지면 지표면의 기온에 따라 비나 눈이 된다.

육지와 바다는 태양 에너지를 받으면 온도가 똑같이 변할까? 육지와 바다의 온도는 하루 동안 어떻게 변하는지 모래와 물을 이용하여 육지와 바다의 온도 변화를 알아 보자.

준비물 비커, 온도계, 스탠드와 클램프, 모래, 물, 그래프 용지

① 스탠드와 클램프를 햇빛이 잘 비치는 잔디밭 위에 설치한다.

② 온도계가 모래와 물이 든 비커에 1cm 정도 잠기도록 하고, 30분 간격으로 온도를 측정하여 표와 그래프로 나타낸다.

결과

시간 구분	처음	30분	60분	90분	120분	150분
모래	14℃	18℃	21.5℃	23℃	26℃	28℃
물	14℃	14.2℃	14.4℃	14.6℃	14.8℃	15.2℃

▲ 모래는 온도 변화가 크고, 물은 온도 변화가 작다.

결과

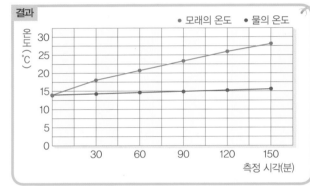

▲ 모래와 물의 온도 변화
모래가 물보다 빨리 데워진다.

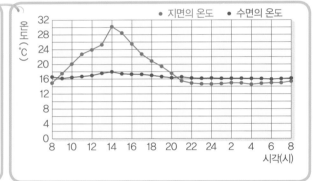

▲ 하루 동안 지면과 수면의 온도 변화
지면은 하루 동안 온도 변화가 크다.

실험으로 알게 된 점 모래는 물에 비해 빨리 데워지고 빨리 식지만, 물은 모래에 비해 천천히 데워지고 천천히 식는다. 마찬가지로 지면은 낮에는 빨리 데워져서 수면보다 온도가 높지만, 밤에는 빨리 식어서 수면보다 온도가 낮다. 수면은 하루 동안 온도 변화가 크지 않다.

과학자의 눈
수면이 지면보다 서서히 데워지는 이유

물이 모래보다 서서히 데워지는데, 그 이유는 크게 네 가지이다.
먼저 같은 질량의 모래를 1℃ 높이는 데 필요한 열량이 같은 질량의 물을 1℃ 높이는 것보다 작다. 따라서 적은 에너지만으로도 빨리 온도를 높일 수 있다. 그리고 물은 투명하여 태양 빛이 깊이 통과되어 열에너지가 넓게 퍼지지만, 모래는 불투명하기 때문에 태양 빛이 얕게 통과되어 상대적으로 적은 부피의 표면에만 퍼지게 되므로 온도가 빨리 올라간다. 또 물이 증발할 때 가지고 있는 열도 빼앗기기 때문에 온도가 쉽게 올라가지 않는다. 마지막으로 물은 파도에 의해 섞이거나 흐르면서 계속 섞이므로 온도가 쉽게 올라가지 않는다.

물이 흐르는 것처럼 공기도 계속 움직인다. 이런 공기의 움직임을 바람이라고 하는데, 실험을 통해 바람이 부는 이유를 알아보자.

준비물 대류 상자, 향, 얼음, 데운 모래, 은박 접시, 고무찰흙, 투명 필름, 셀로판테이프

① 대류 상자 위에 투명 필름 또는 종이로 굴뚝을 만들어 셀로판테이프로 고정한다.

② 데운 모래와 얼음이 담긴 은박 접시를 대류 상자 안에 넣는다.

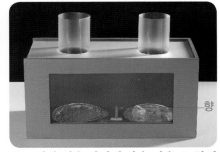

③ 모래와 얼음 사이에 향을 피우고, 향의 움직임을 관찰한다.

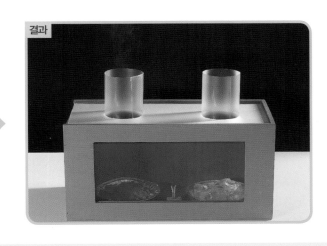

결과

◀ 향 연기가 데운 모래 쪽으로 이동한다. 데운 모래 위의 공기는 따뜻하기 때문에 위로 올라가고 얼음 위의 차가운 공기는 모래 쪽으로 이동한다. 향 연기가 움직이는 이유는 온도 차이 때문이다. 주위보다 온도가 높은 곳의 공기는 상승하고, 온도가 낮은 곳의 공기는 빈 공간을 채우기 위해 이동하므로 바람이 생긴다.

실험으로 알게된 점 향 연기가 움직이는 이유는 데운 모래와 얼음 사이의 온도 차이 때문이다. 주위보다 온도가 높은 곳의 공기는 상승하고, 온도가 낮은 곳의 공기는 빈 공간을 채우기 위해 이동한다. 이렇게 수평 방향의 공기의 움직임을 **바람**이라고 한다. 즉, 바람이 부는 이유는 두 지역의 온도 차이 때문이라고 할 수 있는데, 이런 온도 차는 태양에 의해 가열되거나 냉각되는 정도가 서로 다르기 때문에 나타난다.

과학자의 눈
해풍과 육풍

바닷가에서는 낮과 밤에 부는 바람의 방향이 서로 다르다. 그 이유는 육지와 바다 사이의 온도 차이 때문이다. 낮에는 육지가 더 빨리 데워지기 때문에 육지의 온도가 바다보다 더 높다. 이때 데워진 육지의 공기는 상승하므로 바다 위의 공기가 육지로 불어온다. 이를 **해풍**이라고 한다.

반면에 밤에는 육지가 더 빨리 식기 때문에 바다가 육지보다 더 따뜻하다. 따뜻한 바다의 공기는 상승하므로 육지의 공기는 바다 쪽으로 불어온다. 이를 **육풍**이라고 한다.

해풍   육풍

고기압과 저기압은 어떤 과정을 거쳐 날씨의 변화를 가져오는 것일까? 기압이란 무엇인지 실험을 통해 알아보고, 기압에 따라 날씨의 변화가 생기는 까닭을 알아보자.

준비물 빈 병(가볍고 큰 플라스틱 병), 전자저울, 온도계, 헤어드라이어

찬 공기와 따뜻한 공기 비교하기

무게는 전자저울로 측정한다.

① 뚜껑을 덮고 빈 병의 무게와 온도를 측정한다.

② 빈 병을 냉장실에 10분간 넣었다 꺼내어 온도를 측정하고, 뚜껑을 닫아 무게를 측정한다.

③ 빈 병 안의 공기를 헤어드라이어로 따뜻하게 한 다음에 온도를 측정하고, 뚜껑을 닫아 무게를 측정한다.

결과

구분	찬 공기가 들어 있는 빈 병	따뜻한 공기가 들어 있는 빈 병
무게(g)	133.6	133.1
온도(℃)	5	30

◀ 찬 공기가 따뜻한 공기에 비해 무게가 무겁다. 따뜻한 공기는 가벼워 위로 올라가 흩어져서 공기의 양이 적어지고, 찬 공기는 아래로 내려가 모여 공기의 양이 많아져 무거워지기 때문이다.

고기압과 저기압

저가압에서는 아래쪽에서 주변의 공기가 모아져 위로 올라가며, 위로 올라간 공기 중의 수증기가 응결하면 구름이 만들어지기 때문에 저기압에서는 흐리고 비나 눈이 내린다.

공기가 위로 올라감.

공기가 아래로 내려옴.

공기가 누르는 압력을 기압이라고 한다.

지표면

저기압

고기압

고기압에서는 위에 있던 공기가 내려오면서 따뜻해지기 때문에 수증기가 증발하여 맑은 날씨가 나타난다.

실험으로 알게된 점 찬 공기는 같은 크기의 따뜻한 공기보다 무거우며, 고기압에서는 공기가 아래로 내려오면서 기온이 높아져 구름이 사라지고 날씨가 맑아진다. 저기압에서는 따뜻한 공기가 위로 올라가 응결하면 구름이 만들어지기 때문에 날씨가 흐리다.

우리나라는 사계절이 있고, 계절마다 날씨가 다르다. 계절별 일기도를 관찰하여 바람의 방향을 알아보고, 각 계절의 날씨에 미치는 영향을 알아보자.

준비물 각 계절별 일기도

지구와 우주·기상

계절별 일기도와 바람의 방향 및 날씨의 특징

봄의 일기도	특징
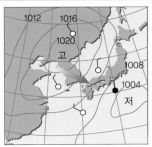	중국 대륙으로부터 오는 이동성 고기압이 두드러지게 나타난다. 대륙에서 불어오는 공기 덩어리의 영향으로 따뜻하고 건조하다.

여름의 일기도	특징
	북태평양 고기압이 확장하고 대륙에 저기압이 자리잡아 남쪽의 해양에서 불어오는 공기 덩어리의 영향으로 덥고 습하다. 비가 많이 내리고 무더운 날씨가 계속된다.

가을의 일기도	특징
	대륙에서 발생한 온대 저기압이나 이동성 고기압의 영향으로 궂은 날과 갠 날이 반복되고 변화가 심한 날씨가 나타난다.

겨울의 일기도	특징
	북쪽의 대륙에서 불어오는 차고 건조한 공기 덩어리의 영향으로 춥고 건조하다. 주로 북서풍이 분다.

조사로 알게된 점 대륙이나 해양과 같이 넓은 지역에 공기 덩어리가 오래 머물러 있으면 공기 덩어리는 그 지역의 온도, 습도와 비슷해진다. 우리나라는 계절마다 성질이 다른 공기 덩어리의 영향을 받기 때문에 계절마다 특징적인 날씨가 나타난다. 특히 우리나라의 여름은 따뜻한 바다에 있는 공기 덩어리의 영향을 받아 덥고 습하며, 겨울에는 추운 대륙에 있는 공기 덩어리의 영향을 받아 춥고 건조하다.

과학자의 눈

우리나라에 영향을 미치는 공기 덩어리(기단)

성질이 비슷한 공기 덩어리를 기단이라고 한다. 우리나라에 영향을 미치는 기단은 크게 네 개이다.

(1) 시베리아 기단 : 겨울철 날씨를 지배하는 대표적인 기단으로, 대륙성 한대 기단이다. 매우 차갑고 건조한 것이 특징이다.

(2) 양쯔강 기단 : 봄과 가을에 중국 대륙의 양쯔강 유역에서 발생하는 기단으로, 따뜻하고 건조하다.

(3) 오호츠크 해 기단 : 봄부터 여름까지 우리나라에 영향을 주는 기단으로, 차갑고 습한 것이 특징이다.

(4) 북태평양 기단 : 여름부터 우리나라에 영향을 주기 시작하며 오호츠크 해 기단과 합쳐져 장마 전선을 만든다. 온도가 높고 습한 날씨를 만든다.

우리나라는 계절마다 날씨가 뚜렷한 특징이 있다. 계절별 날씨에 따라 우리의 생활 모습이 어떻게 달라지는지 알아보자.

준비물　날씨 관련 자료

봄 : 따뜻하고 건조한 날씨

▲ 두꺼운 점퍼를 벗고 얇은 옷을 입는다.

▲ 농촌에서는 씨나 묘목을 심는다.

▲ 꽃들이 많이 피고 따뜻해서 나들이를 자주 간다.

▲ 산불이 많이 나기 때문에 불조심 캠페인을 벌인다.

여름 : 매우 덥고 습한 날씨

▲ 짧고 시원한 옷을 입는다.

▲ 아이스크림이나 팥빙수처럼 시원한 음식을 자주 먹는다.

▲ 시원한 계곡이나 바다에서 물놀이나 수영을 한다.

▲ 선풍기나 에어컨을 켜서 시원하게 한다.

가을 : 서늘하고 맑은 날씨

▲ 긴 옷을 입기 시작한다.

▲ 농촌에서는 추수를 하여 농작물을 수확한다.

▲ 단풍이 아름답게 물든 산으로 등산을 간다.

▲ 독서나 다양한 야외 놀이를 즐긴다.

겨울 : 매우 춥고 건조한 날씨

▲ 두꺼운 옷을 입고, 장갑을 낀다.

▲ 몸을 따뜻하게 하는 음식을 먹는다.

▲ 썰매나 스키를 타고, 눈싸움을 한다.

▲ 난로나 보일러를 켜서 따뜻하게 한다.

조사로 알게 된 점 계절마다 날씨가 달라지기 때문에 우리의 생활 모습도 크게 달라진다. 달라지는 것들에는 옷차림, 음식, 집안 환경, 여가 생활, 농사 등이 있다.

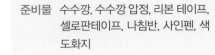

바람이 적당히 불면 시원함을 느끼지만, 심하게 불면 춥게 느껴진다. 이렇게 바람은 날씨에 영향을 준다. 바람이 불고 있다는 것은 어떻게 알 수 있을까? 바람의 방향과 세기를 측정할 수 있는 간이 풍향 풍속계를 만들어 풍향과 풍속을 측정해 보자.

> **준비물** 수수깡, 수수깡 압정, 리본 테이프, 셀로판테이프, 나침반, 사인펜, 색 도화지

① 수수깡에 리본 테이프를 셀로판테이프로 붙인 후 리본 테이프 끝에 작은 수수깡 조각을 붙인다.

② 20cm정도로 자른 수수깡 한쪽에 세모 모양으로 자른 도화지를, 다른 한쪽에 화살표 모양으로 자른 도화지를 붙인다.

③ ②의 수수깡을 ①의 수수깡 위에 가로로 눕혀 수수깡 압정으로 고정시킨다.

지구와 우주 · 기상

동쪽에서 바람이 불 때

▲ 간이 풍향 풍속계의 화살표가 동쪽을 가리키고, 리본 테이프는 바람이 불어가는 방향으로 날린다. 바람이 동쪽에서 서쪽으로 불어오므로 동풍이다.

서쪽에서 바람이 불 때

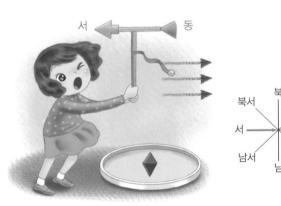

▲ 간이 풍향 풍속계의 화살표가 서쪽을 가리키고, 리본 테이프는 바람이 불어가는 방향으로 날린다. 바람이 서쪽에서 동쪽으로 불어오므로 서풍이다.

바람의 세기(풍속)

바람 없음

약한 바람

강한 바람

◀ 바람의 세기는 리본 테이프의 높이로 알 수 있다. 리본이 높이 올라갈수록 바람이 세게 불고 있다는 뜻이다. 그러므로 ①은 바람이 없는 상태, ②는 약한 바람, ③은 강한 바람이 불고 있음을 알 수 있다. 실제로 풍속은 숫자로 나타내며 단위는 m/s를 쓴다.

> **실험으로 알게 된 점** 바람이 어느 방향에서 불고 있는지, 어떤 세기로 불고 있는지 알기 위해서 간이 풍향 풍속계를 만든 후 바람이 잘 통하는 곳에 가지고 나가 측정해 볼 수 있다. 풍향계의 화살표가 가리키는 쪽이 바람이 불어오는 방향이며, 풍속계의 리본 테이프가 높이 올라갈수록 바람이 세다는 것을 알 수 있다.

계절의 변화

계절마다 달라지는 것에는 무엇이 있을까? 그리고 계절의 변화는 왜 일어나는 것일까?

 74 관찰   계절마다 달라지는 것 찾기

우리나라는 봄, 여름, 가을, 겨울의 사계절이 뚜렷하다. 계절마다 달라지는 우리 주변의 자연 환경을 관찰하고 다른 점을 비교해 보자.

준비물 계절별 사진

계절에 따른 자연 현상

▲ 봄(3~5월)
꽃이 가득 피어 있다.

▲ 여름(6~8월)
산이 푸르게 우거져 있다.

▲ 가을(9~11월)
산이 단풍으로 물든다.

▲ 겨울(12~2월)
눈이 와서 산과 들을 덮고 있다.

▲ 많은 식물들은 따뜻한 봄이 되면 싹을 틔우고 꽃을 피우고 여름에는 식물의 잎이 푸르게 우거진다. 가을에는 씨나 열매가 익고, 단풍이 들며, 잎이 떨어진다. 잎이 떨어지고 남은 가지로 추운 겨울을 난다.

계절에 따라 변하는 산수유 나무의 모습

봄

여름

가을

겨울

계절에 따른 온도, 그림자 길이, 태양의 위치 알아보기

같은 장소에서 낮 12시 30분에 계절마다 기온, 그림자의 길이, 태양의 위치가 어떻게 변하는지 알아보자.

봄

여름

가을

겨울

▲ 계절마다 같은 시간, 같은 장소임에도 태양의 높이와 기온, 그림자의 길이가 달라진다. 여름에 태양의 높이와 기온이 높지만 그림자의 길이는 짧다. 반대로 겨울에는 태양의 높이와 기온이 낮은 반면, 그림자의 길이는 길다.

계절별 특징

계절	특징	계절	특징
봄	• 태양의 높이 : 중간 • 그림자의 길이 : 중간 • 기온 : 중간 • 풍경 : 식물의 잎이 나기 시작하며, 꽃이 핀다.	여름	• 태양의 높이 : 높다. • 그림자의 길이 : 짧다. • 기온 : 높다. • 풍경 : 산과 들이 진한 녹색이며, 수풀이 우거진다.
가을	• 태양의 높이 : 중간 • 그림자의 길이 : 중간 • 기온 : 중간 • 풍경 : 나뭇잎에 단풍이 들고, 잎이 떨어지기 시작한다.	겨울	• 태양의 높이 : 낮다. • 그림자의 길이 : 길다. • 기온 : 낮다. • 풍경 : 대부분의 나무에서 잎이 떨어져 앙상하고, 눈이 자주 내린다.

관찰로 알게 된 점 같은 장소와 같은 시간이라도 계절마다 태양의 높이, 그림자의 길이, 기온, 풍경이 변한다. 태양의 높이와 기온은 여름에 가장 높고 겨울에 가장 낮다. 그리고 그림자의 길이는 여름에 가장 짧고 겨울에 가장 길다.

아침에 해가 떠서 저녁에 해가 질 때까지 태양의 위치는 계속 변하며, 이에 따라 그림자의 길이, 기온도 달라진다. 태양의 고도와 그림자의 길이, 기온 변화는 계절의 변화에서 중요한 현상이다. 이들이 서로 어떤 관련이 있는지 실험을 통해 알아보자.

준비물 나무젓가락, 테이프, 압정, 종이 판지, 실, 각도기, 자, 온도계

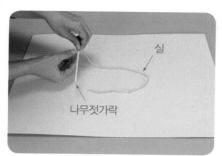

① 나무젓가락을 10cm 정도로 자르고 한쪽 끝에 셀로판테이프를 사용하여 실을 붙인다.

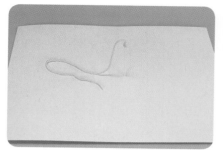

② 시침바늘을 사용하여 나무젓가락을 판지에 수직으로 고정시킨다.

③ 판지를 햇빛이 잘 드는 곳에 두고, 나무젓가락의 그림자를 표시한 후 그림자의 길이를 측정한다.

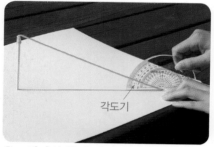

④ 그림자의 끝과 실이 이루는 각인 태양의 고도와 그림자의 길이를 1시간마다 측정한다.

⑤ 같은 시각에 기온을 측정한다.

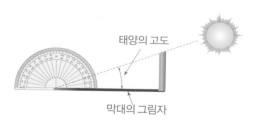

태양의 고도와 남중 고도

태양이 지표면과 이루는 각을 **태양의 고도**라고 한다. 태양의 고도가 높으면 태양이 높이 떠 있는 것이다. 태양의 고도는 보통 나무 막대를 지표면에 수직으로 꽂아 측정할 수 있다. 여기에서 태양의 고도는 막대의 그림자 끝과 실이 이루는 각이다.

하루 동안 태양의 고도는 계속 변한다. 태양이 남쪽 하늘에 있을 때 태양의 고도가 가장 높은데, 이때의 고도를 **태양의 남중 고도**라고 한다. 태양이 남중 고도에 오면 그림자의 길이는 가장 짧다. 우리나라의 경우 태양의 남중 고도는 12시 30분경 그림자의 길이가 가장 짧아질 때 측정할 수 있다.

여러 시간 동안 측정한 태양의 고도, 그림자의 길이, 기온

측정 시간	태양의 고도 (°)	그림자의 길이(cm)	기온 (℃)
9 : 30	24	23.6	11.5
10 : 30	31	16.6	12.6
11 : 30	35	14.3	13.8
12 : 30	36	13.8	15.2
13 : 30	35	14.3	15.9
14 : 30	31	16.6	16.3
15 : 30	24	23.6	15.6

◀ 태양의 고도는 오전에 점점 높아지기 시작하여 12시 30분 경에 가장 높고, 오후에 점점 낮아진다. 그림자의 길이는 오전부터 12시 30분까지 점점 짧아지다가 오후에는 점점 길어진다. 기온은 오전부터 점점 높아지다가 오후 2시 30분 경에 가장 높고 조금씩 내려간다. 측정한 태양의 고도와 그림자의 길이, 기온을 모눈종이에 그래프로 그리면 아래와 같다.

여러 시간 동안 측정한 태양의 고도, 그림자의 길이, 기온의 그래프

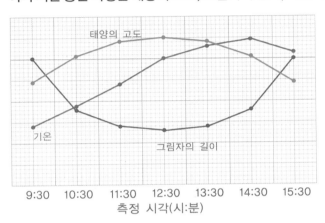

측정 시각(시:분)

◀ 태양의 고도가 가장 높을 때는 낮 12시 30분경이고, 그림자의 길이가 가장 짧을 때는 낮 12시 30분경이다. 기온이 가장 높을 때는 오후 2시 30분경이다. 태양의 고도와 기온의 그래프는 비슷한 형태이고, 태양의 고도와 그림자의 길이 그래프는 반대 모양을 나타낸다.

실험으로 알게 된 점 태양의 고도는 태양과 지표면이 이루는 각을 말하며, 태양이 남쪽 하늘에 있어 고도가 가장 높을 때를 태양의 남중 고도라고 한다. 태양의 고도 그래프는 그림자의 길이 그래프와 서로 반대 모양이며, 기온 그래프와는 2시간 정도의 시간 차이가 있는 비슷한 모양이다.

과학자의 눈

태양이 남중할 때 기온이 가장 높지 않은 이유

태양의 고도가 높아지면 기온도 높아지는데, 태양의 고도가 가장 높을 때와 기온이 가장 높을 때에는 시간 차이가 있다. 최고 기온이 나타나는 정확한 시간은 계절과 위도에 따라 조금씩 다른데, 우리나라에서는 태양이 남중할 때보다 2~3시간 정도 늦게 최고 기온이 나타난다. 여름철 오후 내내 하늘에 구름 한 점 없을 때 최고 기온은 오후 3시에서 5시 사이에 나타나지만, 평균적으로 우리나라는 오후 2시 30분경에 최고 기온이 나타난다. 이것은 햇빛에 의해 지표면이 데워지는 데 시간이 걸리기 때문인데, 태양의 고도는 낮 12시 30분경에 가장 높지만 기온은 약 2시간이 지난 오후 2시 30분경에 가장 높아진다.

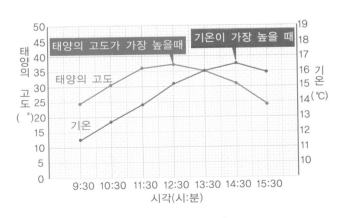

태양의 고도와 기온 그래프

 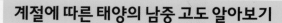

76 조사   계절에 따른 태양의 남중 고도 알아보기

여름과 겨울에 따라 햇빛이 창으로 들어오는 정도가 다르다. 이것은 태양의 남중 고도가 다르기 때문이다. 태양의 남중 고도가 계절에 따라 어떻게 달라지는지 알아보자.

준비물 컴퓨터, 스텔라리움 프로그램

스텔라리움으로 본 계절별 태양의 움직임

스텔라리움은 오픈 소스로 누구나 자유롭게 쓸 수 있는 천체 관측 프로그램이다. 인터넷 검색 엔진을 통해 스텔라리움을 받아 설치하고, [날짜/시간 창]에서 날짜를 춘분, 하지, 추분, 동지로 조정해 태양의 움직임을 살펴보자.

계절마다 태양이 뜰 때의 모습

▲ 춘분과 추분 때에는 태양이 동쪽에서 뜨기 시작한다. 하지만 하지 때에는 약간 북동쪽에서 뜨고, 동지 때에는 약간 남동쪽에서 뜬다.

계절마다 태양이 남중했을 때의 모습

▲ 태양의 남중 고도는 하지 때 가장 높고 동지 때 가장 낮다.

과학자의 눈
계절의 변화를 알려주는 절기

우리 조상들은 계절의 변화를 알기 위해 1년의 길이를 동짓날에서부터 약 15일 간격으로 24등분하고, 이를 24절기라 불렀다. 즉, '절기'란 하늘에서 태양이 1년 동안 지나는 길을 24등분하여 계절을 세분화한 것이라 할 수 있다. 24절기의 명칭은 계절 변화의 특징을 담고 있어서 계절과 기후가 상대적으로 중요한 농촌에서는 24절기를 보고 농사일을 하기도 한다. 하지만 절기의 뜻과는 달리 천문학적인 입장에서는 일반적으로 춘분은 봄, 하지는 여름, 추분은 가을, 동지는 겨울의 시작을 나타낸다. 그리고 절기의 정확한 날짜는 매년 조금씩 달라진다.

계절마다 태양이 지나가는 길

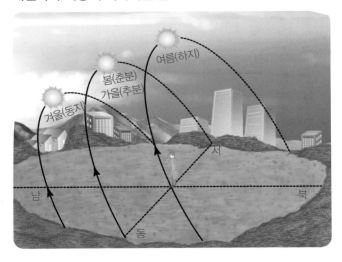

◀ 계절마다 태양이 지나가는 길은 달라진다. 태양은 여름(하지)에 동쪽보다 약간 북쪽에서 뜨기 시작하며 태양의 남중 고도가 가장 높다. 반면에 겨울(동지)에는 동쪽보다 약간 남쪽에서 뜨기 시작하며 태양의 남중 고도는 가장 낮다. 봄(춘분)과 가을(추분)에는 동쪽에서 태양이 뜨기 시작하며 태양의 남중 고도는 여름과 겨울의 중간 정도이다.

서울 지역의 월별 남중 고도 변화

날짜	남중 고도 (°)	날짜	남중 고도 (°)
1월 21일	32	7월 23일	73
2월 19일	41	8월 23일	64
3월 21일(춘분)	52	9월 23일(추분)	52
4월 20일	64	10월 23일	41
5월 21일	73	11월 23일	32
6월 21일(하지)	76	12월 22일(동지)	29

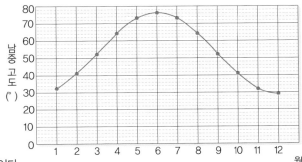

▲ 태양의 남중 고도가 가장 높은 달은 6월(하지)이며 가장 낮은 달은 12월(동지)이다.

조사로 알게 된 점 태양의 남중 고도는 여름(하지)에 가장 높고, 겨울(동지)에 가장 낮다. 봄(춘분)과 가을(추분)의 남중 고도는 여름과 겨울의 중간 정도이다. 태양의 남중 고도는 6월(하지)까지 높아진 후 다시 낮아지기 시작하여 12월(동지)에 가장 낮아진다. 그리고 계절마다 태양이 뜨는 위치도 조금씩 달라진다.

24절기

입춘(2월 4일경) : 봄의 문턱
우수(2월 19일경) : 빗물이 언 땅을 녹임
경칩(3월 6일경) : 동면하던 동물이 깸
춘분(3월 21일경) : 봄의 한가운데
청명(4월 5일경) : 날씨가 맑음
곡우(4월 20일경) : 봄비로 곡식을 살찌게 함
입하(5월 6일경) : 여름에 들어섬
소만(5월 21일경) : 만물이 자라서 가득 참
망종(6월 6일경) : 모내기를 할 때
하지(6월 21일경) : 여름의 한가운데
소서(7월 7일경) : 더위가 본격화
대서(7월 21일경) : 더위가 혹독함

입추(8월 8일경) : 가을의 문턱
처서(8월 23일경) : 더위가 지나감
백로(9월 9일경) : 흰 이슬이 맺힘
추분(9월 23일경) : 가을의 한가운데
한로(10월 8일경) : 이슬이 차가워짐
상강(10월 23일경) : 서리가 내림
입동(11월 7일경) : 겨울의 문턱
소설(11월 22일경) : 적은 눈이 내림
대설(12월 7일경) : 많은 눈이 내림
동지(12월 22일경) : 겨울의 한가운데
소한(1월 6일경) : 추위가 닥침
대한(1월 21일경) : 매서운 추위가 닥침

계절마다 해가 뜨고 지는 시각과 기온은 달라진다. 계절에 따라 낮과 밤의 길이가 어떻게 달라지고, 기온과 어떤 관련이 있는지 실험을 통해 알아보자.

> **준비물** 지구의, 갓 없는 전기스탠드, 양면 테이프, 시간판, 관측자판

계절에 따라 해가 뜨고 지는 시각 측정하기

① 지구의의 자전축(북극)에 시간판을 붙인다.

② 지구의에서 우리나라의 위치에 관측자판을 붙인다.

③ 전등을 중심으로 지구의를 회전시키면서 낮과 밤의 길이를 측정한다.

결과

측정 위치	태양이 보이기 시작하는 시각	태양이 보이지 않게 되는 시각
여름	5시 30분	20시
겨울	7시 40분	17시 20분

▲ 여름에는 낮이 길고, 겨울에는 낮이 짧다.

여름

겨울

계절에 따라 해가 뜨고 지는 시각

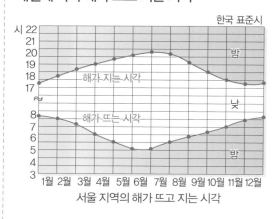
서울 지역의 해가 뜨고 지는 시각

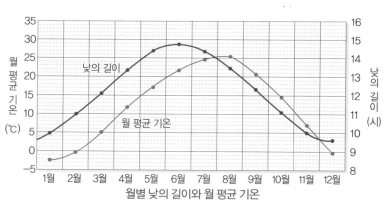
월별 낮의 길이와 월 평균 기온

▲ 6월에 낮의 길이가 가장 길고 12월에 가장 짧다. 기온은 8월에 가장 높고 1월에 가장 낮다.

> **실험으로 알게된 점** 여름에는 낮의 길이가 길고, 겨울에는 낮의 길이가 짧다. 낮의 길이가 가장 긴 때는 6월이며, 가장 짧은 때는 12월이다. 기온은 여름인 8월에 가장 높고, 겨울인 1월에 가장 낮다. 낮의 길이와 기온은 2개월의 시간적 차이가 있지만 서로 비슷한 그래프 형태를 띠고 있다. 즉, 월별 낮의 길이와 기온은 밀접한 관계임을 알 수 있다.

우리나라는 여름에 낮이 길어지고 겨울에 낮이 짧아진다. 그런데 북극에서는 계절에 따라 낮과 밤의 길이가 어떻게 달라질지 실험을 통해 알아보자.

준비물 지구의, 갓 없는 전기스탠드, 양면 테이프, 시간판, 관측자판

① 지구의의 북극에 관측자판을 붙인다.

② 여름과 겨울의 위치에서 지구의를 자전시키며 낮과 밤의 길이를 측정한다.

결과

측정 위치	낮의 길이	밤의 길이
여름	24시간	0시간
겨울	0시간	24시간

▲ 북극에서 여름에는 하루 종일 해가 지지 않는 낮이 계속되었고, 겨울에는 하루 종일 해가 뜨지 않는 밤이 계속되었다.

여름

겨울

실험으로 알게된 점 우리나라와 달리 북극에서는 여름에는 해가 지지 않는 낮만 계속되고, 겨울에는 해가 뜨지 않는 밤만 계속된다. 이것은 계절에 따라 낮과 밤의 길이가 달라지지만 지역마다 그 길이는 다르다는 것을 뜻한다. 그리고 북극의 여름은 우리나라의 여름보다 낮은 길지만 기온이 낮은데, 이것은 북극의 태양의 남중 고도가 우리나라보다 낮기 때문이다.

과학자의 눈

백야와 극야

백야는 위도가 높은 지역에서 여름 동안 밤에 어두워지지 않는 현상을 말한다. '백야'라는 말은 '하얀 밤'이라는 뜻으로, 러시아에서 쓰이며, 스웨덴이나 다른 지방에서는 이를 '한밤의 태양'으로 부른다. 반대로 겨울에는 낮에도 해가 뜨지 않는 현상이 일어나는데, 이 현상을 '극야'라고 한다. 북극에서는 여름엔 낮이, 겨울에는 밤이 6개월 동안 지속된다.

하루 종일 해가 지지 않는 백야

여름에는 기온이 높고, 겨울에는 기온이 낮다. 실험을 통해 계절에 따라 기온이 달라지는 이유를 알아보자.

준비물 종이 판지, 온도계, 백열등, 검은 종이, 관측자핀(장구핀), 테이프, 가위, 자

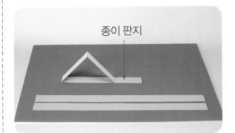

① 종이 판지를 세로 3cm, 가로 60cm로 3개를 길게 자른 후, 15cm, 15cm, 30cm로 접는다.

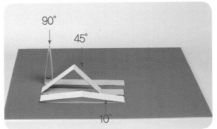

② 각도기를 이용하여 접히는 각도를 10°, 45°, 90°로 조절한 후, 테이프를 이용하여 뒤쪽을 고정시킨다.

③ 아랫부분에서 2cm 높이에 온도계의 액체샘을 맞춘 후 테이프로 고정시킨다.

④ 크기가 같은 검은 종이로 온도계의 액체샘쪽을 덮은 후 붙인다.

⑤ 종이 판지의 윗부분에 관측자핀을 꽂는다.

⑥ 전등으로부터 30cm 거리에 종이 판지를 두고 5~7분이 지난 후 온도를 측정한다.

▲ 실험에서 다르게 한 조건 : 종이 판지의 기울기
▲ 실험에서 같게 한 조건 : 온도계와 전등과의 거리, 검은 종이의 크기와 두께, 온도계의 초기 눈금, 온도계의 위치, 종이 판지의 두께 등

종이 판지의 기울기에 따른 온도 변화

종이 판지의 기울기(°)	태양의 남중 고도(°)	온도 변화(℃)
10	10	1℃
45	45	5℃
90	90	8℃

• 전등 : 태양
• 종이 판지의 기울기 : 태양의 남중 고도
• 온도 변화 : 지표면의 기온 변화 (일정한 면적에 도달하는 태양 에너지량)

▲ 종이 판지의 기울기가 클수록 온도가 많이 올라간다. 이것은 태양의 남중 고도가 높을수록 일정한 면적에 도달하는 태양 에너지가 많아진다는 것을 뜻한다. 태양 에너지가 많아지면 기온도 올라간다.

실험으로 알게 된 점 태양의 남중 고도(종이 판지의 기울기)가 높을수록 기온(온도)이 높아진다. 즉, 계절에 따라 기온이 달라지는 이유는 계절마다 태양의 남중 고도가 달라지기 때문이다. 여름에는 태양의 남중 고도가 높기 때문에 일정한 면적에 도달하는 태양 에너지가 많고, 기온이 높아진다. 하지만 겨울에는 태양의 남중 고도가 낮기 때문에 일정한 면적에 도달하는 태양 에너지가 적고 기온이 낮아진다.

넓은 곳에 태양 에너지를 골고루 나누어 주기 때문에 이 집에는 태양에너지가 얼마 못 가겠네.

좁은 곳에 태양 에너지를 나누어 주니까 이 집에는 태양 에너지가 많이 가겠네.

계절마다 태양의 남중 고도, 그림자의 길이, 기온, 풍경의 변화가 나타난다.
이런 계절 변화가 생기는 까닭이 무엇인지 알아보자.

준비물 자전축의 각도 조정이 가능한 지구의, 갓 없는 전기스탠드, 태양 고도 측정기

자전축이 수직인 채 공전할 때

① 지구의의 자전축을 수직으로 조정한다.

태양 고도 측정기

② 우리나라가 표시된 곳에 태양 고도 측정기를 붙인다.

③ 가운데에 전등을 켜고, 지구의를 회전시키며 태양의 남중 고도와 그림자의 길이를 측정한다. 이때 자전축은 같은 방향을 향하도록 한다.

자전축이 기울어진 채 공전할 때

① 지구의의 자전축을 23.5도로 기울인다.

태양 고도 측정기

② 우리나라가 표시된 곳에 태양 고도 측정기를 붙인다.

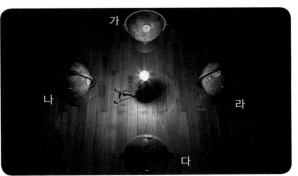

③ 위와 같은 방법으로 태양의 남중 고도와 그림자의 길이를 측정한다.

결과

지구의 위치	태양의 남중 고도(°)	그림자의 길이(cm)	예상되는 계절	지구의 위치	태양의 남중 고도(°)	그림자의 길이(cm)	예상되는 계절
가	52	1.2		가	52	1.2	봄
나	52	1.2	계절 변화	나	75	0.3	여름
다	52	1.2	없음	다	52	1.2	가을
라	52	1.2		라	28	3	겨울

자전축이 수직인 채 공전할 때 　　　　　　자전축이 기울어진 채 공전할 때

실험으로 알게 된 점 태양의 남중 고도와 그림자의 길이는 지구가 자전축이 기울어진 채 공전할 때에만 변한다. 이것을 통해 계절 변화의 원인은 자전축이 기울어진 채 지구가 공전하기 때문이라는 것을 알 수 있다. 이때 태양과 지구 사이의 거리는 계절의 변화에 큰 영향을 주지 않는다. 실제로 북반구에서 겨울일 때 태양과 지구 사이의 거리는 가장 가깝지만 평균 기온은 낮다.

한옥은 계절에 따라 집 안에 생기는 그림자의 길이가 달라지도록 처마를 만들었다. 이와같이 계절의 특성을 고려한 집을 디자인해 보자.

준비물 집 디자인 도면, 가구 도면, 벽면 도면, 지붕 도면, 색지(A4), 컴퍼스, 가위, 자, 칼, 커팅 매트, 셀로판 테이프, 전등

방위표를 중심으로 침대, 식탁, 주방 작업대, 변기, 세면기, 옷장 등을 배치한다.

햇빛을 조절하기 위해 처마의 길이를 조절하고, 집 주변에 나무를 심는 방법을 생각한다.

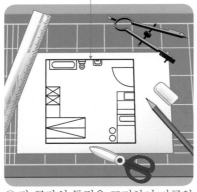

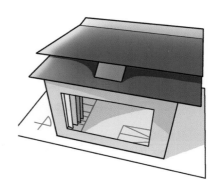

① 각 공간의 특징을 고려하여 가구와 시설의 위치를 생각해 본다.

② 방위에 따른 창의 방향과 크기를 생각하여 벽면을 만들어 본다.

③ 디자인한 집에 전등을 비추어 계절에 따른 변화를 살펴본다.

④ 계절의 특성을 고려한 집 디자인에 대해 친구들에게 설명해 본다.

공간에 맞도록 남쪽에는 침실과 부엌, 북쪽에는 화장실을 배치하였다. 처마의 길이를 계절마다 조정할 수 있도록 처마의 끝이 움직이는 지붕을 만들었고, 잎이 넓은 나무를 앞뜰에 심어 여름에는 햇빛을 막아주는 것이 가능하였다.

실험으로 알게 된 점 계절을 고려한 집을 디자인할 때, 계절에 따라 집 안에 들어오는 햇빛의 양을 조절하는 것이 중요하다. 추운 겨울에는 집 안쪽으로 햇빛이 길게 들어오게 하고, 여름에는 짧게 들어오도록 처마, 차양, 나무를 심는 것, 창문의 방향 등을 고려해야 한다.

과학자의 눈

계절에 따라 집안으로 들어오는 햇빛의 양을 조절하는 방법

처마가 있으면 태양이 높게 뜨는 여름에는 집 안쪽으로 햇빛이 잘 들어오지 않지만 태양이 낮게 뜨는 겨울에는 집 안쪽으로 햇빛이 잘 들어오게 된다. 또한 차양을 이용해서 집 안으로 들어오는 햇빛의 양을 조절할 수도 있다. 창문 앞에 나무를 심어 잎이 무성한 여름에는 그늘을 제공하게 하고, 잎이 떨어지는 겨울에는 집안으로 햇빛이 들어오게 한다.

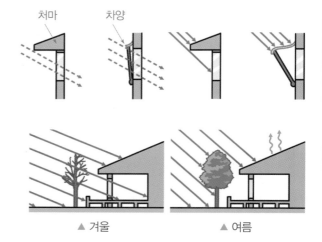

▲ 겨울　　　　▲ 여름

해시계

시간을 재는 장치 중에서 인류가 가장 먼저 이용한 것은 해시계이다. 가장 초보적인 해시계는 수직으로 세워 놓은 막대기가 만들어내는 그림자의 위치로 시간을 알아내는 것이다. 고대 문명이 발달했던 이집트나 메소포타미아, 그리스, 중국과 같은 곳에서 해시계를 이용해 시간을 쟀다. 우리나라에서는 현재까지 신라 시대의 해시계가 가장 오래된 유물로 남아 있지만, 여러 기록에 의하면 고구려나 백제에서도 해시계를 관리하도록 했다는 내용이 있다.

우리가 잘 알고 있는 앙부일구는 조선 세종대왕 때 만들어진 오목한 솥단지 모양의 해시계이다. '앙부'는 하늘을 우러러보는 모양의 가마솥이라는 뜻이고, '일구'는 해시계라는 말이다. 다시 말해 앙부일구는 '가마솥이 위로 열려져 있는 모양의 해시계'라는 뜻이다.

앙부일구

앙부일구는 해 그림자를 받는 시반과 해 그림자를 만들어내는 영침, 시반을 받치고 있는 받침대로 이루어져 있다. 그리고 시반에는 시각선과 절기선이 그어져 있는데, 시각선을 통해 하루 동안의 시각을 알 수 있고 절기선을 통해 24절기, 즉 날짜를 알 수 있다.

조선시대에는 앙부일구 외에도 현주일구, 천평일구, 정남일구, 일성정시의, 신법지평일구, 간평일구, 혼개일구 등 다양한 형태의 해시계가 만들어졌다.

▲ 구슬이 달린 해시계라는 뜻의 현주일구

▲ 현주일구와 비슷한 휴대용 해시계인 천평일구

▲ 나침반 없이 정남향을 맞추어 시간을 재는 정남일구

▲ 서양 역법을 이용하여 만든 평면 해시계인 신법지평일구

◀ 해와 별로 낮과 밤의 시간을 재는 일성정시의

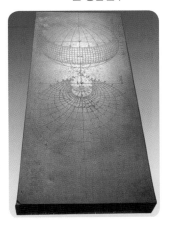
◀ 간평일구와 혼개일구가 하나의 돌에 새겨져 있는 유물

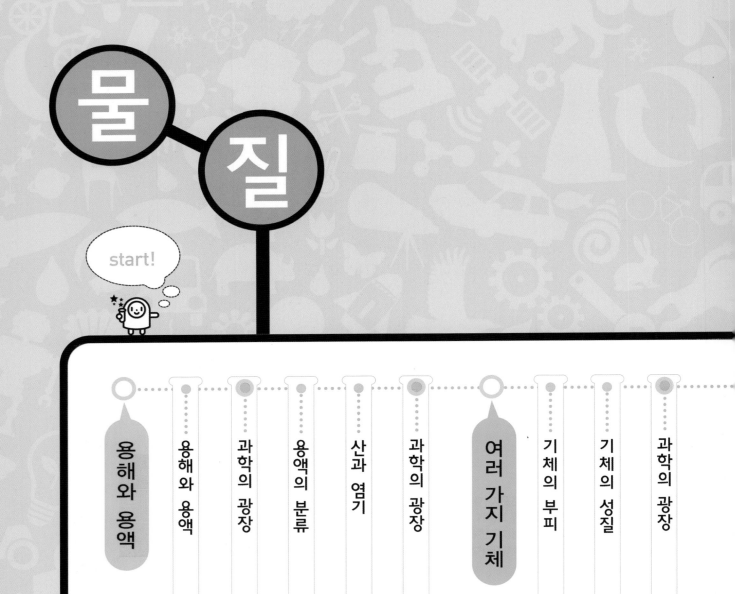

물질

start!

용해와 용액

용해와 용액

과학의 광장

용액의 분류

산과 염기

과학의 광장

여러 가지 기체

기체의 부피

기체의 성질

과학의 광장

'물질'은 물질의 성질, 구조, 변화를 연구하는 자연과학입니다. '에너지'와는 달리 물질 자체를 연구합니다. 또 이미 존재하는 물질을 이용해 전혀 다른 새로운 물질을 만들어내기도 합니다. 우리 주변을 이루고 있는 물질에 대해 알아봅시다.

연소와 소화

연소

소화

과학의 광장

용해와 용액

물질을 많이 녹이려면 어떻게 해야 할까? 또 언제 물질이 빠르게 녹을까?

82 실험 재미있는 설탕물 층 만들기

백설탕과 황설탕, 흑설탕의 양을 달리하여 물에 녹여서 진하기가 다른 용액을 만들어 설탕물 층을 만들어 보자.

준비물 비커, 백설탕, 황설탕, 흑설탕, 실험용 장갑, 약숟가락, 보안경, 시험관, 페트리 접시, 스포이트

설탕의 양을 다르게 하여 물에 녹이기

백설탕   황설탕   흑설탕

① 비커 3개를 준비하여 같은 양의 물을 담고, 20숟가락의 백설탕, 10숟가락의 황설탕, 3숟가락의 흑설탕을 준비한다.

② 3개의 비커에 준비한 백설탕과 황설탕, 흑설탕을 각각 넣어 녹이고 색깔을 비교한다.

결과

백설탕물   황설탕물   흑설탕물

▲ 백설탕물은 물처럼 무색투명하고, 황설탕물은 조금 진한 황토색이다. 흑설탕물은 매우 진한 갈색이다.

설탕물 층 만들기

스포이트

③ 위에서 만든 세 가지 설탕물을 차례대로 시험관에 천천히 넣는다.

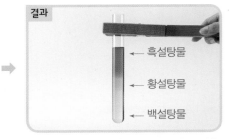
결과

← 흑설탕물
← 황설탕물
← 백설탕물

▲ 백설탕물이 아래층, 황설탕물이 중간층, 흑설탕물이 윗층에 있다.

주의 시험관에 설탕물을 넣을 때에는 설탕물이 물리적 충격으로 섞이지 않도록 아주 조심스럽게 천천히 넣어야 한다. 설탕물이 시험관 벽면을 타고 흘러내리도록 하거나 스포이트를 이용하면 설탕물 층을 잘 만들 수 있다.

실험으로 알게 된 점 물에 녹아 있는 설탕의 양에 따라 각 설탕물의 진하기가 다르다. 실험 결과 설탕물이 진할수록 상대적으로 무거워 아래쪽으로 내려오므로 설탕물의 진하기에 따라 층을 이루는 것을 알 수 있다.

과학자의 눈
무지개 탑은 어떻게 만들 수 있을까?

투명한 유리컵이나 시험관에 여러 가지 색깔의 무지개 탑을 쌓을 수 있다. 이것 역시 설탕물의 진하기 차이를 이용하여 만든 것이다. 같은 양의 물에 녹이는 설탕의 양을 달리한 설탕물을 여러 개 만든 후, 각 설탕물에 색깔이 다른 색소나 물감을 넣어 진하기와 색깔이 다른 설탕물을 만들 수 있다.

층마다 색깔과 진하기가 모두 달라요!

생활 속의 용액

용액이란 두 가지 이상의 순수한 물질이 골고루 섞여 있는 혼합물로, 우리는 생활 속에서 여러 종류의 용액을 사용한다. 요리를 할 때에 사용하는 간장과 식초는 모두 용액이다. 간장은 메주를 담갔던 소금물을 끓여 만든 용액이다. 식초는 신맛이 나는 성분이 골고루 섞여 있는 용액이다.

제품명: 식초
원재료명: 사과 과즙, 물, 주정, 발효 영양소 등

제품명: 간장
원재료명: 콩(탈지 대두), 물, 소금, 설탕, 주정, 효모 추출 분말 등

대부분의 음료수는 물에 여러 가지 물질을 녹여서 만들며, 탄산음료는 물에 설탕, 맛과 향을 내는 물질, 탄산 가스를 넣어 골고루 섞은 것이다. 손 세정제는 비눗물과 피부 보호제 등이 섞여 있는 용액이고, 주방 세제도 비눗물을 포함한 여러 가지 물질이 골고루 섞여 있는 용액이다.

제품명: 사이다
원재료명: 물, 설탕, 탄산 가스, 구연산 등

과일을 갈아서 만든 과일주스는 가라앉는 것이 있는 혼합물로 용액이 아니다.

제품명: 손 세정제
원재료명: 비눗물(계면 활성제), 피부 보호제 등

우리는 일상 생활에서 소금, 설탕 등 다양한 가루 물질을 물에 녹여 사용한다. 가루 물질의 종류에 따라 물과 아세톤에 녹는 정도를 실험을 통하여 알아보자.

준비물 비커, 페트리 접시, 약숟가락, 유리 막대, 물, 아세톤, 소금, 분말주스, 나프탈렌

여러 가지 가루 물질을 물에 넣어 관찰하기

① 비커 세 개에 물을 20mL씩 담는다.

② 물이 담긴 각 비커에 소금, 분말주스, 나프탈렌을 각각 한 숟가락씩 넣고 젓는다.

③ 각 비커에 가루 물질을 세 숟가락씩 더 넣고 젓는다.

결과

한 숟가락 넣었을 때

모두 녹는다.   모두 녹는다.   녹지 않는다.

세 숟가락 더 넣었을 때

바닥에 조금 가라앉아 있다.   모두 녹는다.   녹지않는다.

▲ 분말주스는 물에 잘 녹고, 소금은 녹다가 가라앉으며, 나프탈렌은 녹지 않는다. 즉, 물질의 종류에 따라 물에 녹는 양이 다르다.

여러 가지 가루 물질을 아세톤에 넣어 관찰하기

① 비커 세 개에 아세톤을 20mL씩 담는다.

② 각 비커에 소금, 분말주스, 나프탈렌을 각각 한 숟가락씩 넣고 젓는다.

결과

녹지 않는다.   바닥에 조금 가라앉아 있다.   약간 녹는다.

◀ 소금은 아세톤에 녹지 않으며, 분말주스와 나프탈렌은 약간 녹는다.

용해와 용액

설탕(용질)　　　물(용매)　　　설탕물(용액)

◀ 설탕을 물에 넣으면 설탕과 물이 골고루 섞여 눈에 보이지 않는다. 설탕이 물에 녹는 것처럼 어떤 두 물질이 골고루 섞이는 현상을 용해라고 하며, 설탕물과 같이 두 가지 이상의 물질이 골고루 섞여 있는 것을 용액이라고 한다. 이때 설탕과 같이 다른 물질에 녹는 물질을 용질이라고 하며, 물과 같이 다른 물질을 녹이는 물질을 용매라고 한다. 우리 생활 주변에서 볼 수 있는 용액으로는 향수, 방향제, 구강 청결제, 링거액과 같은 것들이 있다.

용액은 오래 두어도 가라앉거나 뜨는 것이 없고 거름종이로 걸러도 남는 것이 없다. 또 용매와 용질이 골고루 퍼져 있기 때문에 용액의 어느 곳을 보더라도 물질이 섞인 정도는 같다.

떠 있는 것이 없어요.

가라앉아 있는 것도 없어요.

분말주스 용액으로 본 용액의 특성

실험으로 알게 된 점 같은 물질이라도 물에는 잘 용해되지만, 아세톤에는 용해되지 않을 수 있으며, 반대로 물에는 용해되지 않지만 아세톤에는 잘 용해될 수 있다. 즉, 용매에 따라 녹는 용질이 있고, 녹지 않는 용질이 있다.

과학자의 눈
흙탕물이나 주스도 용액일까?

흙탕물을 가만히 두면 바닥에 가라앉는 것이 생기며, 거름 장치로 걸렀을 때에도 거름종이에 남는 것이 있기 때문에 흙탕물은 용액이 아니다. 주스의 경우 실제 과일을 갈아 넣지 않고 인공 향으로 맛과 냄새만 비슷하게 만든 과일 음료는 모두 용액이지만, 오렌지를 갈거나 짜서 만든 오렌지 주스는 그대로 두었을 때 바닥에 가라앉는 것이 있으므로 용액이 아니다.

흙탕물

갈아 만든 오렌지 주스

고체 또는 기체 상태의 용액

흔히 용액이라 하면, 물에 설탕이 녹아 있는 것과 같이 고체와 액체의 혼합물이라고만 생각하지만, 용액이란 물질의 상태와 관계없이 두 가지 이상의 물질이 골고루 섞인 혼합물이다. 예를 들면 고체와 고체가 혼합되어 있는 18K(순금 + 금속 물질) 반지나 놋쇠(구리 + 아연) 또는 액체와 기체의 혼합물인 여러 가지 탄산 음료(물 + 이산화 탄소), 그리고 질소나 산소와 같은 여러 가지 기체들이 골고루 섞여 있는 공기 등도 용액이다.

18K 반지

놋쇠 그릇

탄산 음료

공기

물에 설탕을 녹이면, 설탕이 물에 용해되어 우리 눈에는 보이지 않게 된다. 물에 녹은 설탕은 어디로 갔을까? 설탕이 물속에 그대로 있는지 설탕물의 무게를 비교하여 알아 보자.

> **준비물** 전자저울, 백설탕, 비커, 약 포지, 유리막대, 약숟가락, 실험용 장갑, 보안경

설탕물의 무게 측정

① 물이 담긴 비커의 무게를 전자저울로 측정한다.

② 약포지에 담긴 설탕의 무게를 전자저 울로 측정한다.

③ 설탕을 비커 속 물에 넣는다.

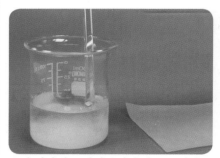

④ 유리막대로 저어주면서 반쯤 녹인다.

⑤ 설탕이 반쯤 녹은 설탕물의 무게를 전 자저울로 측정한다.

⑥ 설탕이 완전히 용해된 용액의 무게를 전자저울로 측정한다.

설탕의 용해 정도에 따른 무게

설탕의 용해 정도	녹이기 전		반쯤 녹은 후	완전히 녹은 후
	물	설탕	물 + 설탕	설탕물 용액
관찰 결과	무색투명하다.	하얀색의 반짝이는 작은 알갱이다.	녹지 않은 설탕이 바닥에 가라앉아 있다.	설탕이 모두 녹아 눈에 보이지 않고 무색투명하다.
무게 측정 결과	100g	15g	115g	115g

※ 이 실험에서 약포지의 무게는 전자저울로 측정이 되지 않을 만큼 미미하여 무시하고 진행하였다.

실험으로 알게 된 점 설탕이 물에 완전히 용해된 설탕물을 관찰하면, 설탕이 모두 녹아 우리 눈에 보이지 않는다. 하지만 물에 넣은 설탕은 사라지거나 이동한 것이 아니다. 그것은 설탕이 물에 녹기 전, 반쯤 녹았을 때, 그리고 완전히 녹은 후의 무게를 비교해 보면 알 수 있다. 설탕이 물에 용해되기 전의 물과 설탕의 무게와 설탕이 물에 용해된 후 설탕물의 무게가 같다는 사실을 통해서 설탕이 물에 용해되면, 눈에 보이지 않을 정도로 설탕 알갱이의 크기는 매우 작아지지만, 설탕물 속에 그대로 있으므로 무게는 변하지 않는다는 것을 알 수 있다. 또한 설탕물의 단맛을 통해서 설탕물에 설탕이 들어 있음을 알 수 있다. 그러나 실험에서는 함부로 맛을 보지 않는 것이 좋다.

85 실험 소금 용액 속에 용해된 소금 찾아보기

소금물 속에 소금이 용해되어 있지만, 우리 눈에는 보이지 않는다. 그렇다면 소금물 속에 용해된 소금을 어떻게 확인할 수 있을까? 실험을 통해 소금물 속에 용해된 소금을 확인해 보자.

준비물 증발접시, 소금, 비커, 페트리 접시, 알코올램프, 삼발이, 쇠그물, 점화기, 실험용 장갑, 보안경

소금 용액을 가열하여 소금 확인하기

① 물이 담긴 비커에 소금을 넣어 소금 용액을 만든다.

② 증발접시에 소금 용액을 약간 넣고 알코올램프로 가열한다.

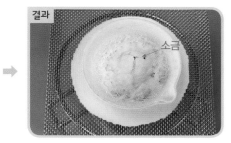

▲ 증발접시 위에 남은 소금을 볼 수 있다.

주의 증발접시에 있는 소금물을 가열하여 소금을 얻기까지 걸리는 시간은 소금물의 진하기에 따라 차이가 날 수 있으며, 가열하면서 소금이 튈 수 있으므로 반드시 보안경을 착용해야 한다.

소금 용액을 증발시켜 소금 확인하기

① 물이 담긴 비커에 소금을 넣어 소금 용액을 만든다.

② 소금 용액을 페트리 접시에 조금 담아 햇빛이 비치는 곳에 둔다.

▲ 물이 증발되고 난 뒤, 페트리 접시 위에 남은 소금을 볼 수 있다.

실험으로 알게 된 점 소금물은 용매인 물에 소금 용질이 용해되어 있는 용액이다. 소금물에 들어 있는 소금을 확인하기 위해서는 소금 용액에서 용매인 물과 용질인 소금을 분리하는 방법으로 물을 증발시키면 된다. 물을 증발시키면 소금 용액에서 물이 제거되어 소금을 확인할 수 있다.

과학자의 눈
염전에서 바닷물로부터 소금 얻기

짠맛이 나는 바닷물은 소금 성분이 많이 녹아 있기는 하지만 염화 마그네슘을 비롯한 여러 가지 다른 물질도 녹아 있는 용액이다. 햇빛이 잘 들고 비가 많이 내리지 않는 바닷가에 염전을 만들어 그 곳에 바닷물을 가둬 두고 물을 증발시켜 소금을 얻는다.

염전에서 소금 얻는 모습

일정한 양의 물에 소금을 많이 넣으면, 녹지 않고 바닥에 가라앉는 소금을 볼 수 있다. 바닥에 가라앉은 소금을 녹이기 위해서는 어떻게 해야 할까? 물의 양에 따라 백반과 탄산수소 나트륨이 녹는 양이 어떻게 다른지 알아보자.

> 준비물 비커, 물, 탄산수소 나트륨,
> 백반, 유리막대, 약숟가락,
> 실험용 장갑, 보안경

물의 양을 달리하였을 때 녹는 백반의 양 비교

① 물 50mL가 담긴 비커에 백반 2숟가락을 넣고 저어준다.

② 백반이 조금만 녹고 가라앉으면 물을 50mL 더 넣고 저어준다.

▲ 물을 50mL 더 넣고 저으면 백반이 모두 녹는다.

물의 양을 달리하였을 때 녹는 탄산수소 나트륨의 양 비교

① 물 50mL가 담긴 비커에 탄산수소나트륨 2숟가락을 넣고 저어준다.

② 탄산수소 나트륨이 조금만 녹고 가라앉으면, 물을 50mL 더 넣고 젓는다.

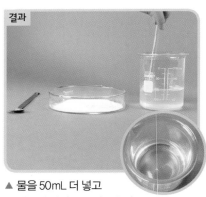

▲ 물을 50mL 더 넣고 저으면 탄산수소 나트륨이 모두 녹는다.

물의 양을 달리하였을 때 백반과 탄산수소 나트륨이 녹는 양

물의 양	백반	탄산수소 나트륨
50mL	백반이 조금 녹고 바닥에 가라앉음.	탄산수소 나트륨이 조금 녹고 바닥에 가라앉음.
50mL + 50mL	가라앉았던 백반이 완전히 녹음.	탄산수소 나트륨이 거의 다 녹음.

실험으로 알게 된 점 백반과 탄산수소 나트륨 모두 물 50mL에서는 조금 녹고 바닥에 많이 가라앉았으나 물을 더 많이 넣을수록 더 많이 녹았다. 녹지 않고 남아 있는 가루는 물을 더 넣으면 녹일 수 있음을 알 수 있다. 즉, 많은 양의 용질을 용해시키기 위해서는 많은 양의 용매가 필요하며 용매의 양이 늘어날수록 녹일 수 있는 용질의 양이 많아진다.

물의 양이 많아질수록 백반이나 탄산수소 나트륨이 더 많이 녹는다. 용질을 많이 녹이는 데 용매의 양을 늘리는 것 이외에 어떤 방법이 있을까? 물의 온도에 따라 녹는 물질의 양은 어떻게 달라지는지 알아보자.

준비물 비커, 백반, 붕산, 유리막대, 약숟가락, 온도계, 따뜻한 물, 찬물, 얼음, 실험용 장갑, 보안경

물의 온도를 달리하였을 때 녹는 백반의 양 비교

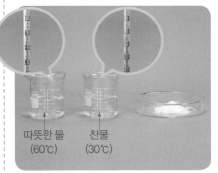

따뜻한 물 (60℃) 찬물 (30℃)

① 찬물과 따뜻한 물을 비커에 넣고 온도를 측정한다.

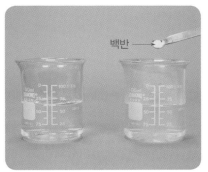

백반

② 비커에 같은 양의 백반을 넣고, 같은 빠르기를 유지하며 유리막대로 저어 준다.

결과

따뜻한 물   찬물

▲ 따뜻한 물에 넣은 백반은 모두 녹고, 찬물에 넣은 백반은 녹지 않고 남아 있다.

구분	찬물	따뜻한 물
백반이 녹은 양	녹지 않고 남아 있음.	거의 다 녹음.

주의 백반을 녹이는 물의 온도를 제외한 물의 양, 백반 알갱이의 크기, 백반의 양, 물을 젓는 빠르기와 같은 다른 조건들은 모두 같게 해 주는 변인 통제를 해야 물의 온도에 따른 백반의 녹는 양을 비교할 수 있다. 이 실험에서 백반 대신 붕산을 이용해도 같은 결과가 나온다.

따뜻한 물에 녹인 백반 용액을 얼음물에 넣기

유리막대

① 따뜻한 물에 백반을 넣고 유리막대로 저어 진한 백반 용액을 만든다.

얼음

② 따뜻한 백반 용액을 얼음이 든 비커에 넣는다.

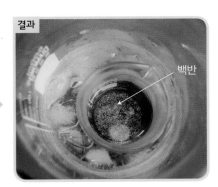

결과

백반

▲ 비커 벽과 바닥에 하얀색 백반 알갱이가 생긴다.

실험으로 알게 된 점 백반을 찬물에 넣었을 때보다 따뜻한 물에 넣었을 때 더 많이 녹는 것을 관찰하였다. 즉, 용매의 온도가 높을수록 녹는 용질의 양이 늘어나는 것을 알 수 있다. 따뜻한 백반 용액을 얼음이 든 비커에 넣었을 때 비커 벽면과 바닥에 생긴 하얀 알갱이는 물에 녹아 있던 백반이다. 물의 온도가 내려가서 백반이 더 이상 녹아 있을 수 없기 때문에 생긴 것이다. 용매의 온도가 높을수록 용질이 빨리 녹고, 녹는 양도 늘어난다.

88 실험 용액의 진하기 비교하기

두 개의 비커에 들어 있는 무색투명하고 맛을 볼 수 없는 용액의 진하기는 어떻게 구별할 수 있을까? 용액의 진하기를 비교할 수 있는 방법을 알아보자.

> **준비물** 백설탕, 흑설탕, 비커, 유리막대, 메추라기알 또는 방울토마토, 약숟가락, 실험용 장갑, 보안경

흑설탕 용액의 진하기 비교

① 두 개의 비커에 같은 양의 물을 넣고 흑설탕의 양을 다르게 준비한다.

② 한 개의 비커에는 흑설탕 5숟가락을, 다른 한 개의 비커에는 흑설탕 10숟가락을 넣어 유리막대로 젓고, 색깔의 진하기를 비교한다.

결과

▲ 두 용액 중 흑설탕이 많이 녹은 용액의 색이 더 진하다.

백설탕 용액의 진하기 비교

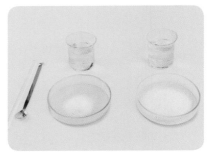

① 두 개의 비커에 같은 양의 물을 넣고 백설탕의 양을 다르게 준비한다.

② 한 개의 비커에는 백설탕 5숟가락을, 다른 한 개의 비커에는 백설탕 10숟가락을 넣어 유리막대로 젓고, 색깔의 진하기를 비교한다.

결과

▲ 용액이 모두 무색투명하여 용액의 색으로 진하기를 비교하기 어렵다.

흑설탕 용액에 메추라기알 띄워 보기

① 흑설탕 5숟가락과 10숟가락을 녹인 물에 각각 메추라기알을 띄워 메추라기알의 떠 있는 정도를 관찰한다.

결과

흑설탕 5숟가락일 때 : 메추라기알이 바닥에 가라앉았다. 흑설탕 10숟가락일 때 : 메추라기알이 위로 떠오른다.

▲ 메추라기알의 떠 있는 정도가 용액의 진하기에 따라 다르다.

132 교과서 실험관찰

백설탕 용액에 메추라기알 띄워 보기

백설탕 5숟가락   백설탕 10숟가락

① 백설탕 5숟가락과 10숟가락을 녹인 물에 각각 메추라기알을 띄워 메추라기알의 떠 있는 정도를 관찰한다.

결과

백설탕 5숟가락일 때 : 메추라기알이 바닥에 가라앉았다.   백설탕 10숟가락일 때 : 메추라기알이 위로 떠오른다.

▲ 메추라기알의 떠 있는 정도가 용액의 진하기에 따라 다르다.

> **실험으로 알게 된 점** 흑설탕의 양을 달리하여 녹인 흑설탕 용액에서는 녹아 있는 흑설탕의 양이 많을수록 용액의 색이 진하지만 백설탕 용액의 경우 녹아 있는 백설탕의 양이 서로 다른 두 용액의 색이 모두 무색투명하여 용액의 진하기를 비교하기 어렵다. 이처럼 용액의 색깔로 진하기를 구분하기 어려울 경우에는 메추라기알이나 방울토마토와 같은 작은 물체를 용액에 넣고 뜨는 정도를 통해 진하기를 비교할 수 있다. 용액이 진할수록 메추라기알이나 방울토마토와 같은 물체가 높이 떠오른다.

과학자의 눈
용액의 진하기를 비교하기에 적당한 물체

용액의 진하기를 비교하기에 적당한 물체는 물보다 밀도가 약간 더 큰 물체이다. 물보다 밀도가 아주 큰 못이나 쇠구슬, 밀도가 아주 작은 나무나 스타이로폼 등을 이용하면 용액의 진하기에 상관없이 용액에 가라앉거나 뜨기 때문이다. 용액의 진하기를 비교하기에 적당한 물체에는 메추라기알, 달걀, 방울토마토 등이 있다.

사해(Dead Sea)의 비밀

용액의 농도를 보통 퍼센트 농도(%)로 나타내는 데 반해, 바닷물의 농도, 즉 염분은 **퍼밀**(‰)이라는 천분률을 사용한다. 퍼밀은 용액 1000 g 중에 녹아 있는 용질의 g수를 나타낸다. 퍼밀은 주로 적은 양의 용질이 들어 있는 용액의 농도에 사용하는데, 일반적으로 바닷물 1000 g에 약 35 g의 염분이 녹아 있어 바닷물의 염분도는 35 ‰ 정도이다.

그런데 요르단과 이스라엘 국경에 있는 소금 호수인 사해의 염분도는 일반적인 바닷물에 비하여 10배나 높아 세계에서 염분도가 가장 높다. 염분도가 매우 높아 가만히 있어도 물 위에 잘 뜨며, 생물은 거의 살지 못하므로 사해(죽음의 바다, 死海)라고 한다.

사해에 떠 있는 모습

사해의 소금층

배추를 절이기 위해 소금을 물에 넣고 그대로 두면 소금이 녹는 데 시간이 오래 걸린다. 어떻게 하면 소금을 빨리 녹일 수 있을까? 백반을 물에 녹이면서 백반이 녹는 빠르기에 영향을 주는 것을 알아보자.

> **준비물** 비커, 백반, 유리막대, 시계, 막자 사발과 막자, 따뜻한 물, 찬물, 실험용 장갑, 보안경

젓는 빠르기에 따라 백반의 녹는 속도 비교

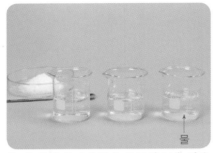

① 세 개의 비커에 같은 온도의 물을 같은 양으로 넣는다.

② 물이 담긴 세 비커에 백반을 같은 양만큼 넣는다.

③ 한 개의 비커는 유리막대로 빨리 젓고, 다른 한 개의 비커는 천천히 저으며, 나머지 비커는 젓지 않았을 때, 백반이 녹는 데 걸리는 시간을 측정한다.

결과

빠르게 저었을 때

천천히 저었을 때

젓지 않았을 때

구분	빨리 저었을 때	천천히 저었을 때	젓지 않았을 때
백반이 녹는 데 걸리는 시간	1분 15초	2분 32초	10분이 지나도 아주 조금 밖에 녹지 않는다.

▲ 백반을 녹일 때 빨리 저을수록 백반이 빨리 녹는다.

과학자의 눈

용매를 빨리 저을수록 용질이 빨리 녹는 까닭

물에 녹기 전에 가루 물질을 구성하는 입자들이 서로 단단하게 결합한 고체의 형태를 띠고 있다. 이때 입자 사이의 결합이 끊어져야 물에 녹을 수 있다. 물질을 물에 넣은 뒤에 저으면 물 입자가 서로 부딪치면서 가루 물질의 입자들이 빨리 떨어질 가능성이 높아지므로 빨리 녹게 된다.

물의 온도에 따라 백반의 녹는 속도 비교

① 두 개의 비커에 찬물과 따뜻한 물을 같은 양만큼 각각 넣는다.

② 두 개의 비커에 같은 알갱이 크기의 백반을 같은 양으로 넣고 백반이 녹는 데 걸리는 시간을 측정한다.

▲ 따뜻한 물에 넣은 백반이 먼저 녹는다.

구분	찬물	따뜻한 물
백반이 녹는 데 걸리는 시간	1분 19초	29초

▲ 백반을 녹일 때 물이 따뜻할수록 백반이 빨리 녹는다.

백반 알갱이의 크기에 따라 백반의 녹는 속도 비교

① 두 개의 비커에 같은 온도의 물을 같은 양으로 넣는다.

② 같은 양의 백반을 준비하되, 한 쪽의 백반은 막자 사발에 넣어 알갱이를 잘게 부수어 준비한다.

③ 한 비커에는 백반 덩어리를, 다른 비커에는 백반 가루를 넣고 녹는 데 걸리는 시간을 측정한다.

▲ 가루로 만든 것이 먼저 녹는다.

구분	백반 알갱이의 크기가 클 때	백반 알갱이의 크기가 작을 때
백반이 녹는 데 걸리는 시간	10분이 지나도 거의 녹지 않는다.	1분 33초

▲ 백반을 녹일 때 알갱이의 크기가 작을수록 빨리 녹는다.

실험으로 알게 된 점) 물에 백반을 녹일 때 빠르게 저을수록, 물의 온도가 높을수록, 백반 알갱이의 크기가 작을수록 백반이 녹는 속도가 빠르다는 것을 확인하였다. 즉, 용매에 넣은 용질을 빨리 녹이기 위해서는 용매의 온도를 높여 주고, 용질의 크기를 작게 하여 빨리 저어야 한다.

과학자의 눈
변인 통제

실험 결과에 영향을 주는 조건이 2가지 이상일 경우 실험 결과에 어떤 조건이 영향을 준 것인지 확인하기 어렵다. 그래서 한 가지 조건을 제외하고 나머지 조건은 모두 같게 하여 실험을 한다. 예를 들면 젓는 빠르기에 따라 백반의 녹는 속도를 비교하는 실험에서는, 젓는 빠르기를 제외한 다른 조건들(물의 양, 물의 온도, 백반 알갱이의 크기, 백반의 양 등)을 모두 동일하게 유지시켜야 한다. 백반 알갱이의 크기에 따라 백반이 녹는 속도를 비교하는 실험에서는 물에 넣는 백반의 양은 같게 하고, 백반의 알갱이 크기만을 다르게 해야 한다.

옛날부터 장을 담글 때 달걀을 사용하여 소금물의 진하기를 확인하였다. 달걀과 같이 우리 주변에서 구할 수 있는 재료를 사용하여 소금물의 진하기를 정확하게 비교할 수 있는 도구를 만들어 보자.

준비물 주름 빨대, 고무줄, 고무찰흙, 유성펜, 자, 가위, 비커, 소금, 물, 페트리 접시, 약숟가락, 유리 막대

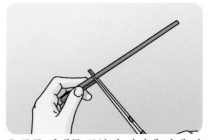

① 주름 빨대를 구부려 길이에 맞게 자른다.

② 자른 주름 빨대에 눈금을 그린다.

③ 주름 빨대를 구부려 고무줄로 묶는다.

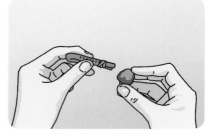

④ 주름 빨대 끝에 고무찰흙을 붙인 후 진하기가 다른 소금물에 넣어 본다.

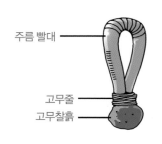

▲ 완성된 모습

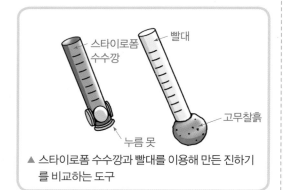

▲ 스타이로폼 수수깡과 빨대를 이용해 만든 진하기를 비교하는 도구

결과

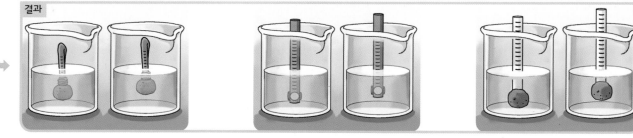

▲ 주름 빨대, 스타이로폼 수수깡, 빨대 등을 이용해서 만든 도구를 소금물에 넣으면 진한 소금물에서 더 높이 떠오른다.

실험으로 알게 된 점 내가 만든 진하기를 비교하는 도구를 진하기가 다른 용액에 넣으면 진하기에 따라 뜨는 정도가 달라져 진하기를 비교할 수 있다.

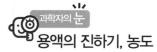 과학자의 눈

용액의 진하기, 농도

용액의 **농도**란 용액의 진하기를 의미하는 말로, 용액 속에 용질이 녹아 있는 정도를 의미한다. 용액의 농도를 비교하기 위해서는 일정한 용매의 양을 기준으로 하였을 때 용질의 양을 비교한다. 농도는 일반적으로 **퍼센트 농도**(%)로 나타내는데, 퍼센트 농도는 용액 100 g 속에 몇 g의 용질이 녹아 있는가를 나타낸다.

다양한 결정

추운 겨울에 하얗게 내리는 눈을 돋보기 등으로 관찰하면 꽃 모양, 가시 모양 등 생김새가 조금씩 다르지만 전체적인 모습은 육각형으로 보인다. 이처럼 입자가 일정하게 배열되어 규칙적인 형태를 가지고 있는 고체를 결정이라고 한다. 액체로 된 손 난로 속의 금속 조각을 구부리면 하얀색 고체가 생기면서 열이 발생한다. 이 하얀색 고체를 관찰하면 길쭉한 바늘 모양 또는 평행사변형의 결정을 관찰할 수 있다. 이 밖에 백반 결정은 정팔면체, 소금 결정은 정육면체, 황산 구리 결정은 파란색의 길쭉한 기둥 모양이다.

물질 · 용해와 용액

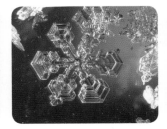

▲ 눈 결정

▲ 백반 결정   ▲ 소금 결정   ▲ 황산 구리 결정

대부분의 결정은 손으로 들 수 있을 정도로 작지만, 멕시코의 나이카 광산에서 셀레나이트라는 물질의 결정으로 이루어진 동굴이 발견되었는데. 이 동굴에는 길이가 11m이고 무게가 55톤이나 되는 기둥 모양의 결정이 있다고 한다.

▲ 멕시코 나이카 광산

용액의 분류

주위의 다양한 용액들을 분류하는 기준에는 무엇이 있을까? 지시약으로 용액을 어떻게 분류할까?

91 실험 용액의 색 변화 관찰하기

우리 생활에서 쉽게 접할 수 있는 다양한 용액들은 각기 다른 색깔을 지니고 있다. 용액에 붉은 양배추 즙이나 페놀프탈레인 용액을 넣고 나타나는 색 변화를 관찰하고, 색이 변하기 전과 후에 용액의 성질은 어떻게 되는지 알아보자.

준비물 붉은 양배추 즙, 유리 세정제, 식초, 시험관, 시험관대, 비커, 스포이트

붉은 양배추 즙에 유리 세정제와 식초를 넣어 색깔 변화 관찰하기

① 붉은 양배추 즙이 들어 있는 시험관에 유리 세정제를 몇 방울 떨어뜨린다.

▲ 초록색으로 변한다.

② 붉은 양배추 즙이 들어 있는 시험관에 식초를 몇 방울 떨어뜨린다.

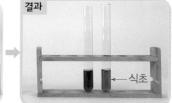

▲ 분홍색으로 변한다.

색깔이 변한 용액에 유리 세정제나 식초를 넣어 다시 색깔 변하게 하기

③ 초록색으로 변한 용액에 식초를 떨어뜨리며 색의 변화를 관찰한다.

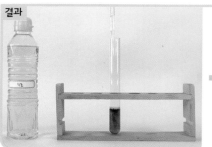

▲ 식초로 인해 초록색이 다시 원래의 색으로 변한다.

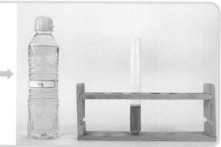

▲ 식초를 더 많이 넣으면 분홍색으로 변한다.

실험으로 알게된 점 붉은 양배추 즙에 유리 세정제와 식초를 각각 넣었을 때 서로 다른 색으로 변하는 것으로 보아 두 용액의 성질이 다름을 알 수 있다. 초록색으로 변한 용액에 식초를 조금씩 떨어뜨리면 본래의 붉은 양배추 즙 색깔이 나타나다가 식초의 양이 많아지면 다시 분홍색으로 변한다. 즉, 용액의 성질이 변하는 것을 붉은 양배추 즙의 색깔 변화로 알 수 있다.

92 실험 여러 가지 용액의 분류 방법 알아보기

창문을 닦기 위해 사용하는 유리 세정제, 음식에 넣는 간장, 우리가 마시는 주스와 같이 다양한 용액들을 공통된 성질로 분류하는 데 어떤 기준이 있을까? 용액이 가지고 있는 특성에 따라 용액을 분류해 보자.

> **준비물** 시험관, 시험관대, 유리막대, 페놀프탈레인 용액, 리트머스 종이, 식초, 사이다, 유리 세정제, 묽은 염산, 묽은 수산화 나트륨 용액, 라벨지, 보안경, 실험용 장갑

리트머스 종이의 색 변화에 따른 용액의 분류

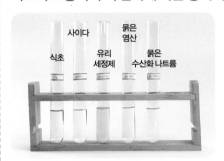

① 준비된 5가지 용액을 시험관에 각각 $\frac{1}{4}$씩 넣고 시험관대에 꽂아 둔다.

② 각각의 용액을 유리막대로 찍어 각각의 리트머스 종이에 묻히고 색 변화를 관찰하여 분류한다.

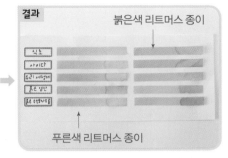

▲ 용액의 성질에 따라 색깔이 변한다.

붉은색 리트머스 종이가 푸른색으로 변하는 용액	푸른색 리트머스 종이가 붉은색으로 변하는 용액
유리 세정제, 묽은 수산화 나트륨 용액	식초, 사이다, 묽은 염산

페놀프탈레인 용액을 넣은 후의 색 변화에 따른 용액의 분류

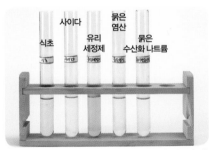

① 준비된 5가지 용액을 시험관에 각각 $\frac{1}{4}$씩 넣고 시험관대에 꽂아 둔다.

② 5개의 시험관에 페놀프탈레인 용액을 한 방울씩 떨어뜨린다.

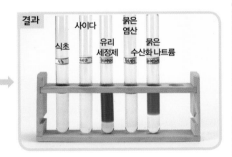

▲ 용액의 성질에 따라 색깔이 변한다.

붉은색으로 변하는 용액	색이 변하지 않는 용액
유리 세정제, 묽은 수산화 나트륨 용액	식초, 사이다, 묽은 염산

> **실험으로 알게 된 점** 여러 가지 용액들을 분류하는 방법 중에 리트머스 종이와 페놀프탈레인 용액을 이용한 색깔 변화가 있다. 리트머스 종이나 페놀프탈레인 용액과 같이 용액의 성질에 따라 색깔 변화를 보여 용액의 성질을 알 수 있는 것을 지시약이라고 한다. 산성 용액은 페놀프탈레인 용액을 넣었을 때 색깔 변화가 없지만, 푸른색 리트머스 종이를 붉게 변화시킨다. 염기성 용액은 페놀프탈레인 용액을 넣었을 때 색깔이 붉게 변하고, 붉은색 리트머스 종이를 푸르게 변화시킨다.

리트머스 종이와 페놀프탈레인 용액과 같은 지시약을 이용하여 다양한 용액을 산성 용액과 염기성 용액으로 분류할 수 있다. 우리 주변의 물질을 이용하여 리트머스 종이와 페놀프탈레인 용액과 같은 지시약을 만들 수 있을까? 붉은 양배추를 이용한 지시약을 만들어 용액을 분류해 보자.

준비물 붉은 양배추, 비커, 알코올램프, 삼발이, 가위, 쇠그물, 시약병, 스포이트, 시험관, 시험관대, 묽은 염산, 묽은 수산화 나트륨 용액, 식초, 비눗물, 유리 세정제, 사이다, 레몬즙, 사과즙, 보안경, 실험용 장갑

붉은 양배추 지시약 만들기

① 붉은 양배추를 가위로 잘게 자른다.

② 붉은 양배추가 잠길 정도로 물을 비커에 붓는다.

③ 양배추의 색이 우러나올 때까지 알코올램프로 가열한다.

④ 비커를 식힌 뒤에 체를 이용하여 즙을 걸러내고 시약병에 담는다.

붉은 양배추 지시약을 넣었을 때 용액의 색 변화

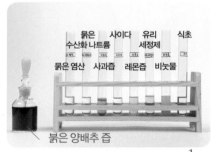

① 각각의 시험관에 준비한 용액을 $\frac{1}{4}$씩 넣는다.

② 스포이트로 붉은 양배추 즙을 각각의 시험관에 4~5방울 넣는다.

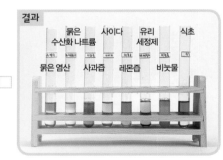

▲ 용액에 따라 변하는 색깔의 정도가 다르다.

붉은 양배추 지시약에 의한 용액의 색 변화

용액	색깔 변화	용액	색깔 변화
묽은 염산	분홍색	레몬즙	분홍색
묽은 수산화 나트륨 용액	노란색	유리 세정제	초록색
사과즙	주황색	비눗물	녹갈색
사이다	보라색	식초	분홍색

▲ 용액의 종류(성질)에 따라 색깔이 여러 가지로 변한다.

붉은 양배추 지시약의 색깔 변화로 용액 분류하기

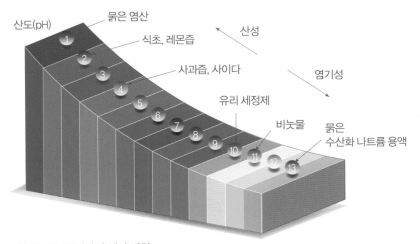

붉은 양배추 지시약의 색깔 변화

물질 · 용해와 용액

◀ 산도(pH, 피에이치)란 산과 염기의 진하고 연한 정도를 나타내는 단위이다. pH 7은 중성이고, pH가 7보다 작으면 산성, pH가 7보다 크면 염기성으로 분류한다. 또 pH 7보다 숫자가 작아질수록 강한 산성이며, pH 7보다 숫자가 커질수록 강한 염기성이다.

산성 용액	염기성 용액
묽은 염산, 식초, 레몬즙, 사과즙, 사이다	묽은 수산화 나트륨 용액, 비눗물, 유리 세정제

실험으로 알게 된 점 붉은 양배추를 이용하여 만든 지시약을 각 용액에 넣었을 때 용액의 색이 다르게 나타나는 것을 통해 붉은 양배추 용액을 지시약으로 사용할 수 있음을 알 수 있다. 여러 가지 용액에 붉은 양배추 지시약을 넣었을 때, 용액의 색깔이 다르게 변한 것은 용액의 산도(pH)가 다르기 때문이다. 주황색, 분홍색, 보라색으로 변한 묽은 염산, 사이다, 식초, 레몬즙, 사과즙은 산성 용액임을 알 수 있으며, 초록색과 노란색으로 변한 묽은 수산화 나트륨 용액과 비눗물, 유리 세정제는 염기성 용액임을 알 수 있다. 이와 같이 용액의 산도(pH)에 따라 붉은 양배추 지시약을 넣었을 때 용액의 색깔 변화가 다르게 나타나는 것을 통해 용액을 산성과 염기성으로 분류할 수 있다.

과학자의 눈
지시약으로 사용될 수 있는 여러 가지 식물

붉은 양배추 외에도 우리 주변에 있는 여러 가지 식물들을 이용하여 천연 지시약을 만들 수 있다. 그 예로 나팔꽃, 붓꽃, 피튜니아, 장미, 검은콩과 같은 식물들이 있는데, 이러한 식물들의 꽃이나 열매에는 *안토사이아닌이라는 색소가 들어 있어 지시약으로 사용할 수 있다.

그런데 이러한 식물들로부터 만든 지시약의 색깔 변화는 각기 조금씩 다르다. 우리가 사용할 수 있는 다양한 식물 중에서 붉은 양배추를 지시약으로 만들어 사용하는 이유는 산도에 따른 다양한 색깔 변화를 관찰할 수 있기 때문이다.

(*안토사이아닌은 식물의 꽃이나 잎, 열매의 세포 속에서 빨강, 파랑, 초록, 자주색 등의 빛깔을 내는 색소 물질이다.)

콩

장미꽃

pH 농도	자체	1	2	3	4	5	6	7	8	9	10	11	12	13
장미꽃	4.60													

장미꽃 지시약의 색깔 변화

산과 염기

산과 염기는 어떤 성질이 있을까? 우리 생활에서 산과 염기는 어떻게 이용될까?

94 실험 산성 용액과 염기성 용액의 성질 알아보기

지시약에 따라 색깔이 달라지는 산성 용액과 염기성 용액은 색깔 변화 이외에 어떠한 성질이 있을까? 산성 용액과 염기성 용액에 달걀 껍데기, 삶은 달걀의 흰자, 대리석, 두부를 넣으면 어떻게 되는지 실험을 통해 알아보자.

준비물 비커, 유리막대, 칼, 삶은 달걀, 달걀 껍데기, 대리석, 두부, 묽은 염산, 묽은 수산화 나트륨 용액, 보안경, 실험용 장갑, 라벨지, 랩

묽은 염산과 묽은 수산화 나트륨 용액에 대리석과 달걀 껍데기 넣기

묽은 염산   묽은 수산화 나트륨

① 비커 2개에 묽은 염산 용액을 넣고, 다른 비커 2개에는 묽은 수산화 나트륨 용액을 넣는다.

② 묽은 염산 용액과 묽은 수산화 나트륨 용액이 담긴 비커에 대리석과 달걀 껍데기를 각각 넣는다.

달걀 껍데기   대리석 달걀 껍데기 대리석

③ 각각의 비커를 유리막대로 저어준 후 변화를 관찰한다.(1~2일 정도 지난 뒤 관찰한다.)

용액에 따른 대리석과 달걀 껍데기의 변화

구분	묽은 염산 용액	묽은 수산화 나트륨 용액
대리석	기포가 발생하며, 시간이 지나면서 대리석이 녹는다.	아무 변화 없다.
달걀 껍데기	기포가 발생하며, 시간이 지나면서 달걀 껍데기가 녹는다.	아무 변화 없다.

묽은 염산과 묽은 수산화 나트륨 용액에 삶은 달걀흰자와 두부 넣기

① 비커 2개에 묽은 염산 용액을 넣고, 다른 비커 2개에는 묽은 수산화 나트륨 용액을 넣는다.

② 묽은 염산과 묽은 수산화 나트륨 용액이 담긴 비커에 삶은 달걀흰자와 두부를 각각 넣는다.

③ 각각의 비커를 유리막대로 저어준 후, 변화를 관찰한다.(1~2일 정도 지난 뒤 관찰한다.)

용액에 따른 삶은 달걀흰자와 두부의 변화

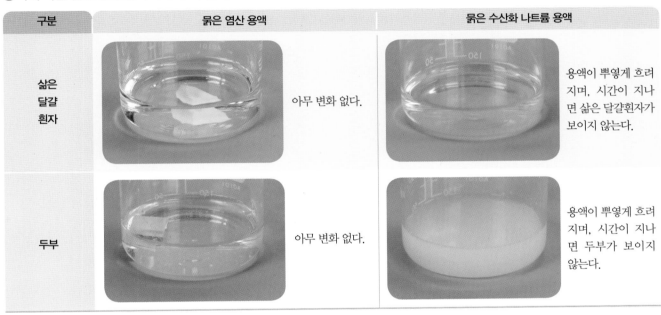

구분	묽은 염산 용액		묽은 수산화 나트륨 용액	
삶은 달걀 흰자		아무 변화 없다.		용액이 뿌옇게 흐려지며, 시간이 지나면 삶은 달걀흰자가 보이지 않는다.
두부		아무 변화 없다.		용액이 뿌옇게 흐려지며, 시간이 지나면 두부가 보이지 않는다.

묽은 염산과 묽은 수산화 나트륨 용액의 성질 비교

묽은 염산 용액(산성 용액)		묽은 수산화 나트륨 용액(염기성 용액)	
대리석과 달걀 껍데기	삶은 달걀흰자와 두부	대리석과 달걀 껍데기	삶은 달걀흰자와 두부
기포가 발생하며, 시간이 지나면서 녹는다.	아무 변화 없다.	아무 변화 없다.	용액이 뿌옇게 흐려지며, 시간이 지나면서 녹는다.

실험으로 알게 된 점 묽은 염산과 묽은 수산화 나트륨 용액에 대리석과 달걀 껍데기, 그리고 삶은 달걀흰자와 두부를 넣었을 때의 변화를 통해 묽은 염산은 달걀 껍데기와 대리석을 녹이지만, 삶은 달걀흰자와 두부는 녹이지 못하는 것을 알 수 있다. 반대로 묽은 수산화 나트륨 용액은 삶은 달걀흰자와 두부를 녹이지만, 달걀 껍데기와 대리석은 녹이지 못하는 것을 알 수 있다. 달걀 껍데기와 대리석에는 탄산 칼슘이라는 물질이 들어 있는데, 묽은 염산과 같은 산성 용액은 탄산 칼슘이 든 물질을 녹이는 성질이 있다. 반대로 염기성 용액은 삶은 달걀흰자와 두부에 들어 있는 단백질과 지방을 녹이는 성질이 있고 손으로 만지면 미끌미끌하다. 이것을 통해 산성 용액과 염기성 용액의 성질이 다른 것을 알 수 있다.

성질이 다른 산성 용액과 염기성 용액을 섞으면 어떻게 될까? 산과 염기를 섞을 때 어떤 변화가 나타날지 예상해 보고, 산성 용액과 염기성 용액을 섞으면서 용액의 성질 변화를 알아보자.

준비물 삼각 플라스크, 스포이트, 묽은 염산, 묽은 수산화 나트륨 용액, 페놀프탈레인 용액, 보안경, 실험용 장갑

① 스포이트로 묽은 염산을 삼각 플라스크에 $\frac{1}{5}$ 정도 넣는다.

② 묽은 염산이 들어 있는 삼각 플라스크에 페놀프탈레인 용액을 2~3방울 넣고 흔들어 준다.

▲ 삼각 플라스크에 아무 변화가 없다.

③ ②의 삼각 플라스크에 묽은 수산화 나트륨 용액을 한 방울씩 넣으면 용액의 색이 붉게 변한다.

④ ③의 삼각 플라스크에 페놀프탈레인 용액을 넣으면, 용액의 색은 변함 없이 붉은색이다.

⑤ ④의 삼각 플라스크에 묽은 염산을 몇 방울씩 넣으면, 붉은색이 옅어지다 무색투명해진다.

산성 용액과 염기성 용액이 섞일 때의 변화

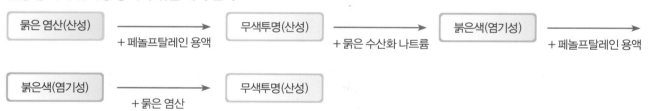

실험으로 알게 된 점 산성 용액인 묽은 염산에 페놀프탈레인 용액을 넣으면 색깔 변화가 없지만, 묽은 수산화 나트륨 용액을 몇 방울씩 넣으면 용액의 색이 붉게 변하는 것을 관찰할 수 있다. 즉, 산성 용액에 묽은 수산화 나트륨 용액을 넣으면 염기성 용액이 되는 것이다. 다시 그 용액에 묽은 염산을 몇 방울씩 넣으면 붉은색이 사라지면서 무색투명해진다. 삼각 플라스크에 든 산성 용액에 염기성 용액을 섞으면 용액의 색이 변하는데, 산성 물질과 염기성 물질이 만나 본래의 성질(산성, 염기성)을 잃은 것이다. 용액에 산성을 띠는 물질이 더 많을 경우 그 용액은 산성을 나타내고, 반대로 염기성을 띠는 물질이 더 많으면 그 용액은 염기성을 나타낸다. 그러므로 산성 용액과 염기성 용액이 섞이면 섞이기 전의 산성 또는 염기성이 약해진다는 것을 알 수 있다.

산성 용액에 염기성 용액을 섞으면 산성이 약해지고, 반대로 염기성 용액에 산성 용액을 섞으면 염기성이 약해진다. 우리 생활에서 산성 용액과 염기성 용액을 섞어 본래의 성질을 약하게 하거나 없애는 방법에는 어떤 것이 있는지 알아보자.

> **준비물** 페트리 접시, pH 시험지, 레몬, 제산제, 변기용 세제, 보안경, 실험용 장갑

① 페트리 접시에 변기용 세제, 제산제, 레몬즙을 각각 2~3방울 떨어뜨린다.

② pH 시험지를 이용하여 페트리 접시에 있는 용액의 색 변화를 관찰한다.

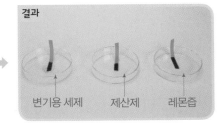

▲ 변기용 세제와 레몬은 산성 용액이고, 제산제는 염기성 용액이다.

산성 용액과 염기성 용액이 생활에 이용되는 예

▲ 생선 요리에 레몬즙을 뿌린다. – 생선 비린내를 내는 물질이 염기성을 띠므로 비린내를 없애기 위해 산성인 레몬즙을 뿌린다.

▲ 속이 쓰릴 때 제산제를 먹는다. – 산성을 띠고 있는 위액이 많이 나와 속이 쓰리면 염기성인 제산제를 먹는다.

▲ 변기의 때를 제거할 때 변기용 세제를 사용한다. – 변기의 때는 염기성이므로 산성인 변기용 세제를 이용하여 제거한다.

> **실험으로 알게 된 점** 우리 생활에서 산성 용액과 염기성 용액을 섞으면 처음의 산성 또는 염기성이 약해지는 성질을 이용하는 예가 있다. 생선 비린내를 내는 염기성 물질에 산성 용액인 레몬즙을 뿌리면 생선 비린내가 사라지고, 변기에 묻은 염기성의 때를 제거하기 위해 산성 용액인 변기용 세제를 이용하여 때를 지울 수 있다. 반대로 위에서 분비되는 산성인 위액이 과다 분비되면 속이 쓰린데, 이때 염기성인 제산제를 먹으면 속쓰림이 가라앉는다.

과학자의 눈
김치를 시지 않게 보관하는 법

김치는 시간이 지날수록 발효가 진행되어 젖산이라는 산성 물질이 많이 생긴다. 오래된 김치가 신맛이 나는 이유는 젖산 때문인데, 젖산을 제거하면 김치를 시지 않게 보관할 수 있다. 그래서 염기성을 띠는 조개 껍데기를 깨끗이 씻어 김치 용기에 넣어 두면 김치의 신맛을 줄일 수 있으며, 같은 원리로 김칫독에 배인 냄새를 제거할 때도 잘게 부순 조개 껍데기 가루를 김칫독에 넣어 두면 냄새가 제거된다.

조개 껍데기로 김칫독에 배인 냄새를 제거하는 모습

물질 · 용해와 용액

우리는 뉴스나 신문을 통해 토양이 산성화되고 있다는 말을 자주 듣는다. 토양의 산성화란 무엇이며, 우리가 사는 지역에 있는 토양의 산도는 어떠한지 측정해 보자.

준비물 비커, pH 시험지, 거름종이, 깔때기, 깔때기대, 유리막대, 여러 지역의 흙, 증류수

토양의 산도 측정

① 동네 여러 곳의 흙을 채취해 온다.

② 흙을 비커에 옮겨 담은 후, 흙이 있던 장소를 표시한다.

증류수

③ 흙이 담긴 비커에 증류수를 붓는다.

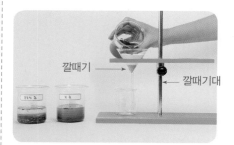

깔때기
깔때기대

④ 유리막대로 저어준 뒤, 거름 장치를 이용해 흙을 걸러낸다.

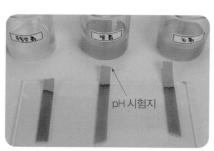

pH 시험지

⑤ pH 시험지를 이용해 걸러진 물의 산도를 측정한다.

참고

pH 시험지 외에 pH 측정기를 이용하면 더욱 정확한 값을 측정할 수 있다.

실험으로 알게 된 점 우리가 사는 지역의 토양의 산도를 조사해 보면 대부분 토양의 산도가 pH 5.0 이하를 나타내는 것을 알 수 있다. 전체적으로 토양이 산성화되어 있다고 할 수 있다. 식물의 생장에 알맞은 토양의 산도는 pH 5.5~6.5이므로 우리가 사는 지역의 토양은 식물의 생장에 좋지 않다. 이러한 토양의 산성화를 막기 위해 농작물에 화학 비료를 사용하는 대신 퇴비와 같은 천연 비료를 사용하거나 해충의 천적을 이용하는 유기 농법이 연구되고 있다.

과학자의 눈
대도시 토양의 염기성화

농촌이나 산림의 토양의 산성화가 문제되고 있는 반면에 대도시 토양의 염기성화가 새로운 문제로 나타나고 있다. 대도시 토양이 염기성화되는 이유는 시멘트에 있는 석회 성분 때문인데, 대도시에 세워진 건물들의 대부분은 시멘트를 이용해 지어진 것이다. 대도시의 토양이 급속도로 염기성화되어 가로수나 도심에 심어진 식물들 역시 생장하기 어렵다.

아파트 건설 현장에서 시멘트를 붓고 있는 모습

살아 있는 리트머스 시험지, 수국

수국의 꽃은 처음 필 때는 흰색으로 피었다가 토양의 산도에 따라 꽃 색깔이 달라진다.

처음 꽃을 피기 시작할 때는 엽록소가 아직 남아 있어서 연한 백색으로 피는데, 개화가 진행되면서부터는 안토사이아닌이라는 물질이 합성되어 땅에서 흡수하는 성분들과 반응하여 푸른색 꽃을 피우기도 하고, 진분홍색 꽃을 피우기도 한다.

수국이 심어진 흙에 알루미늄 성분이 많아 산성이면 알루미늄 성분이 뿌리에 흡수되면서 안토사이아닌과 결합하여 푸른색 꽃으로 변하게 된다. 반대로 토양이 염기성이면 알루미늄이 부족해 붉은색 꽃으로 변한다.

토양이 산성일 때   토양이 염기성일 때

즉, 수국은 토양이 산성일 때는 푸른색의 꽃을 피우고 염기성일 때는 붉은색의 꽃을 피운다.

그리고 하나의 수국에서 여러 색깔의 꽃이 피는 것은 수국의 줄기와 뿌리가 뻗은 방향이 다르고 그 뿌리가 나 있는 부분의 토양 성분이 제각기 다르기 때문이다.

꽃 주위에 백반을 묻어 두고 물을 주면, 흰색이던 꽃 색깔이 차츰 푸른색으로 변하고, 달걀 껍데기나, 석고 가루 등을 뿌리고 물을 주면 분홍색으로 변하는 것을 볼 수 있다.

이처럼 마치 수국은 살아 있는 리트머스 시험지와 같아서 꽃의 색으로 토양의 산도를 알 수 있다.

기체의 부피

기체는 공간을 어떻게 채울까? 기체는 압력과 온도에 따라 부피가 어떻게 변할까?

 98 실험 **공기 대포로 촛불 끄기**

공기의 힘을 이용하면 손을 대지 않고 촛불을 끌 수 있다. 공기가 발사되는 공기 대포를 만들어 촛불을 꺼 보자.

> **준비물** 공기 대포 전개도, 공기 대포 카드, 셀로판 테이프, 가위, 향, 점화기, 초, 고무찰흙, 유리판

① 공기 대포 전개도와 공기 대포 카드를 뜯어낸 다음에 노란색 띠 부분을 셀로판 테이프로 빈 틈없이 붙인다.

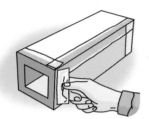

② 공기 대포에 공기 대포 틀의 세 모서리를 셀로판 테이프로 붙이고 윗부분을 남긴다.

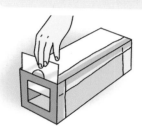

③ 원 모양 구멍이 있는 공기 대포 카드를 공기 대포 틀 사이에 끼워 넣는다.

④ 공기 대포의 양면을 가볍게 치면서 구멍 근처에 손을 대어 본다.

⑤ 공기 대포 속에 향 연기를 넣는다.

⑥ 공기 대포의 양면을 가볍게 쳐 촛불을 꺼 본다.

결과

▲ 공기 대포의 양면을 가볍게 치면 공기 대포 속에 있던 공기가 구멍을 통해 앞으로 나가면서 촛불을 끈다. 이때 향 연기의 모양으로 공기가 구멍을 통하여 나가는 모습을 볼 수 있다.

실험으로 알게 된 점 공기 대포가 촛불을 향하게 한 후 양면을 가볍게 치면 공기 대포 속 공기가 구멍을 통해 밖으로 빠져나가 촛불을 끈다. 이것으로 공기가 이동한다는 것을 알 수 있다.

공기를 가득 넣은 고무풍선이 일주일 정도 지나면 터지지 않았는데도 크기가 줄어든 것을 볼 수 있다. 이러한 현상이 일어나는 까닭을 공기와 헬륨을 넣은 풍선을 통해 알아보자.

준비물 풍선, 헬륨, 공기 주입기, 향수, 식초, 스포이트

고무풍선의 크기 변화 알아보기

고무 풍선 한 개에는 공기를 넣고, 다른 한 개에는 헬륨을 넣은 후 일주일 동안 관찰하며 풍선의 크기를 재어 본다.

구분	첫날	2일 후	4일 후	6일 후
공기를 넣은 고무풍선				
고무풍선의 둘레(cm)	76.7	76.5	72.1	70.3
헬륨을 넣은 고무풍선				
고무풍선의 둘레(cm)	76.2	55.4	51.3	49.2

결과
공기를 넣은 고무풍선은 일주일이 지나면 크기가 조금 줄어들고, 헬륨을 넣은 고무풍선은 크기가 눈에 띄게 줄어든다.

▲ 시간이 지남에 따라 고무풍선의 크기가 줄어든다.

고무풍선에 들어 있는 물질 알아맞히기

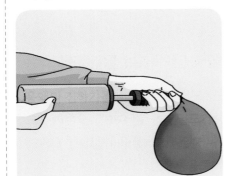

① 공기 주입기를 이용해 고무풍선 두 개를 같은 크기로 분다.

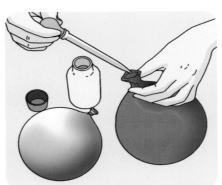

② 각 풍선에 향수와 식초를 스포이트로 한 방울씩 넣고 고무풍선의 입구를 묶는다.

식초가 들어 있는 고무풍선에서 식초 냄새가 난다.

향수가 들어 있는 고무풍선에서 향수 냄새가 난다.

③ 향수 냄새, 식초 냄새가 나는 고무풍선을 찾는다.

고무풍선의 크기가 줄어드는 까닭

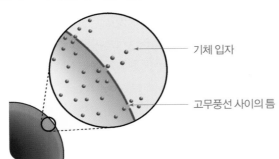

기체 입자

고무풍선 사이의 틈

◀ 고무풍선의 크기가 줄어드는 까닭은 고무풍선 표면에 공기나 헬륨을 이루는 입자가 빠져나올 수 있는 매우 작은 틈이 있기 때문이다. 고무풍선에 들어 있는 기체 입자들이 고무풍선 표면에 있는 작은 틈을 통하여 공기 중으로 빠져나온다. 또한 고무풍선 속에 있던 향수 입자, 식초 입자가 작은 틈으로 빠져나오기 때문에 냄새가 나는 것이다.

실험으로 알게된 점 고무풍선을 가만히 두어도 크기가 작아지며, 고무풍선에 들어 있는 향수와 식초의 냄새를 고무풍선 밖에서 맡을 수 있는 것으로 기체는 입자로 이루어져 있어 고무풍선 표면의 작은 틈으로 기체 입자가 빠져나온다는 것을 알 수 있다.

물질 · 여러 가지 기체

비닐봉지의 입구를 열고 뛰어다니면 비닐봉지 속이 공기로 가득 찬다.
공기는 어떻게 비닐봉지 속을 가득 채우고 있는지 알아보자.

준비물 투명한 비치 볼, 셀로판 테이프, 가위, 작은 플라스틱 구슬 50개, 공기 주입기

비치 볼 속 구슬의 움직임 관찰하기

① 비치 볼 입구에 셀로판 테이프를 붙이고 그 부분을 가위로 잘라 약 3cm의 틈을 만든다.

② 가위로 자른 틈으로 작은 플라스틱 구슬 50개를 넣고 셀로판 테이프로 틈을 막는다.

③ 공기 주입기를 이용하여 비치 볼을 크게 불고 입구를 닫는다.

④ 비치 볼을 흔들기 전과 흔들면서 작은 플라스틱 구슬의 거리와 움직임을 관찰한다.

결과

▲ 비치 볼을 흔들기 전

◀ 작은 플라스틱 구슬 사이의 거리가 가깝고, 움직임이 없다.

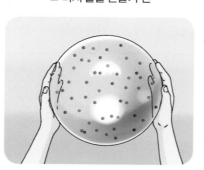

▲ 비치 볼을 흔든 후

◀ 작은 플라스틱 구슬 사이의 거리가 멀리 떨어져 있고 자유롭게 움직인다.

실험으로 알게 된 점 비치 볼을 흔들었을 때 작은 플라스틱 구슬 사이의 거리가 멀리 떨어져 있고 자유롭게 움직이는 것처럼 공기 입자는 서로 멀리 떨어져 자유롭게 움직인다. 이처럼 공기 입자들이 비닐봉지 속에서 골고루 퍼져 비닐봉지를 가득 채운다.

비치 볼을 손으로 눌러 힘을 가하면 모양이 변하는 것을 볼 수 있다. 주사기에 든 기체에 힘을 가하면 기체의 부피는 어떻게 변하는지 실험을 통해 알아보자.

준비물 주사기, 비커, 물

주사기 속에 든 공기의 부피 변화

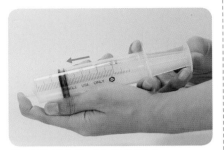

① 주사기에 공기 30mL를 넣고 주사기 입구를 손으로 막는다.

② 주사기 입구를 막은 상태에서 피스톤을 민다.
▲ 피스톤이 안으로 약간 들어간다.

③ 더 센 힘으로 피스톤을 민다.
▲ 피스톤이 안으로 더 들어간다.

주사기 속에 든 물의 부피 변화

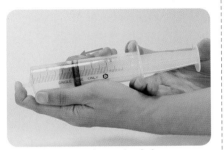

① 주사기에 물 30mL를 넣고 주사기 입구를 손으로 막는다.

② 주사기 입구를 막은 상태에서 피스톤을 민다.
▲ 피스톤이 들어가지 않는다.

③ 더 센 힘으로 피스톤을 민다.
▲ 피스톤이 거의 들어가지 않는다.

주사기 속에 든 공기와 물의 부피 변화

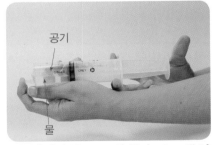

④ 주사기에 물 15mL와 공기 15mL를 넣고 입구를 손으로 막는다.

⑤ 주사기 입구를 막은 상태에서 피스톤을 민다.
▲ 피스톤이 약간 들어간다.

⑥ 더 센 힘으로 피스톤을 민다.
▲ 피스톤이 약간 더 들어간다.

실험으로 알게된 점 주사기 속에 물을 넣은 실험에서는 피스톤이 거의 밀려 들어가지 않으며 주사기 속에 든 물의 부피 역시 거의 변화가 없음을 관찰할 수 있다. 반면에 같은 방법으로 주사기 속에 공기를 넣은 실험에서는 피스톤이 약간 안으로 들어가면서 주사기 속에 든 공기의 부피가 약간 줄어드는 것을 볼 수 있다. 하지만 피스톤이 어느 정도 밀려 들어가다가 더 이상 들어가지 않는다. 물과 같은 액체는 힘을 가하면 부피의 변화가 거의 없지만, 공기와 같은 기체는 힘을 가하면 부피가 줄어들었다가 가해진 힘이 사라지면 다시 부피가 늘어난다.

물질·여러 가지 기체

주사기를 이용해 기체에 힘을 가했을 때 부피가 줄어드는 것을 알았다. 이번에는 페트병을 이용해 기체에 힘을 가했을 때의 부피 변화에 대해 알아보자.

준비물 페트병, 물

① 페트병에 약간의 공기가 들어갈 공간 만 남기고 물로 채운다.

② 페트병의 마개를 막은 뒤 옆으로 눕힌 다.

③ 페트병을 힘껏 누르면서 공기 방울의 크기를 관찰한다.

④ 페트병을 누르던 손을 놓으면서 공기 방울의 크기를 관찰한다.

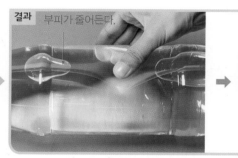

결과 부피가 줄어든다. 부피가 원래대로 돌아온다.

▲ 힘을 가하면 기체의 부피는 줄어들고 가한 힘이 사라지면 원래 상태로 돌아온다.

주의 실험에서 사용하는 페트병은 각이 진 사각 페트병보다는 원형 페트병을 사용하는 것이 좋다. 원형 페트병을 사용해야 힘을 가했을 때 페트병 속 공기의 부피 변화를 관찰하기가 쉽다.

실험으로 알게된 점 페트병에 약간의 공간을 남기고 물을 거의 채운 뒤 뚜껑을 닫아 바닥에 누이면 공기 방울이 생기는 데, 이때 페트병을 손으로 눌러 힘을 가하면 페트병에 있는 공기 방울의 크기가 줄어드는 것을 볼 수 있다. 또한 페트병을 누르던 손을 떼어 힘을 빼면, 페트병의 공기 방울의 크기가 원래대로 돌아오는 것을 볼 수 있다. 주사기 실험 결과와 같이 이 실험을 통해서도 기체에 힘을 가하면 기체의 부피가 줄 어들고, 가했던 힘을 빼면 기체의 부피가 원래대로 돌아오는 것을 알 수 있다.

기체에 힘을 가하면 부피가 줄어드는 이유

공기와 같은 기체 입자들 사이의 거리는 액체나 고체에 비하여 멀기 때문에 기체에 압력을 가하면 기체 입자들 사이의 간격이 줄어들면서 부피가 줄어든다. 반대로 가했던 압력을 제거하면 다시 기 체의 부피가 원래대로 늘어나게 된다. 호핑볼이나 점프볼은 가한 힘에 따라 기체의 부피가 줄어들 고 늘어나는 성질을 이용한 것이다. 고체의 경우 입자들 사이의 거리가 가깝기 때문에 압력을 가해 도 부피가 거의 변하지 않는다.

호핑볼을 타는 모습

하늘에 떠 있는 열기구를 본적이 있을 것이다. 하늘로 떠오르는 열기구를 살펴보면 열기구의 바구니에 있는 버너에서 불길이 올라오는 것을 볼 수 있다. 열기구를 띄울 때 버너에 불을 붙이는 이유는 무엇일까? 온도에 따라 기체의 부피가 어떻게 변하는지 실험을 통해 알아보자.

> **준비물** 삼각 플라스크, 고무풍선, 비커, 유리 주사기, 고무찰흙, 얼음물, 따뜻한 물, 실험용 장갑, 보안경

고무풍선의 부피 변화

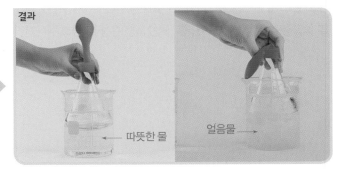

① 삼각 플라스크에 고무풍선을 씌워 따뜻한 물에 넣고 고무풍선의 모습을 관찰한다.

② 얼음물에 고무풍선이 씌워진 삼각 플라스크를 넣고 고무풍선의 모습을 관찰한다.

▲ 따뜻한 물에 넣으면 고무풍선이 부풀어 오르고, 얼음물에 넣으면 부풀었던 고무풍선이 쭈그러든다.

유리 주사기 피스톤의 움직임

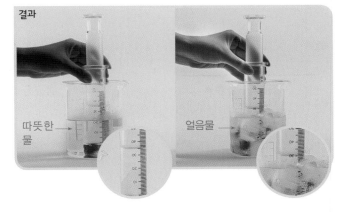

① 유리 주사기의 피스톤을 중간만큼 뺀 뒤, 주사기 끝을 고무찰흙으로 막은 후 따뜻한 물과 얼음물에 주사기를 넣고 피스톤의 움직임을 관찰한다.

▲ 유리 주사기를 따뜻한 물에 담그면 주사기의 피스톤이 밖으로 밀려 나가고, 얼음물에 담그면 주사기의 피스톤이 안으로 들어간다.

> **실험으로 알게 된 점** 따뜻한 물에 고무풍선을 씌운 삼각 플라스크를 넣으면 삼각 플라스크 속 공기의 온도가 올라가 부피가 증가하므로 고무풍선이 부풀고, 다시 차가운 물에 넣으면 삼각 플라스크 속 공기의 온도가 내려가 부피가 감소하므로 고무풍선이 쭈그러든다. 유리 주사기 피스톤의 움직임도 같은 원리인데, 따뜻한 물에 유리 주사기를 넣으면 주사기 내부의 공기 온도가 올라가 공기의 부피가 증가하기 때문에 피스톤이 바깥으로 밀려 나며, 반대로 얼음물에 넣으면 주사기 속 공기의 온도가 내려가면서 공기의 부피가 감소하므로 피스톤이 안쪽으로 들어간다. 즉, 온도가 올라가면 기체의 부피가 증가하고, 온도가 낮아지면 기체의 부피는 감소한다.

기체의 성질

산소와 이산화 탄소는 어떻게 발생시킬까? 각각의 기체는 어떤 성질을 가지고 있을까?

104 실험 산소는 어떤 성질이 있는지 알아보기

사람을 비롯한 생물은 살아가는 데 산소가 필요하다. 기체 발생 장치를 통해서 산소를 발생시켜 보고, 산소의 성질과 일상 생활에서 이용되는 예를 알아보자.

준비물 | 링이 부착된 스탠드, 깔때기, 고무관, 고무마개, 가지 달린 삼각 플라스크, 비커, 집기병, 유리판, 이산화 망가니즈, 묽은 과산화 수소수, 약숟가락, 성냥 또는 점화기, 핀치 집게, 핀셋, ㄱ자 유리관, 수조, 물, 실험용 장갑, 보안경

산소 발생 시키기

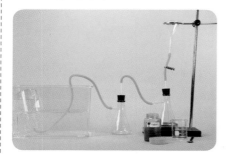

① 기체 발생 장치를 꾸민다.

② 깔때기와 연결된 삼각 플라스크에 물을 조금 넣고, 이산화 망가니즈를 한 숟가락 넣는다.

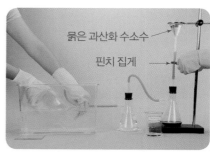

③ 깔때기에 묽은 과산화 수소수를 붓고, 핀치 집게를 조절하여 조금씩 흘려 보낸다.

결과

▲ ㄱ자 유리관 끝에서 산소가 방울방울 나오기 시작한다.

▲ ㄱ자 유리관에서 나온 산소가 모아지면서 집기병 속의 물 높이가 점점 낮아진다.

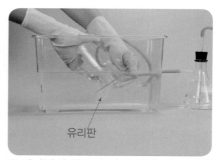

④ 집기병에 산소가 가득 차면, 수조에서 집기병을 유리판으로 덮은 채 꺼낸다.

참고 산소를 물속에서 모을 수 있는 것은 산소가 물에 녹지 않는 성질이 있기 때문이다. 이러한 방법으로 기체를 모으는 방법을 수상 치환이라고 한다.

불순물 제거 장치(트랩 장치)

기체 발생 장치를 통해 나온 기체는 산소뿐만 아니라, 미세한 이산화 망가니즈나 과산화 수소수에 섞인 불순물이 섞여 나온다. 이러한 불순물을 여과시켜 불순물의 양을 최소화하기 위해서 물이 $\frac{4}{5}$쯤 들어 있는 삼각 플라스크를 중간에 설치한다. 이와 같은 장치를 불순물 제거 장치 또는 트랩 장치라고 한다.

트랩 장치

산소의 성질

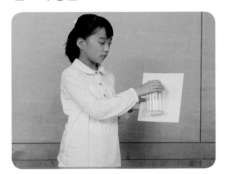

▲ 산소를 모은 집기병에 흰 종이를 대어 보면 산소는 색깔이 없다.

▲ 집기병에 모아진 산소를 손으로 바람을 일으켜 냄새를 맡으면 산소는 냄새가 나지 않는다.

▲ 집기병 속에 깜부기불을 넣으면 꺼져 가던 깜부기불이 살아난다. 산소는 스스로 타지 않고 다른 물질이 타는 것을 도와준다.

산소가 이용되는 예

잠수부의 산소 마스크

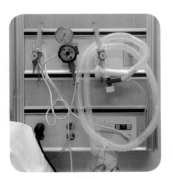

의료용 산소 호흡기

용접

우주선 발사

실험으로 알게 된 점 삼각 플라스크에 약간의 물과 함께 이산화 망가니즈를 넣고 깔때기를 통하여 묽은 과산화 수소수를 조금씩 흘려 보내면 산소가 발생한다. 산소를 모을 때에는 물이 $\frac{2}{3}$ 정도 들어 있는 수조에 물을 가득 채운 집기병을 물속에 거꾸로 세운 다음 ㄱ자 유리관을 집기병에 넣어 모은다. 발생된 산소가 집기병에 모아짐에 따라 집기병 속에 든 물의 높이가 낮아지게 된다. 집기병에 모은 산소의 성질을 알아보면, 산소는 색과 냄새가 없으며 연소를 도와주는 성질이 있음을 알 수 있다. 산소가 이용되는 예는 많은데, 우선 생물의 호흡에 이용된다. 또, 물질을 태워 높은 온도를 내는 데 이용되고, 다른 물질을 태우는 데 이용된다.

초나 알코올을 연소하면 이산화 탄소가 발생한다. 이산화 탄소를 발생시켜 보고, 이산화 탄소의 성질과 일상 생활에서 이용되는 예를 알아보자.

준비물 링이 부착된 스탠드, 깔때기, 고무관, 고무마개, 가지 달린 삼각 플라스크, 비커, 집기병, 유리판, 탄산 칼슘, 묽은 염산, 초, 연소 숟가락, 약숟가락, 성냥 또는 점화기, 석회수, 핀치 집게, ㄱ자 유리관, 수조, 물, 실험용 장갑, 보안경

이산화 탄소 발생시키기

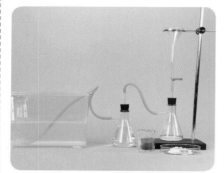

① 기체 발생 장치를 꾸민다.

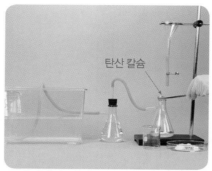

탄산 칼슘

② 깔때기와 연결된 삼각 플라스크에 물을 조금 넣고, 탄산 칼슘을 2~3숟가락 넣는다.

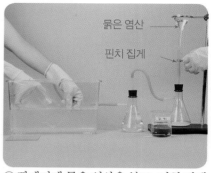

묽은 염산
핀치 집게

③ 깔때기에 묽은 염산을 붓고, 핀치 집게를 조절하여 조금씩 흘려 보낸다.

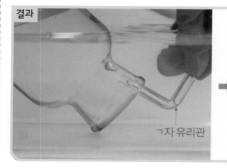

결과

ㄱ자 유리관

▲ ㄱ자 유리관 끝에서 이산화 탄소가 방울방울 나오기 시작한다.

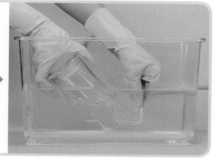

▲ ㄱ자 유리관에서 나온 이산화 탄소가 모아지면서 집기병 속의 물 높이가 점점 낮아진다.

유리판

④ 집기병에 이산화 탄소가 가득 차면, 수조에서 집기병을 유리판으로 덮은 채 꺼낸다.

과학자의 눈
하방 치환으로 이산화 탄소 모으기

물속에서 이산화 탄소를 모을 수 있는 것은 산소와 같이 이산화 탄소가 물에 잘 녹지 않는 성질을 이용한 것이다. 이산화 탄소가 공기보다 무거운 성질을 이용한 하방 치환을 통해서도 이산화 탄소를 모을 수 있다. 하방 치환으로 모을 수 있는 기체는 염화 수소와 이산화 탄소 등이다. 오른쪽 그림과 같이 집기병에 ㄱ자 유리관을 넣으면 공기보다 무거운 이산화 탄소가 아래로 가라앉아 모을 수 있다. 하지만 실험에서 하방 치환 대신 수상 치환을 이용하는 이유는 하방 치환을 할 경우 집기병에 모인 이산화 탄소의 양을 확인하기 어렵기 때문이다. 수상 치환을 하면 기체가 모이면서 집기병 속에 채워져 있던 물의 높이가 낮아지기 때문에 기체가 모아지는 양을 확인할 수 있다.

하방 치환

이산화 탄소의 성질

▲ 이산화 탄소를 모은 집기병 뒤에 흰 종이를 대어 보면 이산화 탄소는 색이 없다.

▲ 집기병에 모아진 이산화 탄소의 냄새를 맡으면 이산화 탄소는 냄새가 없다.

▲ 집기병 속에 촛불을 넣으면 촛불이 바로 꺼진다. 이산화 탄소는 물질이 타는 것을 막는다.

◀ 이산화 탄소를 모은 집기병에 석회수를 넣고 흔들면 뿌옇게 흐려진다.

한 종이컵에 이산화 탄소를 부으면 공기보다 ▶ 무겁기 때문에 종이컵이 아래로 기운다.

이산화 탄소가 이용되는 예

탄산 음료의 제조

이산화 탄소 소화기

드라이아이스

식물의 광합성

실험으로 알게 된 점 삼각 플라스크에 약간의 물과 함께 탄산 칼슘을 넣고, 깔때기를 통하여 묽은 염산을 조금씩 흘려 보내면 이산화 탄소가 발생한다. 순수한 이산화 탄소를 모으기 위해 수상 치환 방법을 이용한다. 색과 냄새가 없고 공기보다 무거우며, 촛불이 꺼지고 석회수를 뿌옇게 하는 성질이 있다. 이산화 탄소는 우리 생활에 많이 이용되며 특히 식물의 광합성에 꼭 필요하다.

과학자의 눈
이산화 탄소 소화기

우리가 사용하는 소화기에는 물 소화기, 이산화 탄소 소화기, 분말 소화기 등 여러 가지 종류가 있다. 이 중 이산화 탄소 소화기는 용기 내부에 이산화 탄소가 매우 높은 압력으로 압축되어 액체 상태로 충전되어 있기 때문에 비교적 무거운 편이다.

화재가 발생했을 때 소화기에서 이산화 탄소가 분사되면 이산화 탄소가 불 주위를 감싸 산소를 차단함으로써 연소가 되지 않아 불을 끌 수 있다.

어떤 원인에 의한 화재인지에 따라 사용되는 소화기가 다른데, 이산화 탄소 소화기는 보통 전기 화재 진압에 사용된다.

이산화 탄소 소화기

 조사 **우리 생활에 이용되는 기체 알아보기**

우리 주변의 공기는 여러 가지 기체가 섞여 있는 혼합물이다. 우리 생활에서 이용되는 기체의 종류와 성질, 그 쓰임새를 알아보자.

> **준비물** 기체가 사용된 생활 용품 사진 자료

공기 중의 여러 가지 기체

- 질소
- 산소
- 아르곤
- 이산화 탄소
- 기타

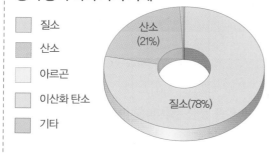
산소 (21%)
질소(78%)

◀ 우리 주변의 공기는 질소, 산소, 아르곤, 이산화 탄소 등 여러 가지 기체가 섞여 있는데, 공기의 대부분은 질소(78%)와 산소(21%)로 이루어져 있다. 이외에도 아르곤, 이산화 탄소, 수소, 네온, 헬륨 등의 기체가 섞여 있다.

여러 가지 기체의 성질과 이용

기체	성질	이용
산소	• 색과 냄새가 없으며, 생물의 호흡에 필요하다. • 연소를 도와준다.	산소 호흡(환자, 잠수부, 전투기 조종사), 용접용 가스, 우주선 추진 연료
질소	• 색과 냄새가 없으며, 공기 중의 78%를 차지한다. • 인체에 무해하다.	식품 포장이나 과자 봉지의 충전 가스, 전구 속의 필라멘트 보호제
이산화 탄소	• 색과 냄새가 없으며, 공기보다 무겁다. • 연소를 방해하며, 석회수를 뿌옇게 한다.	탄산음료 제조, 액체 소화제, 드라이아이스, 소화기
헬륨	색과 냄새가 없으며, 공기보다 가볍다.	잠수부 호흡 가스, 기구나 비행선의 주입 가스
수소	• 색과 냄새가 없으며, 공기보다 매우 가볍다. • 연소할 때 많은 에너지가 방출된다.	수소 연료 전지
천연가스	• 색과 냄새가 없으며, 공기보다 가볍다. • 연소할 때 유해 물질이 적게 발생한다.	가정용 가스레인지 연료(LNG, LPG)
아르곤	색과 냄새가 없으며, 다른 물질과 잘 반응하지 않아 안정적이다.	백열등 또는 형광등과 같은 전구의 주입 가스
네온	색과 냄새가 없으며, 낮은 압력에서 전기를 통해주면 빛을 낸다.	네온사인용 기체

여러 분류 기준에 의한 기체 분류

분류 기준	기체의 종류
공기를 구성하는 기체	질소, 산소, 아르곤, 이산화 탄소 등
연료로 쓰이는 기체	천연가스(LNG, LPG), 뷰테인 가스, 메테인 가스, 수소 등
조명 기구에 쓰이는 기체	아르곤, 네온 등

조사로 알게된 점 공기는 여러 가지 기체로 이루어져 있고, 각각의 기체는 독특한 성질이 있다. 기체의 독특한 성질을 활용하여 우리 생활에 기체를 이용한다.

산소를 얻는 방법

묽은 과산화 수소수와 이산화 망가니즈를 이용하여 산소를 얻는 방법 외에도 우리 주위에서 쉽게 구할 수 있는 물질들을 이용하여 산소를 얻을 수 있다.

준비물 비닐봉지, 표백제, 강판, 감자, 실, 강철솜, 연소 숟가락, 점화기, 집기병, 유리판

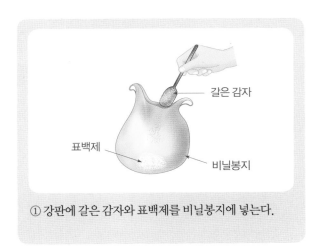

① 강판에 갈은 감자와 표백제를 비닐봉지에 넣는다.

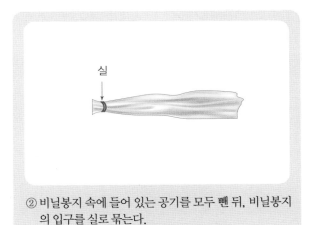

② 비닐봉지 속에 들어 있는 공기를 모두 뺀 뒤, 비닐봉지의 입구를 실로 묶는다.

③ 2~3시간 뒤에, 감자와 표백제가 반응하여 발생한 산소가 비닐봉지를 가득 채워 부풀어 오른다.

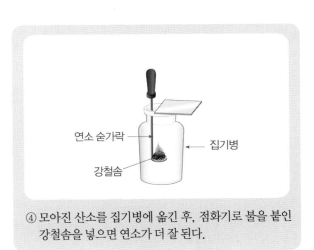

④ 모아진 산소를 집기병에 옮긴 후, 점화기로 불을 붙인 강철솜을 넣으면 연소가 더 잘 된다.

참고 비닐봉지 대신 유리병을 사용해도 된다. 유리병을 사용할 경우 유리병 속에 표백제와 강판에 갈은 감자를 넣고 고무풍선으로 입구를 막아 고무풍선의 변화를 관찰한다.

갈은 감자
+
표백제

연소

물질이 타기 위해서는 무엇이 필요할까? 불을 끄는 방법은 무엇이고, 화재가 발생하면 어떻게 해야 할까?

 실험 **거품 속에 불꽃 넣어 보기**

불꽃을 넣으면 불이 더 잘 타는 거품을 통해 물질이 타는 데 도움을 주는 물질에 대해 알아보자.

> 준비물 삼각 플라스크, 비커, 약숟가락, 유리 막대, 수조, 향, 점화기, 식용 색소, 물비누, 묽은 과산화 수소수, 아이오딘화 칼륨, 보안경, 실험용 장갑, 모래 상자나 소화기

① 수조 안에 삼각 플라스크를 세우고 삼각 플라스크에 묽은 과산화 수소수 60mL와 물비누 15mL를 넣는다.
② 삼각 플라스크에 식용 색소를 조금 넣고 유리 막대로 젓는다.

③ 약숟가락을 이용하여 삼각 플라스크에 아이오딘화 칼륨을 한 숟가락 넣는다.

④ 거품이 충분히 발생하면 거품 속에 향불을 넣어 본다.

결과

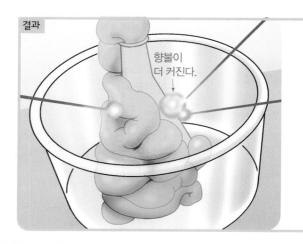

향불이 더 커진다.

묽은 과산화 수소수와 아이오딘화 칼륨이 반응하면 산소가 발생한다.

⬇

산소가 발생하며 생기는 공기 방울에 의해 비누 거품이 생겨 삼각 플라스크를 채워 밖으로 빠져나간다.

⬇

향불을 거품에 가까이 가져가면 향불이 더 커지며, 이는 거품 속에 산소가 들어 있기 때문이다.

> **실험으로 알게 된 점** 묽은 과산화 수소수와 아이오딘화 칼륨이 반응하여 생긴 산소에 의해 생긴 거품에 향불을 가까이 가져가면 불꽃이 커진다. 이는 거품 속에 산소가 들어 있기 때문으로 산소가 물질이 타는 데 도움을 준다는 것을 알 수 있다.

초는 타면서 밝은 빛을 내고 촛불 가까이 손을 대면 따뜻한 열이 전해진다. 이외에 초가 탈 때 어떤 현상들이 나타날지 알아보자.

준비물 초

물질 · 연소와 소화

촛불 끝 부분에 연기가 난다.

촛불의 불꽃 색은 위치에 따라 다르다.

심지의 색깔은 윗부분은 검은색, 아랫부분은 흰색이다.

초가 녹아 액체가 된다.

액체 상태인 촛농이 흐르다가 굳는다.

손바닥을 촛불 옆에 대면 따뜻 하지만 촛불 위에 대면 매우 뜨 겁다.

앞에서 본 초

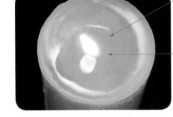

심지 근처의 초가 먼저 녹기 시작 한다.

둥근 모양으로 초가 패이고 액체 상태인 촛농이 고여 있다.

위에서 본 초

촛불 크기의 변화는 거의 없다.

심지의 길이는 변화가 거의 없다.

시간이 지날수록 초의 길이가 짧아진다.

시간에 따른 초의 모양 변화

관찰로 알게 된 점 초가 탈 때는 빛과 열을 낸다. 촛불의 불꽃색은 위치에 따라 다르다. 시간이 지나면서 초의 길이는 짧 아지지만 촛불의 크기, 심지의 길이는 변화가 거의 없다.

과학자의 눈

초는 어떤 상태의 물질이 타는 것일까?

초는 파라핀으로 이루어진 물질로 상온에서는 고체 상태로 존재한다. 파라 핀은 탄화 수소 계열로 탄소와 수소의 결합물이다. 고체 상태의 파라핀이 불 꽃에 의해 가열되면 액체 상태로 되었다가 기체 상태로 변한다. 이때 투명하 고 가는 유리관의 한쪽 끝을 촛불의 심지 부근에 대고 다른쪽 끝에 불을 대면 유리관을 따라 올라온 기체에 불이 붙는다. 즉, 초는 고체 상태가 아닌 기체 상태의 파라핀이 타는 것이다.

따라서 초의 심지에 불을 붙일 때 약간의 시간이 지난 후 불이 붙는 이유는 고체 상태인 파라핀이 기체 상태로 변할 때까지 시간이 걸리기 때문이다.

기체 파라핀의 연소

초가 탈 때 밝은 빛과 따뜻한 열이 발생한다. 이처럼 우리 생활에서 물질이 타는 다양한 예를 알아보고 공통점을 찾아보자.

준비물 물질이 타는 예 사진

나무

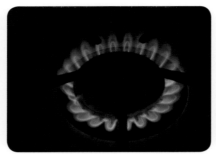
가스

초

성냥

알코올

석유

물질이 탈 때의 공통점과 차이점

공통점	차이점
• 물질이 타고 있는 모습이 비슷하다. • 열과 빛을 내면서 탄다. • 주변이 따뜻해지고 밝아진다.	• 타는 물질이 다르다. • 불꽃의 색이 다르다.

연소란?

물질이 빛과 열을 내면서 타는 현상

우리 주변에서 불을 이용하는 예

▲ 숯불을 이용하여 고기를 굽는다.

▲ 가스레인지를 이용하여 음식을 익힌다.

▲ 가스보일러를 이용하여 난방을 한다.

▲ 장작을 이용하여 캠프파이어를 한다.

조사로 알게 된 점 생활 속에서 나무, 가스, 초, 성냥, 알코올, 석유, 기름 등이 탈 때 빛과 열을 낸다. 이러한 물질들을 '탈물질'이라 하고 타는 성질을 이용하여 불을 밝히거나 음식을 하거나, 난방, 캠프파이어 등을 한다.

110 실험 공기는 물질이 타는 데 어떤 영향을 끼치는지 알아보기

물질이 연소하기 위해서 무엇이 필요할까? 공기의 양을 조절하며 촛불이 꺼지는 이유를 알아보자.

준비물 초, 집기병, 높이는 같고 크기가 다른 페트병, 점화기, 고무찰흙

집기병을 덮었을 때의 촛불의 변화

▲ 원래의 불꽃 크기

▲ 집기병을 살짝 덮으면 불꽃이 작아진다.

집기병

▲ 집기병을 약간 들어올리면 불꽃이 다시 커진다.

▲ 집기병을 완전히 덮으면 촛불이 꺼진다.

페트병의 크기에 따른 촛불이 꺼지는 시간 비교

페트병

초

고무찰흙

① 크기와 모양이 같은 초 2개와 고무찰흙, 높이가 같고 크기가 다른 페트병을 준비한다.

고무찰흙

② 초를 고무찰흙으로 고정시키고 불을 붙인다.

③ 크기가 다른 페트병을 덮어 촛불이 꺼지는 시간을 비교한다.

결과

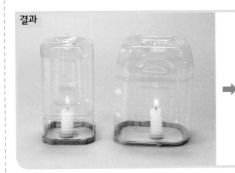 →  →

▲ 크기가 작은 페트병 속의 촛불이 먼저 꺼지고 크기가 큰 페트병 속의 촛불이 나중에 꺼진다.

실험으로 알게된 점 집기병의 상태에 따라 공급되는 공기(산소)의 양이 다르기 때문에 불꽃의 크기가 달라진다. 집기병을 완전히 덮었을 때 촛불이 꺼지는 이유는 공기(산소)가 더이상 공급되지 않기 때문이다. 또한 페트병의 크기는 공기(산소)의 양과 관련이 있고, 공기의 양에 따라 연소 시간이 다른데 공기의 양이 많을수록 연소 시간이 길어진다. 즉, 물질이 연소하기 위해서는 탈 물질과 산소가 필요하다.

페트병 속 촛불을 꺼지지 않게 하는 방법은 무엇일까? 구멍을 낸 페트병을 이용하여 어떻게 하면 촛불이 계속 탈 수 있는지 알아보자.

준비물 초, 페트병, 색테이프, 고무찰흙, 점화기

① 페트병 밑면을 자르고, 세 곳에 지름이 1cm인 구멍을 뚫는다.

② 구멍이 난 부분을 색테이프로 막는다.

③ 페트병의 자른 면에 고무찰흙을 두른다.

④ 초에 불을 붙이고 페트병을 덮는다.

초가 타는 모습

결과

위쪽 구멍만 막았을 때

아래쪽 구멍만 막았을 때

가운데 구멍만 막았을 때

◀ 위쪽 구멍과 아래쪽 구멍을 열었을 때, 초가 오래 타고 불꽃이 크다.

향 연기의 움직임 관찰

결과

▲ 아래쪽 구멍에 향을 넣으면 향 연기가 위로 올라가고, 위쪽 구멍에 향을 넣으면 향 연기가 밖으로 나온다.

실험으로 알게된 점 페트병에 낸 구멍 중 위쪽과 아래쪽을 모두 열었을 때 촛불이 잘 타고, 이때 향을 이용하여 공기의 흐름을 살펴보면 촛불 주위의 공기는 아래쪽에서 들어와 위로 이동함을 알 수 있다. 즉, 촛불에 의해 데워진 공기는 위로 올라가고 새로운 공기가 아래쪽 구멍에서 계속 들어오는 것을 알 수 있다. 따라서 촛불이 계속 연소하려면 새로운 공기가 계속 공급되어야 한다.

과학자의 눈

꺼진 불씨도 다시 살려요.

물질이 연소할 때 반드시 필요한 것이 공기 중의 산소이다. 일상 생활에서 낙엽을 태우거나 아궁이에 불을 붙일 때 바람을 불어 넣는 이유는 바람을 이용하여 탈 물질이 잘 연소할 수 있도록 산소의 공급을 원활하게 하기 위해서이다.

우리 생활 주변에서 이러한 공기의 양을 조절하여 연소가 잘 되게 도와주거나 불꽃의 크기를 조절하는 것에는 가스레인지의 공기 조절 밸브, 난로의 공기 양 조절 구멍, 숯불 조절 밸브 등이 있다.

숯불 조절 밸브

112 실험 불을 붙이지 않고 물질을 태우는 방법 알아보기 1

물질을 태우기 위해서는 반드시 성냥이나 점화기로 불을 붙여야 할까? 불을 붙이지 않고도 물질을 태울 수 있는지 알아보자.

준비물 돋보기, 철판, 목장갑, 검은색 종이, 성냥

① 철판 위에 검은색 종이를 붙이고, 그 위에 성냥의 머리 부분만 올려놓는다.

② 철판 위에 검은색 종이를 붙이고, 그 위에 성냥의 나무 부분만 올려놓는다.

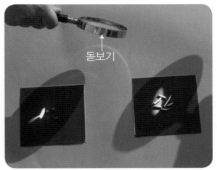

③ 돋보기를 이용하여 동시에 성냥 머리와 나무 부분에 햇빛을 모은다.

결과

▲ 성냥 머리 부분만 올려놓은 곳에서는 성냥 머리 부분이 먼저 타고, 성냥의 나무 부분만 올려놓은 곳에서는 나무보다 검은색 종이가 먼저 탄다.

실험으로 알게 된 점 불을 붙이지 않아도 돋보기로 햇빛을 모아 물질을 태울 수 있다. 즉, 물질이 연소하기 시작하는 온도가 되면 물질이 타기 시작한다. 이 온도를 발화점이라고 한다. 물질이 연소하려면 탈 물질과 산소, 발화점 이상의 온도가 필요하다. 또, 성냥 머리가 먼저 불이 붙는 것을 보아 발화점은 물질마다 다름을 알 수 있다.

과학자의 눈

햇빛을 잘 모으면 섭씨 850℃까지 올라가요.

기구를 이용하여 햇빛을 모으면 온도가 몇 도까지 올라갈까? 한국 에너지 기술원 태양열·지열 연구 센터에서 만든 접시형 태양열 집광 시스템을 이용하면 850 ℃ 까지 올릴 수 있다. 이 접시형 태양열 집광 시스템의 지름은 7.8m로 50개의 유리판을 붙여 만들었다. 빛이 잘 반사되려면 유리가 얇아야 하는데, 두께가 3.2mm이고 철분 함유량이 적은 투명 유리로 만들어졌다. 또한 유리는 햇빛을 잘 반사시켜 한 곳에 모을 수 있도록 바람이나 비·우박 등에 긁히고 부식될 가능성이 적은 은으로 뒷면을 코팅했다. 접시형 태양열 집광 시스템은 돋보기로 햇빛을 모아 나무나 옷을 태우는 것과 같은 원리이다. 거대한 접시형 태양열 집광 시스템에서 반사되는 모든 빛을 한 곳에 모아 고온을 얻을 수 있도록 한 것이다.

접시형 태양열 집광 시스템

철판 위에 여러 가지 물질을 올려놓고 알코올램프로 철판을 가열하여 각 물질의 발화점을 비교해 보자.

준비물 철판, 성냥, 종이, 알코올램프, 삼발이, 점화기

불을 붙이지 않고 물질 연소시키기

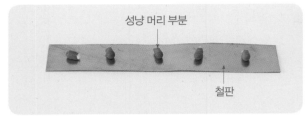

① 철판 위에 일정한 간격으로 성냥의 머리 부분을 놓는다.

② 알코올램프를 이용해 철판 모서리 부분을 가열한다.

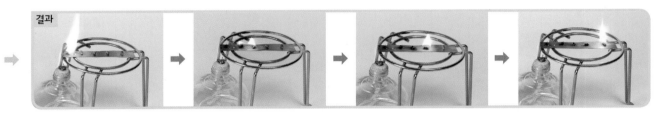

▲ 알코올램프에 가까운 부분부터 불이 붙기 시작한다.

여러 물질의 발화점 비교하기

① 철판 중심을 기준으로 원을 그리며 일정한 간격으로 성냥의 머리 부분과 나무 부분, 종이를 놓는다.

② 알코올램프 불꽃을 철판 중심에 놓고 철판을 가열한다.

▲ 성냥의 머리 부분, 종이 순으로 타기 시작한다. 나무 부분은 불이 붙지 않고 까맣게 변해간다. 철판이 타지 않는 것은 철의 발화점에 도달하지 못하였기 때문이다.

실험으로 알게 된 점   철판을 가열하면 열이 전도되면서 알코올램프 불꽃과 가까운 쪽의 철판부터 온도가 먼저 올라간다. 이때 철판의 온도가 물질의 발화점 이상으로 올라가면 물질이 연소하기 시작한다. 알코올램프와 가까운 곳부터 온도가 높아지기 때문에 알코올램프와 가까운 물질부터 연소한다. 알코올램프의 불꽃을 중심으로 같은 거리에 있는 성냥의 머리 부분, 나무 부분, 종이의 발화점이 다르기 때문에 타기 시작하는 시점이 다르다. 발화점이 낮은 물질부터 연소하기 때문에 성냥의 머리 부분 → 종이 → 나무 부분 순으로 물질이 연소한다.

나무가 불에 타면 재로 남는 것처럼 물질이 연소되면 연소 전과 다른 물질이 생긴다. 초, 알코올, 나무, 철솜을 연소시킬 때 어떤 물질이 생기는지 알아보자.

준비물 초, 알코올, 나무, 철솜, 연소 숟가락, 집기병, 점화기, 유리판, 스포이트, 석회수, 염화 코발트 종이, 실험용 장갑, 보안경

물질·연소와 소화

푸른색 염화 코발트 종이는 물을 만나면 붉게 변해요.

석회수는 이산화 탄소를 만나면 뿌옇게 변해요.

① 연소 숟가락을 이용하여 각 물질(초, 알코올, 나무, 철솜)에 불을 붙여 연소시킨 후 유리판을 덮는다.

② 물질을 연소시킨 집기병의 안쪽 벽면에 푸른색 염화 코발트 종이를 대어 본다.

③ ①의 과정을 다시 한 후 집기병에 석회수를 넣어 흔든다.

초 연소

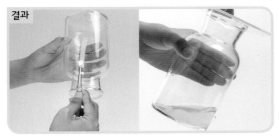

▲ 염화 코발트 종이는 붉게 변하고, 석회수는 뿌옇게 흐려진다.

나무 연소

나무는 타고 나면 재가 남아요.

▲ 염화 코발트 종이는 붉게 변하고, 석회수는 뿌옇게 흐려진다.

알코올 연소

▲ 염화 코발트 종이는 붉게 변하고, 석회수는 뿌옇게 흐려진다.

철솜 연소

철솜은 타고 나면 성질이 변해요.

▲ 염화 코발트 종이가 변하지 않고, 석회수에도 변화가 없다.

실험으로 알게된 점 초와 알코올, 나무 등 일반적인 물질은 연소할 때 물과 이산화 탄소를 생성한다. 하지만 철솜은 연소할 때 물과 이산화 탄소를 생성하지 않는다. 탈 물질인 초와 알코올은 연소 후 물질을 남기지 않지만, 나무는 재를, 철솜은 기존의 성질과 다른 철을 생성한다.

소화

물질이 연소하기 위해서는 탈 물질, 산소, 발화점 이상의 온도가 필요하다. 그렇다면 불을 끄기 위해서는 어떻게 해야 할까?

115 실험 불을 끄는 방법 알아보기

물질이 연소하기 위해서는 탈 물질, 산소, 발화점 이상의 온도, 이 세 조건이 반드시 필요하다. 하지만 연소의 조건 중 한 가지 이상의 조건만 제거하여도 불은 꺼지는데, 이를 소화라고 한다. 촛불을 이용하여 다양한 소화의 방법을 알아보자.

> **준비물** 초, 점화기, 알루미늄 포일, 컵, 빨대, 가위, 분무기, 물, 고무찰흙, 드라이아이스, 걸레, 구리선, 집기병

탈 물질 제거

▲ 기체 상태의 탈 물질이 입김에 날아간다.

▲ 알루미늄 포일로 인해 탈 물질을 공급받지 못한다.

▲ 심지를 통해 올라오는 액체 상태의 탈 물질의 공급을 차단한다.

산소 공급 차단

▲ 주변의 산소 공급을 차단한다.

▲ 젖은 걸레가 산소의 공급을 차단한다.

▲ 이산화 탄소가 산소 공급을 차단한다.

발화점 이하의 온도

▲ 물로 인하여 발화점 이하의 온도로 내려간다.

▲ 구리선에 의하여 발화점 이하의 온도로 내려간다.

과학자의 눈
산불 저지선의 중요성

우리나라 주요 사찰들은 대부분 산 속에 자리잡고 있기에 산불로 인한 화재가 발생할 경우 큰 피해가 발생할 수 있다. 그 예로 2005년 우리나라의 유명한 사찰 중에 하나인 낙산사가 산불에 의해 21채의 건물이 불타고 보물로 지정된 낙산사 동종이 분실되는 사건이 발생하였다. 우리나라 국토의 65%에 해당하는 산간 지역의 화재에 의한 피해를 줄이기 위해서는 산불 저지선을 구축하여 주요 문화재 보호 및 산림 보호에 힘써야 할 것이다.

낙산사 화재

생활 속에서의 소화

▲ 모래나 이불, 소화기 등을 이용하여 산소의 공급을 차단한다.

▲ 가스레인지의 가스, 나무 등의 탈 물질을 제거한다.

▲ 알코올램프 뚜껑을 이용하여 발화점 이하의 온도로 낮추고, 산소의 공급을 차단한다.

▲ 물을 이용하여 발화점 이하의 온도로 낮추고, 산소의 공급을 차단한다.

실험으로 알게된 점 소화의 조건은 연소의 세 조건인 탈 물질, 산소, 발화점 이상의 온도 중 한 가지 이상을 제거하면 된다. 즉, 가스레인지의 밸브를 잠그는 것은 탈 물질 제거, 작은 화재가 난 곳에 모래나 이불, 소화기를 이용하는 것은 산소 공급 차단, 물을 뿌리는 것은 발화점 이하의 온도로 낮추고 산소의 공급을 차단하기 위한 것이다.

화재는 때와 장소를 가리지 않고 발생한다. 화재는 재산 피해뿐만 아니라 인명 피해까지 발생하기 때문에 화재가 발생했을 때 적절한 대처 방안이 필요하다. 화재가 발생했을 때 어떻게 대처해야 할지 조사하여 알아보자.

화재 발생의 주요 원인

▲ 불장난

▲ 산에서 담배 꽁초 버리기

▲ 문어발식 콘센트 사용

▲ 연소되기 쉬운 물질의 관리 잘못

소화기 사용 방법

① 화재가 난 곳으로 소화기를 가져간다.

② 손잡이 부분의 안전핀을 뺀다.

③ 바람을 등지고 호스를 불쪽으로 향하게 한다.

④ 소화기의 손잡이를 잡아당기며 불을 끈다.

과학자의 눈
우리 주위의 소방 시설

우리가 쉽게 사용할 수 있는 소방 시설물에는 간이 소화기가 있으며, 최근에는 건물을 지을 때 화재가 발생할 경우 자동으로 물을 분사시키는 스프링쿨러 설치를 의무화하고 있다. 또한 넓은 공공 장소에서는 화재로 인한 2차 피해를 줄이기 위해 소방 셔터, 비상구 표시등, 휴대용 비상 조명등을 곳곳에 설치해 두고 있다.

공공 장소에서의 소방 시설

 소화전

 소방 셔터

 수막밸브함

 비상구 표시등

 휴대용 비상 조명등

화재 발생 시 행동 요령

옥상이나 높은 곳으로 올라가 큰 목소리로 주변에 알린다.

불이 난 곳으로 내려가지 않는다.

비상벨을 누르고, 119에 화재 신고를 한다.

엘리베이터를 이용하지 않는다

비상벨

119

코를 막고 엎드려 이동한다.

엘리베이터 대신 계단을 이용한다.

가구 밑으로 들어가지 않는다.

손잡이가 뜨거울 수 있기 때문에 직접 만지지 않는다.

조사로 알게된 점 화재는 대부분 사람들의 부주의에 의해서 발생한다. 화재의 초기 단계에서는 소화기를 이용한 화재의 조기 진압이 중요하다. 또한 화재가 발생했을 때 침착하게 행동하여 인명 피해를 줄일 수 있도록 노력해야 한다.

가정에서의 소방 시설

간이 소화기

아파트 내 소화전

건물 천장의 스프링쿨러

물질 · 연소와 소화

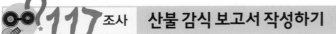

117 조사 | 산불 감식 보고서 작성하기

산불이 발생하면 산불의 발화 지점을 찾기 위한 조사가 시작된다. 산불의 진행 방향을 반대로 찾아가면 최초의 발화 지점을 찾을 수 있다. 이러한 조사를 하는 사람을 산불 감식 전문가라고 한다. 산불 감식 전문가는 어떻게 산불의 진행 방향을 조사할까? 산불 감식 전문가처럼 산불 감식 보고서를 작성하는 방법을 알아보자.

준비물 산불 감식 관련 자료

산불 감식 지표

산불 진행 방향

깡통에 남은 흔적
불이 먼저 닿은 부분에 그을음이 남거나 변색된다.

산불 진행 방향

탄 나무에 남은 흔적
불이 진행하는 반대 방향에 더 많은 그을음이 남는다.

산불 진행 방향

돌에 남은 흔적
불이 먼저 닿은 부분에 그을음이 생기고 열에 의해서 모양이 달라진다.

산불 진행 방향

풀에 남은 흔적
그을음이 더 길게 생겼다는 것은 불이 먼저 닿았다는 것을 뜻한다.

> **참고** 산불 감식 보고서 작성 방법
> ① 산불이 난 곳에 대한 기초 자료를 읽는다.
> ② 산불 진행 감식 지표로 사용할 수 있는 깡통, 나무, 돌멩이, 풀 등을 현장에서 찾는다.
> ③ 찾은 지표를 분석한다.
> ④ 화재의 진행 방향을 추리한다.
> ⑤ 화재의 원인을 추리한다.
> ⑥ 화재로 인한 피해를 분석한다.

조사로 알게 된 점 산불이 일어난 원인과 산불의 진행 방향을 조사하기 위해서는 산불 진행 감식 지표를 활용한다. 깡통, 돌멩이 등 불이 잘 타지 않는 물질들은 산불 진행 방향으로 그을음이 생기고, 나무와 같이 잘 타는 물질은 산불 진행 방향 반대쪽으로 그을음이 생긴다. 이러한 지표를 이용하여 산불의 진행 방향, 원인을 추리하고 피해를 분석할 수 있다.

과학자의 눈
산불 감식 전문가, 그는 누구인가?

우리나라에 산불 감식 전문가가 탄생한 것은 2005년이다. 그 이전에는 산불 발생과 관련된 전문가가 없어 산불이 발생했을 때 명확한 원인을 규명하는 데 어려움이 있었다. 우리나라의 산불 감식 전문가는 호주 산불 소방청에서 교육을 받은 후 국제 인증서를 획득하여 산불 감식 전문가가 되었다. 이들은 산불 감식 지표를 이용한 산불 진행 방향, 발화 지점 추적, 산불 원인 규명, 현장 보전, 증거 확보 방법, 방화 심리, 현장 조사 보고 작성법 등을 교육받았다. 이로써 우리나라도 산불 발생 지점을 찾거나 원인을 규명함에 있어 과학적인 체계를 갖추게 된 것이다.

산불 감식 전문가의 활동

화재의 종류에 따라 소화기도 달라져요

소화기는 화재의 초기 단계에서 1차적으로 화재를 진압할 때 사용할 수 있으며, 운반해서 불을 끌 수 있는 기구를 의미한다. 소화기는 사용하는 약품이나 방법에 따라 다양한 종류로 나누며, 현재 일반적으로 사용하는 소화기에는 포말 소화기, 분말 소화기, 할론 소화기, 이산화 탄소 소화기 등이 있다.

포말 소화기

포말 소화기는 소화기를 거꾸로 흔들면 속에 있는 탄산수소 나트륨 용액과 황산 알루미늄 용액이 화학 반응을 일으켜 이산화 탄소와 수산화 알루미늄이 생기는데, 이때 이산화 탄소의 거품과 수산화 알루미늄의 거품이 공기의 공급을 차단한다. 이 소화기는 목재, 섬유 등 일반 화재뿐만 아니라 가솔린 등의 유류나 화학 약품 화재에 적당하지만 전기 화재에는 적당하지 않다.

분말 소화기

분말 소화기는 질소나 이산화 탄소 등 불에 잘 타지 않는 기체의 고압 가스를 이용하여 소화 약품인 탄산수소 나트륨 분말이나 제 1 인산암모늄 분말을 뿌리는 것이다. 이 소화기는 분말이 불에 닿아 분해되면서 이산화 탄소나 여러 가지 기체를 발생하여 공기를 차단하는 것으로 유류, 전기, 화학 약품 화재에 적당하다. 또한 이 소화기는 사용 직후 반드시 용기를 거꾸로 하여 남은 가스를 방출시키고 충전된 고압 가스 용기를 교체하여 분말이 충전된 상태에서 보관해야 한다.

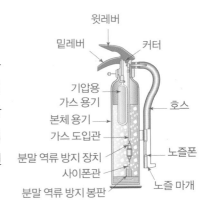

할론 소화기

할론 소화기는 할론 가스를 소화 약품으로 사용하는 것으로, 일반 화재 및 유류, 화학 약품, 전기, 가스 등 화재 전반에 걸쳐 다양하게 사용된다.
사용 시 주의할 점은 내용물이 가압된 상태이므로 49℃ 이상의 온도에는 노출시키지 말아야 한다.

이산화 탄소 소화기

이산화 탄소 소화기는 이산화 탄소를 액화하여 충전한 것으로 액체 상태의 이산화 탄소가 용기에서 방출되면 고체 상태인 드라이아이스로 변하면서 화재가 난 곳을 이산화 탄소 가스로 덮어 공기의 공급을 차단한다. 또한 드라이아이스 상태의 온도가 −78.5 °C까지 급격히 낮아져 냉각 효과도 크다. 다만 방출 노즐을 잡으면 동상을 입을 염려가 있으므로 반드시 손잡이를 잡아야 한다.

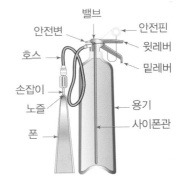

물질 · 연소와 소화

에 너 지

start!

온도와 열

온도와 열

고체에서 열의 이동

액체와 기체에서 열의 이동

과학의 광장

물체의 속력

물체의 운동

물체의 속력

속력과 안전

과학의 광장

'에너지'란 물체가 일을 할 수 있는 능력으로 우주 전체 모든 물질 사이간의 운동과 특성을 연구합니다. 소리와 빛을 포함하는 파동, 힘과 운동, 전기와 자기, 열에너지 등 모든 만물의 원리를 탐구해 봅시다.

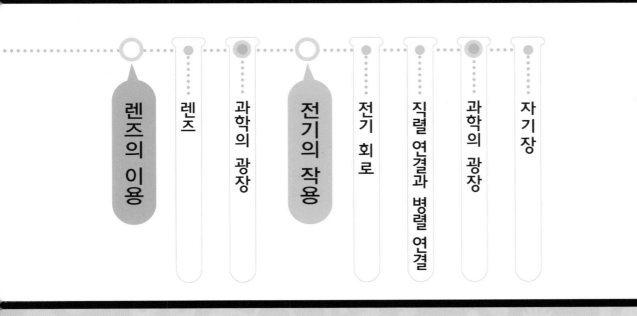

렌즈의 이용

렌즈

과학의 광장

전기의 작용

전기 회로

직렬 연결과 병렬 연결

과학의 광장

자기장

온도와 열

차갑고 따뜻한 정도를 어떻게 표현할까? 물체의 온도는 시간에 따라 어떻게 달라질까?

118 실험 신기한 열 변색 붙임 딱지 만들기

차갑거나 따뜻한 정도에 따라 색깔이 쉽게 변하는 물질이 있다. 이러한 성질을 가진 물감을 사용하여 열 변색 붙임 딱지를 만들어 보자.

> **준비물** 동물 밑그림 붙임 딱지, 저온용·고온용·체온용 열 변색 물감 각 한 통, 붓, 페트리 접시, 차가운 물, 따뜻한 물, 미지근한 물, 비커, 면장갑

열 변색 붙임 딱지 만들기

① 동물 밑그림 붙임 딱지를 준비한다.

② 세 가지 열 변색 물감으로 동물 밑그림을 색칠하고 말린다.

③ 열 변색 물감이 마르면 붙임 딱지를 떼어 낸다.

온도가 다른 물에 열 변색 붙임 딱지 붙이기

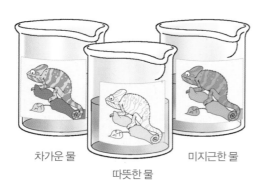

차가운 물   따뜻한 물   미지근한 물

열 변색 물감	저온용	고온용	체온용		
변색 온도(℃)	10	40	10	28	40
색깔 변화	●→●	●→○	●→●→●		

열 변색 물감의 변색 온도

▲ 물의 온도와 열 변색 물감의 변색 온도에 따라 동물의 색깔이 다양하게 나타난다.

> **실험으로 알게 된 점** 열 변색 물감은 온도에 따라 다른 색깔을 띠는 물감으로 붙임 딱지에 물감을 칠한 후 말리면 열 변색 붙임 딱지가 된다. 열 변색 붙임 딱지를 온도가 다른 물질에 붙이면 온도에 따라 색깔이 다양하게 나타난다.

우리 주변에는 차갑고 따뜻한 것이 있다. 차갑고 따뜻한 정도를 숫자로 나타낸 것을 **온도**라고 한다. 온도를 알기 위해서는 직접 손으로 만져 보거나 도구를 이용할 수 있다. 차갑고 따뜻한 물체의 느낌을 말해 보고, 온도계로 온도를 측정해 보자.

준비물 찬물, 따뜻한 물, 미지근한 물, 온도계, 수조

① 한 손은 찬물에, 다른 손은 따뜻한 물에 10초 정도 담근다.

② 양 손을 동시에 미지근한 물에 넣고 두 손의 느낌을 비교한다.

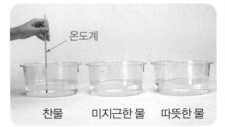
③ 찬물, 미지근한 물, 따뜻한 물의 온도를 각각 측정한다.

손의 위치	손의 느낌	물의 온도
찬물에 넣었을 때	차갑다.	10℃
따뜻한 물에 넣었을 때	따뜻하다.	40℃
찬물에서 미지근한 물로 이동했을 때	따뜻하다.	30℃
따뜻한 물에서 미지근한 물로 이동했을 때	차갑다.	30℃

▲ 사람 또는 상황에 따라 차갑고 따뜻한 정도를 다르게 느낀다.

실험으로 알게 된 점 찬 곳은 온도가 낮고, 따뜻한 곳은 온도가 높다. 그런데 동일한 온도에서라도 온도를 다르게 느낄 수 있다. 또 사람마다 조금씩 다르게 느낄 수도 있다. 이때 온도계를 이용하면 차갑고 따뜻한 정도를 쉽고 정확하게 알 수 있다.

과학자의 눈 온도계의 올바른 사용 방법

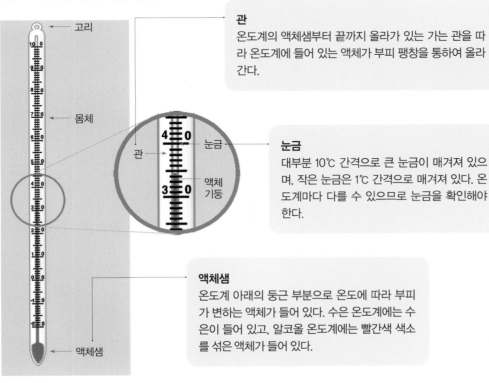

관
온도계의 액체샘부터 끝까지 올라가 있는 가는 관을 따라 온도계에 들어 있는 액체가 부피 팽창을 통하여 올라간다.

눈금
대부분 10℃ 간격으로 큰 눈금이 매겨져 있으며, 작은 눈금은 1℃ 간격으로 매겨져 있다. 온도계마다 다를 수 있으므로 눈금을 확인해야 한다.

액체샘
온도계 아래의 둥근 부분으로 온도에 따라 부피가 변하는 액체가 들어 있다. 수은 온도계에는 수은이 들어 있고, 알코올 온도계에는 빨간색 색소를 섞은 액체가 들어 있다.

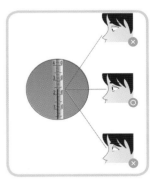
▲ 온도계 눈금을 읽는 방법
온도계의 액체가 움직이지 않을 때까지 기다린다. 그리고 20~30cm 정도 떨어진 곳에서 눈과 액체 기둥이 올라간 부분이 수평이 되도록 한 후 눈금을 읽는다.

날씨의 차갑고 따뜻함은 공기의 온도를 재면 알 수 있는데, 공기의 온도를 **기온**이라고 한다. 기온은 장소에 따라 어떻게 달라질까? 온도계를 이용하여 교실 안과 밖 여러 곳의 기온을 재어 보고 그 수치를 그래프로 나타내 보자.

준비물 온도계, 필기 도구

창문 쪽 교실 : 25℃

복도 쪽 교실 : 22℃

복도 : 21℃

운동장(바닥) : 27℃

운동장(키 높이) : 24℃

주의 장소를 이동하여 기온을 측정할 때에는 온도계의 액체 기둥의 높이가 움직이지 않을 때까지 약 3~4분 정도 기다리고 측정한다. 또, 햇빛이 직접 온도계에 닿지 않도록 주의한다.

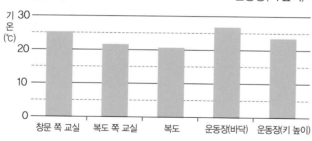

◀ 장소에 따라 기온은 다르다. 교실 안과 밖의 여러 곳의 기온을 재어 본 결과 운동장(바닥), 창문 쪽 교실, 운동장(키 높이), 복도 쪽 교실, 복도의 순으로 온도가 높다. 즉, 햇빛이 잘 비치는 곳의 기온이 그렇지 않은 곳보다 높다.

조사로 알게 된 점 장소에 따라 기온은 다르다. 운동장처럼 햇빛이 잘 비치는 곳은 기온이 높고, 학교 복도처럼 햇빛이 잘 비치지 않는 곳은 기온이 낮다. 또 같은 조건에서 건물 밖보다 건물 안의 기온이 더 높다. 장소가 같더라도 높이에 따라 기온이 다르다.

과학자의 눈
백엽상

기온은 측정하는 장소에 따라 다르고, 같은 장소에서도 높이에 따라 다르므로 일정한 조건을 갖춘 장소가 필요하다. 이러한 조건을 갖춘 곳이 백엽상이다. 백엽상은 햇빛의 직접적인 영향을 받지 않기 위해 흰색의 나무 상자로 만들었으며, 바람이 잘 통하고 햇빛을 직접 받지 않도록 잔디밭 위에 설치하고, 온도계 눈금이 1.5m 높이에 오도록 한다. 또, 바람이 잘 통하도록 겹 비늘 모양의 벽으로 만들고, 관측 시 온도계에 햇빛이 닿지 않도록 문을 북쪽으로 낸다. 백엽상 안에는 최고 온도계, 최저 온도계, 자기 온도계, 습도계 등이 설치된다.

백엽상   백엽상의 내부

121 실험 물질의 온도는 시간에 따라 어떻게 달라지는지 알아보기 🔍 ❓ 📊

공기 중에 놓인 물질의 온도는 시간이 지남에 따라 어떻게 달라질까? 물질의 처음 온도와 양에 따라 물질의 온도가 시간이 지나면서 어떻게 달라지는지 알아보자.

준비물 알코올 온도계, 실, 가위, 스탠드, 링, 집게 잡이, 차가운 물, 따뜻한 물, 비커, 면장갑, 초시계

처음 온도에 따른 물의 온도 변화

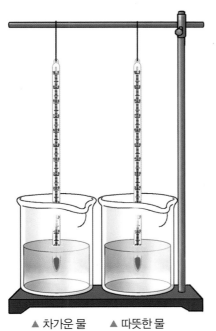

공기의 온도 : 18℃

▲ 차가운 물   ▲ 따뜻한 물

① 비커 두 개에 각각 같은 양의 차가운 물, 따뜻한 물을 담고 2분마다 온도를 측정한다.

구분	처음	2분	4분	6분	8분	10분
차가운 물의 온도(℃)	4.0	5.0	6.0	7.0	7.0	8.0
따뜻한 물의 온도(℃)	40.0	38.0	36.0	34.0	34.0	33.0

▲ 공기보다 온도가 낮은 차가운 물의 온도는 높아지고, 공기보다 온도가 높은 따뜻한 물의 온도는 낮아진다.

물의 양에 따른 물의 온도 변화

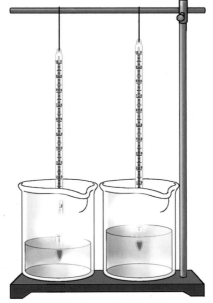

▲ 따뜻한 물 (200mL)   ▲ 따뜻한 물 (400mL)

② 비커 두 개에 따뜻한 물 200mL와 400mL를 각각 담고 1분마다 온도를 측정한다.

구분	처음	1분	2분	3분	4분	5분
물(200mL)의 온도(℃)	45.0	43.0	41.0	38.0	35.0	32.0
물(400mL)의 온도(℃)	45.0	44.0	43.0	40.0	37.0	36.0

▲ 물의 양이 많을수록 온도가 낮아지는 데 시간이 많이 걸린다.

주변 온도, 물질의 처음 온도, 물질의 양에 따라 온도가 다르게 변한다.

실험으로 알게 된 점 시간이 지나면 물질의 온도가 변하며, 주위의 온도보다 물질의 온도가 높거나 낮으면 물질의 온도가 변한다. 또한 물질의 양이 많은 경우에 물질의 온도가 더 천천히 변한다.

고체에서 열의 이동

냄비 바닥을 가열했는데 왜 냄비 전체가 뜨거워질까? 열은 어떻게 전달될까?

122 실험 고체에서 열이 어떻게 이동하는지 알아보기 1

감자를 삶기 위해 냄비 바닥을 데우면 냄비 바닥뿐만 아니라 냄비 손잡이와 냄비 전체, 물속의 감자도 뜨거워진다. 또 차가운 얼음을 만지면 손이 차가워진다. 열은 어떻게 전달되고, 열이 전달되면 어떤 현상이 일어나는지 알아보자.

준비물 은박 접시, 삼발이, 알코올램프, 색양초, 점화기, 집게, 보안경, 장갑

은박 접시의 가운데를 가열했을 때

은박 접시
촛농
알코올램프

▲ 은박 접시 위에 같은 간격으로 동심원 모양의 촛농을 떨어뜨리고 알코올램프로 가운데 부분을 가열한다.

결과
온도가 낮은 곳
온도가 높은 곳

▲ 은박 접시의 가운데에 떨어뜨린 촛농부터 녹기 시작해서 점차 가장자리로 퍼져나가 전체가 모두 녹는다.

은박 접시의 가장자리를 가열했을 때

▲ 은박 접시 위에 같은 간격으로 동심원 모양의 촛농을 떨어뜨리고 알코올램프로 가장자리 부분을 가열한다.

결과
온도가 낮은 곳
온도가 높은 곳

▲ 은박 접시의 왼쪽 부분에 떨어뜨린 촛농부터 녹기 시작해서 점차 퍼져나가 전체가 모두 녹는다.

실험으로 알게 된 점 은박 접시에 떨어뜨린 촛농이 녹아 나가는 모습을 보면, 가열하는 곳의 촛농부터 녹기 시작해서 점차 먼 곳에 있는 촛농이 녹는 것을 볼 수 있다. 이는 고체인 은박 접시를 이루고 있는 물질을 통하여 직접 열이 전달되기 때문이다. 이와 같이 열이 물질을 따라 온도가 높은 곳에서 온도가 낮은 곳으로 전달되는 현상을 **전도**라고 한다. 전도는 주로 고체 상태에서 물질을 따라 열이 차례차례 전달되는 현상이다.

우리 생활 속 열의 전달

온도가 다른 두 물체가 닿게 되면, 온도가 높은 물체에서 온도가 낮은 물체로 열이 전달되어, 처음에 온도가 높았던 물체는 온도가 낮아지고, 온도가 낮았던 물체는 처음보다 온도가 높아지게 되어 두 물체의 온도가 비슷해진다.

▲ 차가운 얼음 속에 생선 보관하기 : 열은 생선에서 얼음으로 이동한다.

▲ 뜨거운 물이 담긴 그릇에 우유 넣기 : 열은 뜨거운 물에서 우유로 이동한다.

▲ 뜨거운 밥그릇을 손으로 잡기 : 열은 뜨거운 밥에서 손으로 이동한다.

▲ 차가운 팥빙수 그릇을 손으로 잡기 : 열은 손에서 팥빙수로 이동한다.

열과 온도

열은 물체의 온도를 변하게 하거나 물질의 상태(고체, 액체, 기체)를 변화시키는 에너지이다. 예를 들어, 고체 상태의 얼음에 열을 가하면 액체 상태인 물로 바뀌게 된다. 또한, 에너지의 한 형태인 열은 다른 형태의 에너지로 바뀔 수도 있고 일을 할 수도 있다. 온도는 물체의 차갑고 따뜻한 정도를 나타낸 것으로 보통 온도계를 통하여 온도의 수치를 나타낸다. 일반적으로 물체의 양이 일정할 때, 온도가 높은 것은 그 물체에 열이 많고, 온도가 낮은 것은 그 물체에 열이 적다는 것을 의미한다.

따뜻한 물체와 차가운 물체가 서로 닿으면 두 물체가 갖고 있는 열의 양이 같아질 때까지 따뜻한 물체에 있던 열이 차가운 물체로 이동하므로, 따뜻한 물체의 온도는 내려가고, 차가운 물체의 온도는 올라가게 된다. 이것은 열의 양이 같으면 온도 역시 같다는 것을 의미한다. 더 이상 열의 이동이 일어나지 않고 정지된 현상을 **열평형**이라고 한다.

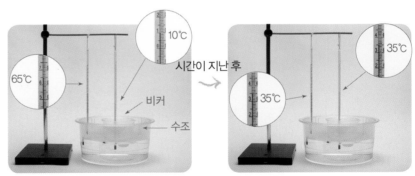

▲ 65℃의 물이 담긴 수조에 10℃의 물이 담긴 비커를 넣으면 시간이 지난 후 두 물의 온도는 35℃로 같아진다.

온돌의 구조와 원리

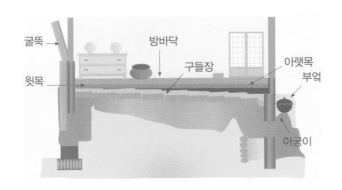

우리나라의 전통적인 난방 형태인 온돌에는 아궁이에 불을 지펴 그 열에 의해 달궈진 구들(돌)에서 나오는 열로 방바닥을 따뜻하게 하는 전도의 원리가 숨어 있다.

구들장은 아랫목에서 윗목으로 갈수록 얇아지고, 방바닥과의 거리도 아랫목이 더 멀고 윗목으로 갈수록 가까워진다. 이는 아랫목의 경우 불을 지피는 아궁이와 가깝기 때문에 매우 뜨거워질 수 있어 두꺼운 돌을 쓰고 진흙도 두껍게 바른다. 반대로 윗목의 구들장은 얇게 해 빨리 가열되도록 한다.

우리 주위의 다양한 고체 물질들은 모두 열이 전달되는 빠르기가 같을까? 여러 가지 고체에서 열이 전달되는 빠르기는 어떻게 다른지 알아보자.

준비물 좁고 긴 구리막대와 유리막대, 초콜릿, 알코올램프, 삼발이, 점화기, 장갑, 보안경, 쇠그물

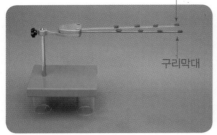

유리막대
구리막대

① 길이와 두께가 같은 좁고 긴 구리막대와 유리막대의 같은 위치에 초콜릿 조각을 네 개씩 올려놓는다.

초콜릿이 불꽃에 닿으면 타는 경우가 생기므로 너무 오래 가열하지 않는다.

② 초콜릿이 놓인 구리막대와 유리막대의 두 판의 한쪽 끝 부분을 알코올램프로 가열한다.

결과

▲ 두 막대 모두 알코올램프 근처의 초콜릿이 녹아서 물렁해졌다.

▲ 유리막대보다 구리막대의 초콜릿이 더 빨리 녹았다.

실험으로 알게된점 구리막대에 올려놓은 초콜릿이 유리막대에 올려놓은 초콜릿보다 더 빨리 녹는 것으로 보아, 유리막대보다 구리막대에서 열이 더 빨리 전달되는 것을 알 수 있다. 즉, 구리막대와 유리막대에서 열이 전달되는 빠르기가 다르다는 것이다.

열이 전달되는 빠르기는 고체를 이루는 물질에 따라 다른데, 다른 고체보다 금속에서 열이 더 빠르게 전달된다. 이렇게 물질의 열이 전달되는 정도를 **열전도율**이라고 하며, 열전도율은 물질마다 다르다.

과학자의 눈
우리 생활 속에서 물질에 따라 열의 전달 정도가 다른 성질을 이용한 예

주변에는 물질에 따라 열의 전달 정도가 다른 성질을 이용한 물건이 많이 있다. 그 중 대표적인 것이 냄비, 다리미이다. 냄비나 프라이팬의 바닥과 벽은 음식을 조리할 때 음식물에 열이 잘 전달될 수 있도록 금속으로 만들어져 있다. 하지만 손잡이 부분은 열이 잘 전달되지 않는 플라스틱이나 나무 등으로 만든다. 또한, 옷을 다릴 때 사용하는 다리미의 바닥은 금속으로 만들어 열이 잘 전달되지만, 다리미의 손잡이는 플라스틱으로 만들어 열이 잘 전달되지 않아 안전하게 잡고 사용할 수 있게 되어 있다. 오븐에 넣는 그릇의 경우에도 열이 잘 전달되는 물질로 만들지만, 뜨거운 오븐 속에서 음식을 꺼낼 때 사용하는 장갑은 열이 잘 전달되지 않도록 두꺼운 천으로 만들어졌다.

열이 잘 전달되지 않는 물질

냄비

열이 잘 전달되는 물질

열이 잘 전달되지 않는 물질

다리미

열이 잘 전달되는 물질

열이 잘 전달되지 않는 물질

그릇과 주방용 장갑

열이 잘 전달되는 물질

고체를 이루는 물질에 따라 열이 전달되는 빠르기가 다르다. 어떤 물질로 이루어진 물체가 열을 더 빨리 전달하는지 예상해 보고, 열을 잘 전달하는 물질에 대해 알아보자.

준비물 뜨거운 물, 냄비, 버터, 플라스틱 국자, 나무 국자, 쇠 국자

① 뜨거운 물을 냄비에 담는다.

② 나무, 플라스틱, 쇠로 만든 3개의 국자 손잡이 끝에 같은 양의 버터를 올려놓는다.

③ 3개의 국자를 뜨거운 물이 담긴 냄비에 동시에 넣는다.

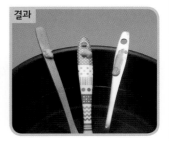

▲ 쇠 국자, 플라스틱 국자, 나무 국자 순으로 버터가 빨리 녹아 내린다.

에너지 · 온도와 열

실험으로 알게 된 점 쇠 국자, 플라스틱 국자, 나무 국자 끝에 올려놓은 버터의 녹는 속도에 따라 어떤 물질이 열을 가장 빨리 전달하는지 알 수 있다. 쇠 국자에 올려놓은 버터가 가장 빨리 녹는 것으로 보아, 쇠가 가장 빨리 열을 전달한다는 것을 알 수 있다.

은이나 구리, 철과 같은 금속에서 열이 잘 전달되며 나무, 플라스틱 등 금속이 아닌 물체에서는 열이 잘 전달되지 않는다. 나무와 플라스틱 같이 열이 잘 전달되지 않는 물체를 절연체라고 한다.

 과학자의 눈

찌개를 뚝배기에 끓이는 이유

우리 조상들은 찌개를 끓일 때 옹기 그릇인 뚝배기를 이용했다. 뚝배기를 이용한 이유는 열의 전달과 관련이 깊다. 뚝배기는 흙으로 만들어졌는데, 흙으로 만든 뚝배기는 쇠로 만든 냄비에 비해 열전도가 천천히 일어난다. 그래서 쇠로 만든 냄비에 비해서 따뜻해지는 데 시간이 오래 걸리지만, 반대로 식는 데도 시간이 오래 걸린다. 따라서 뚝배기를 사용하면 식사가 끝날 때까지 찌개를 따뜻하게 유지할 수 있다. 이것은 고기를 구워 먹을 때 돌판을 사용하는 것과 같은 이유이다.

뚝배기

구이용 돌판

고체에서 열은 어떻게 전달될까?

물질을 구성하는 입자들이 열을 받으면 그 입자들은 빠르게 진동한다. 고체를 이루고 있는 구성 입자들은 서로 가까이 위치해 있기 때문에 입자들이 부딪히면서 에너지가 전달된다. 즉, 고체를 이루고 있는 물질 자체는 이동하지 않고 열에너지만 전달한다. 은, 구리와 같은 금속에는 이동이 자유로운 '자유 전자'가 많이 들어 있어서 열전도율이 높은데, 그 중에서도 은이 가장 높다.

고체를 이루고 있는 입자들(모형)

▲ 쇠막대를 가열할 때 열의 이동
쇠를 이루는 입자들이 에너지를 받아 빠르게 진동하면서 열에너지를 전달한다.

액체와 기체에서 열의 이동

보리차를 끓일 때 어떻게 주전자 속 물 전체가 데워질까? 또 방 안은 어떻게 따뜻해질까?

125 실험 액체에서 열의 이동 알아보기

국이나 라면을 끓이거나 주전자에 물을 끓여 본 경험이 있을 것이다. 주전자에 물을 끓일 때, 주전자 밑바닥을 가열한다. 그런데 어떻게 물 전체가 데워지는 것일까? 물에서 열이 어떻게 전달되는지 알아보자.

준비물 시험관, 톱밥, 물, 스탠드, 알코올램프, 장갑, 시험관 집게

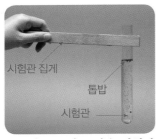

① 물을 2/3정도 넣은 시험관에 톱밥을 조금 넣는다.

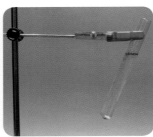

② 시험관을 스탠드에 고정시킨다.

주의 시험관에 톱밥을 넣는 이유는 시험관에 든 물이 가열되면서 움직일 때, 그 모습을 보다 쉽게 관찰하기 위해서이다. 톱밥을 넣지 않고 물만 가열하면, 가열된 물의 움직임을 관찰하기가 어렵다. 톱밥은 아주 적게 넣는 것이 좋으며, 톱밥 대신에 물의 움직임에 따라 쉽게 움직일 수 있는 보리, 잘게 자른 색종이 조각 등을 이용할 수 있다.

시험관의 중간 부분을 가열했을 때

③ 시험관의 중간 부분을 가열한다.

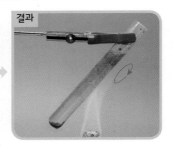

결과

▲ 불꽃이 닿는 중간보다 위쪽의 물에서만 톱밥이 위, 아래로 움직인다.

시험관의 바닥 부분을 가열했을 때

④ 시험관의 바닥 부분을 가열한다.

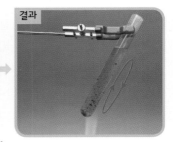

결과

▲ 불꽃이 닿는 바닥부터 위쪽까지 시험관 전체의 물에서 톱밥이 위, 아래로 움직인다.

실험으로 알게 된 점 처음에 톱밥은 물에 뜨지만, 물이 스며들어 무거워지면 가라앉으려고 한다. 이후 가열됨에 따라 따뜻해진 물이 올라가면서 가벼운 톱밥도 따라 움직이게 되는 것이다. 톱밥은 가열하는 위치보다 위쪽의 물에서 위, 아래로 움직인다. 물이 든 시험관의 바닥 부분을 가열했을 때에도 불꽃이 닿는 바닥보다 위쪽의 물에서 톱밥이 위아래로 움직이는 것을 볼 수 있다. 즉, 가열하는 위치에서 위쪽으로 물이 직접 이동하면서 열이 전달되며 결국 전체를 데우게 됨을 알 수 있다. 고체는 물질 입자가 움직이지 않고 열에너지만 전달하지만, 액체에서는 물질이 직접 이동하여 열을 전달한다.

물이 든 시험관의 위쪽과 아래쪽에 얼음이 있도록 하고, 가운데 부분을 가열하면 어떻게 될지 예상해 보자.

> **준비물** 시험관, 얼음, 물, 스탠드, 알코올 램프, 돌, 장갑, 시험관 집게

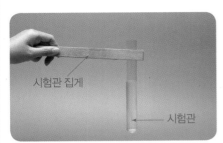

① 시험관에 물을 2/3정도 넣는다.

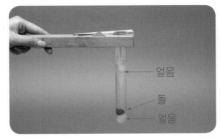

② 시험관에 얼음을 넣고 돌을 넣어 얼음을 시험관 바닥에 가라앉힌 후, 다른 얼음을 넣어 준다.

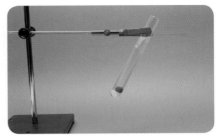

③ 시험관을 스탠드에 고정시킨다.

④ 시험관의 중간 부분을 가열한다.

▲ 시험관 위쪽의 얼음이 먼저 녹는다.

▲ 시험관 아래쪽의 얼음은 나중에 녹는다.

> **실험으로 알게 된 점** 얼음은 물 위에 뜨기 때문에 돌로 얼음을 눌러 주어야 시험관 바닥에 얼음이 놓이도록 할 수 있다. 시험관의 중간 부분을 가열했을 때, 시험관 위쪽의 얼음이 먼저 녹고, 바닥 쪽에 가라앉은 얼음은 나중에 녹는 것을 관찰할 수 있다. 이는 시험관 중간에서 가열된 물이 위쪽으로 직접 이동하여 열을 전달하기 때문이다. 시험관의 바닥 부분을 가열하면 시험관 위쪽과 아래쪽에 놓인 얼음을 모두 동시에 녹일 수 있다.

과학자의 눈
바닷물에서도 열이 전달될까?

지구를 덮고 있는 바닷물의 온도는 모두 같지 않다. 태양으로부터 열을 많이 받는 적도 부근의 바닷물은 온도가 높고, 남극이나 북극과 같은 극지방 바닷물의 온도는 낮다. 적도 부근의 따뜻한 바닷물은 극지방으로 흐르면서 열을 전달하게 되는데, 이로 인해 생기는 바닷물 표면의 흐름을 바로 **해류**라고 한다. 해류로 인하여 물의 온도가 바뀌기도 하고 날씨나 물고기의 생활에 변화가 생기기도 한다.

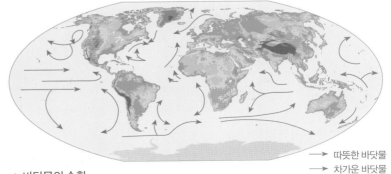

→ 따뜻한 바닷물
→ 차가운 바닷물

▲ 바닷물의 순환
해류에 의해 지구를 덮고 있는 바닷물의 열이 전달된다.

투명한 주전자에 보리를 한줌 넣고 보리차를 끓이면서, 물속 보리가 어떤 움직임을 보이는지 관찰해 보자.

준비물 투명한 유리 주전자, 보리, 물, 가열 기구

① 투명한 주전자에 물을 담는다.

보리

② 물이 담긴 주전자에 보리를 한줌 넣는다.

③ 가열 기구 위에 주전자를 올려놓고 가열한다.

결과

뜨거운 곳

▲ 보리가 위, 아래 일정한 방향으로 빠르게 이동한다.

실험으로 알게 된 점 가열 기구의 불꽃이 닿고 있는 바닥 부분의 물이 먼저 가열되면, 가열되어 따뜻해진 물이 주위보다 가벼워져 위로 올라가게 된다. 이때 위에 있던 차가운 물은 아래로 내려오게 되고, 다시 가열되어 위로 올라가는 과정이 반복되면서 빙글빙글 돌게 된다. 이와 같이 물질이 직접 이동하여 열이 전달되는 방법을 대류라고 한다.

과학자의 눈

물에서는 전도가 일어나지 않을까?

전도란 물질을 구성하고 있는 입자들이 충돌에 의해 에너지가 전달되는 방식으로, 물질 자체는 이동하지 않고 에너지만 전달되는 방법을 말하며, 대부분 고체에서 일어난다. 그렇다면 물과 같은 액체 상태의 물질에서도 전도가 일어날까? 액체도 고체처럼 전도를 통해 열이 이동할 수 있지만, 액체 상태의 물질들은 구성 입자 간의 거리가 멀어 입자들끼리 충돌할 수 있는 기회가 적기 때문에 전도를 통해 열이 전달되는 속도가 매우 느리다. 따라서 주전자에 물을 끓일 때 불꽃이 닿는 주전자의 바닥 부분은 전도를 통해 주전자 전체로 열이 전달되고, 주전자 안에서는 물이 직접 이동하는 대류를 통해 열이 전달되어 물 전체가 데워진다.

대류

전도

일상생활 속 액체의 대류

▲ 온수를 틀면 욕탕 전체의 물이 데워진다.

▲ 온천에서 나오는 따뜻한 물이 온천탕 전체의 물을 데워 준다.

▲ 보일러 통 속의 데워진 물을 통해 난방을 한다.

온도가 다른 공기의 움직임 관찰하기

추운 겨울날 교실 한쪽에 놓인 난로로 교실 전체의 공기가 데워진다. 어떻게 이런 현상이 일어나는지 기체에서 열의 움직임을 관찰하고, 열이 전달되는 방법을 알아보자.

준비물 향, 점화기, 냉장고

문틈에서 공기의 움직임

▲ 추운 날 교실 문을 살짝 열어놓고 향에 불을 붙여 연기가 나는 향을 문틈의 위쪽과 아래쪽에 대 본다.

▲ 향 연기를 문틈의 위쪽에 대면 안에서 밖으로 연기가 움직인다.

▲ 향 연기를 문틈의 아래쪽에 대면 문 밖에서 안으로 연기가 움직인다.

냉장고 문틈에서 공기의 움직임

▲ 냉장고 문을 살짝 연다.

▲ 향 연기를 냉장고 문틈의 위쪽에 대면 냉장고 밖에서 안으로 연기가 들어간다.

▲ 향 연기를 냉장고 문틈의 아래쪽에 대면 냉장고 안에서 밖으로 연기가 나온다.

주의 온도가 다른 공기의 움직임을 관찰할 때, 향 연기를 사용하여 눈에 보이지 않는 공기의 움직임을 쉽게 관찰할 수 있다. 이 때 눈에 잘 띄도록 색이 있는 향 연기를 사용하는 것도 좋은 방법이다.

실험으로 알게 된 점 문틈의 위쪽에 향 연기를 대면 향 연기가 실내에서 밖으로 이동하고, 문틈의 아래쪽에 향 연기를 대면 향 연기가 밖에서 실내로 이동한다. 이 실험을 통해 실내의 따뜻한 공기는 위로 올라가고, 바깥의 차가운 공기는 아래로 내려갔음을 알 수 있다. 이렇게 온도가 다른 공기의 움직임을 통해, 기체에서는 따뜻한 공기가 위로 올라가고 차가운 공기는 아래로 내려오면서 열이 전달되는 것을 알 수 있다.
열은 액체에서와 마찬가지로 기체에서도 물질이 직접 이동하여 전달되는 **대류** 현상에 의해 전달된다.

▲ 따뜻한 공기는 올라가고 차가운 공기는 내려오면서 대류 현상에 의해 열이 전달된다.

에너지 • 온도와 열

난로의 옆부분과 윗부분 가까이 손을 대면 윗부분이 옆부분보다 더 따뜻하다. 그 까닭은 무엇인지 간이 열기구를 만들어 알아보자.

준비물 긴 비닐봉지, 가는 철사, 니퍼, 셀로판 테이프, 휴대용 가스레인지, 열기구 안전망, 면장갑, 내열 장갑

간이 열기구 만들기

① 비닐봉지 입구의 둘레에 셀로판 테이프로 가는 철사를 붙여 간이 열기구를 만든다.

② 휴대용 가스레인지에 열기구 안전망을 올려놓는다.

③ 간이 열기구에 공기를 넣어 열기구 안전망 위에 수직으로 세우고 쓰러지지 않게 손으로 잡는다.

결과

간이 열기구가 공중에 뜬다.

▲ 휴대용 가스레인지의 불을 켜 간이 열기구 속의 공기를 가열하고, 잠시 후 손을 놓으면 열기구가 위로 뜬다.

기체에서 열의 이동

열기구는 주변보다 온도가 높은 공기가 위로 올라가는 성질을 이용해서 만든 기구이다. 열기구 주머니 속의 공기가 가열되면 주변의 공기보다 온도가 높아져 위로 올라가게 된다. 실내 한쪽에 있는 난방 기구 주위의 공기가 가열되면 그 공기의 온도가 높아진다. 난방 기구 주위에서 온도가 높아진 공기는 위로 올라가고, 위쪽에 있던 차가운 공기는 아래로 내려간다. 이러한 과정이 반복되면서 전체 공기의 온도가 높아져 실내 전체가 따뜻해진다.

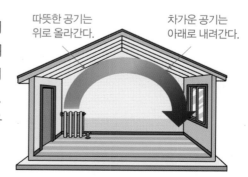

따뜻한 공기는 위로 올라간다.

차가운 공기는 아래로 내려간다.

실험으로 알게된 점 간이 열기구는 따뜻한 공기가 위로 올라가는 성질을 이용한 것으로 공기 주머니 속의 공기를 데워 간이 열기구가 위로 올라가게 한다. 이처럼 따뜻한 공기는 위로 올라가고, 차가운 공기는 아래로 내려가는 과정이 반복되면서 열이 이동한다.

난방 기구와 냉방 기구는 어디에 설치할까?

같은 공간에 있는 기체라도 열을 받으면 기체를 이루고 있는 입자들의 운동이 활발해지면서 입자들 간의 거리가 더 멀어지게 된다. 따라서 기체의 부피는 커지게 되면서 밀도(단위 부피당 질량)가 작아지므로 주위의 차가운 공기보다 상대적으로 가벼워 져 위로 올라가게 된다. 반대로 위에 있던 차가운 공기는 상대적으로 무거워져 내려오게 되는데, 이러한 과정이 반복되면서 공기가 순환하여 열이 전체 공간에 전달된다.

그렇다면 공기를 따뜻하게 하는 난방 기구와 공기를 차게 하는 냉방 기구는 어디에 설치하는 것이 좋을까? 난방 기구에서 나오는 따뜻한 공기는 위로 올라가기 때문에 난방 기구를 높은 곳에 설치하면 위쪽의 공기만 데워지고 아래쪽의 공기는 데워지지 않는다. 따라서 난방 기구는 낮은 곳에 설치해야 실내 전체의 공기를 데우는 데 유리하다. 한편 냉방 기구에서 나오는 차가운 공기는 아래로 내려가기 때문에 냉방 기구를 아래쪽에 설치하면 아래쪽의 공기만 시원해지고, 위쪽의 공기는 계속 더운 상태로 있게 된다. 따라서 냉방 기구는 높은 위치에 설치해야 방 안 전체의 공기를 시원하게 하는 데 유리하다.

에너지 • 온도와 열

▲ 난방 기구는 낮은 곳에 설치하는 것이 좋다.

▲ 냉방 기구는 높은 곳에 설치하는 것이 좋다.

일상생활 속 기체의 대류

▲ 뜨거운 연기를 내보내기 위해 굴뚝을 위에 설치한다.

▲ 열기구는 버너로 공기를 가열하여 따뜻해진 공기가 위로 올라가는 성질을 이용한다.

▲ 환풍기는 뜨거운 공기를 내보내기 위해 위에 설치한다.

▲ 뜨거워진 수증기가 위로 올라와 찐빵이나 옥수수를 익힌다.

석빙고의 비밀

우리 조상들이 얼음 창고로 사용하던 석빙고도 대류 현상의 원리를 알고 지은 구조이다. 석빙고 내부에 생긴 따뜻한 공기가 대류를 통하여 위로 올라가게 된다. 위로 올라간 따뜻한 공기는 위쪽에 설치된 환기구를 통해 빠져 나간다. 이로써 석빙고 안은 선선하여 얼음의 상태로 오래도록 보관할 수 있었다.

석빙고의 입구

석빙고의 환기구

우리가 따뜻한 물을 마시기 위해 사용하는 보온병 속에도 단열 재료가 들어 있다. 보온병은 안에 넣은 액체의 온도를 오랜 시간 동안 같게 유지되도록 만든 것이다. 이름 그대로 보온도 되지만 차가운 음료를 보관해도 오랜 시간 동안 차갑게 유지된다. 보온병의 원리를 생각하면서, 우리 주위의 재료들을 이용하여 나만의 보온병을 직접 만들어 보자.

마개 : 열전도율이 낮은 플라스틱으로 만들어져 있어 전도를 막는다.

이중벽 : 안쪽과 바깥쪽 벽 사이를 진공 상태로 하여 열의 전도와 대류를 막는다.

유리 : 표면을 반짝이게 하여 복사로 인한 열의 전달을 막는다.

준비물 솜, 얼음, 스타이로폼, 천, 수건, 보온병, 비닐, 작은 병, 큰 병, 휴지, 테이프, 가위, 알루미늄 포일

① 단열이 잘 되는 이중 구조를 위해 크기가 다른 병 2개를 준비한다.

② 작은 병을 단열이 잘 되는 천이나 수건으로 감싼다.

천

알루미늄 포일

③ 큰 병의 안쪽 벽은 복사에 의한 열 전달을 막기 위해 알루미늄 포일로 감싼다.

스타이로폼 조각

④ 작은 병과 큰 병이 맞닿아 열 전달을 막기 위해, 큰 병 바닥에 스타이로폼 조각을 놓고 그 위에 작은 병을 놓는다.

솜

⑤ 작은 병과 큰 병 사이의 빈 공간에 공기를 통한 열의 전달을 막기 위해 솜이나 휴지를 넣는다.

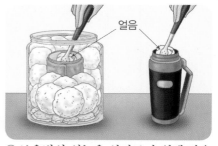

얼음

⑥ 보온병의 성능을 알아보기 위해 작은 병과 보온병 안에 비슷한 크기의 얼음을 넣는다.

⑦ 작은 병과 큰 병, 보온병의 뚜껑을 모두 닫아 열의 전달을 막는다.

결과

▲ 10분 뒤에 내가 만든 보온병에서 꺼낸 얼음과 보온병에서 꺼낸 얼음의 녹은 정도를 비교해 보았더니, 두 얼음의 크기가 비슷했다.

실험으로 알게 된 점 나만의 보온병을 만들기 위해 솜, 천, 휴지, 스타이로폼 등의 단열 재료를 사용하였다. 이중 병 구조로 병과 병 사이에 공기층과 단열 재료를 넣으면 병 한 개로 만들었을 때보다 단열이 잘 된다. 큰 병 안의 알루미늄 포일은 빛에 의해 열이 전달되는 것을 막는 역할을 한다. 내가 만든 보온병 속 얼음의 크기와 보온병 속 얼음의 크기는 비슷하다.

열과 열의 양

열은 물체의 온도를 높이거나 상태를 변화시키는 에너지의 한 종류이다. 열에너지는 온도가 높은 곳에서 온도가 낮은 곳으로 이동하며, 온도가 같아져서 열평형 상태를 이루면 더 이상 이동하지 않는다.

그렇다면 열의 양은 무엇을 의미할까? 열의 양이 많다는 것은 온도를 변화시킬 수 있는 에너지가 많다는 것을 의미한다. 예를 들어, 온도가 90℃인 주전자 속에 든 물과 온도가 40℃인 욕조 안에 든 물을 비교했을 때 온도는 주전자 속에 든 물이 높지만, 열의 양은 욕조에 든 따뜻한 물이 더 많다. 이것은 주전자 속에 든 물의 양보다 욕조 안에 든 물의 양이 많으므로 욕조 안에 있는 열의 양으로 똑같은 물질의 온도를 더 많이 변화시킬 수 있기 때문이다.

온도는 주전자 속에 든 물이 높지만, 열의 양은 욕조에 든 따뜻한 물이 더 많아요!

90℃

40℃

에너지 · 온도와 열

열의 양을 재는 단위는?

어떤 물체의 차갑고 뜨거운 정도를 수치로 나타낸 것이 온도이고 온도를 나타내는 단위가 섭씨(℃), 화씨(℉)라면 열의 양, 즉 열량을 나타내는 단위에는 칼로리(cal)가 있다. 1cal는 물 1g의 온도를 1℃ 올리는 데 필요한 열량이다. 조금 더 큰 단위로 kcal(킬로칼로리)가 있는데, 1kcal는 1000cal이다. 우리가 먹는 음식물의 겉포장에 적혀 있는 '칼로리'라는 말이 바로 그 음식을 섭취하였을 때 얻을 수 있는 열량을 뜻한다. 일반적으로 탄수화물 1g은 약 4kcal, 지방 1g은 약 9kcal, 단백질 1g은 약 4kcal의 열량을 낸다.

영양성분

1회 제공량:1봉지(1개 20g)		
총 4회 제공량(80g)		

1회 제공량당	함량	%영양소 기준치	1회 제공량당	함량	%영양소 기준치
열량	100 kcal		지방	6 g	12%
탄수화물	10 g	3%	포화지방	3.9 g	26%
당류	6 g		트랜스지방	0 g	
단백질	1 g	2%	콜레스테롤	10 mg	3%
*%영양소 기준치:1일 영양소 기준치에 대한 비율			나트륨	25 mg	1%

복사 에너지

열을 전달하는 방법 중의 하나로서 중간에 매개체 없이 열이 이동하는 방법을 복사라고 하는데, 복사를 통해 전해진 에너지를 복사 에너지 또는 복사열이라고 한다.

모든 물체가 복사열을 방출하거나 흡수하는데, 그 세기는 물체의 종류나 온도에 따라 달라진다. 온도가 높은 물체일수록 더 많은 복사열을 내고, 복사열을 잘 내는 물체일수록 복사열을 잘 흡수한다. 낮에 태양빛이 비추면 태양열이 지구에 도달하여 지표면을 데우고, 반대로 밤에는 지구 표면에서 지구 복사열을 방출하게 된다.

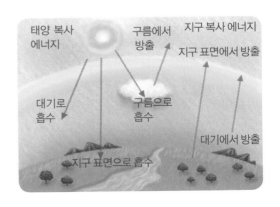

태양 복사 에너지 / 구름에서 방출 / 지구 복사 에너지 / 지구 표면에서 방출 / 대기로 흡수 / 구름으로 흡수 / 지구 표면으로 흡수 / 대기에서 방출

물체의 운동

우리 주변에는 움직이는 것과 움직이지 않는 것이 있다. 움직이는 것과 움직이지 않는 것은 어떻게 구분할 수 있을까?

131 실험 고무 동력 수레 만들기

주변에서 쉽게 구할 수 있는 재료로 움직이는 물체를 만들 수 있을까? 플라스틱 음료수 병, 고무줄 등을 이용하여 고무 동력 수레를 만들어 보자.

준비물 일자 펀치, 플라스틱 음료수 병, 고무줄, 클립, 셀로판 테이프, 양초 도막, 나무젓가락, 철사, 칼, 가위

① 일자 펀치로 플라스틱 병의 바닥에 1 cm 정도 크기의 구멍을 뚫는다.

② 플라스틱 병 한 개의 윗부분을 가위로 자른다.

③ 고무줄 2개를 한 세트로 하여 두 세트를 그림과 같이 연결한다.

④ 연결한 고무줄의 한쪽 끝에 클립을 연결한다.

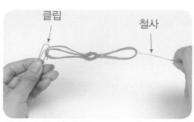

클립   철사

⑤ 클립을 연결한 고무줄의 반대쪽에 철사를 연결한다.

⑥ 클립과 철사를 연결한 고무줄을 플라스틱 병에 통과시킨다.

⑦ 플라스틱 병의 구멍과 양초 도막의 구멍에 철사를 통과시킨 후 고무줄을 나무젓가락에 연결한다.

⑧ 고무줄에 연결된 철사를 빼고 셀로판 테이프로 클립을 몸통에 고정시킨다.

⑨ 고무줄 4개를 플라스틱 병에 감는다.

실험으로 알게 된 점) 고무 동력 수레는 고무줄을 감은 후, 감았던 고무줄이 풀리는 힘으로 움직인다. 고무 동력 수레를 만들 때 플라스틱 음료수 병에 뚫는 구멍의 크기는 너무 작지 않아야 하며, 고무줄에 연결하는 철사의 길이는 플라스틱 음료수 병의 길이보다 길어야 한다.

고무 동력 수레의 빠르기를 비교하기 위해서는 어떻게 해야 할까? 여러 가지 방법으로 고무 동력 수레 경주를 하면서 고무 동력 수레의 빠르기를 비교해 보자.

준비물 고무 동력 수레, 초시계, 자

고무 동력 수레 경기 규칙 정하기

• 고무줄은 똑같은 횟수만큼 감는다.
• 트랙을 벗어나더라도 출발선으로부터 떨어진 직선 거리를 측정한다.

일정한 거리 달리기

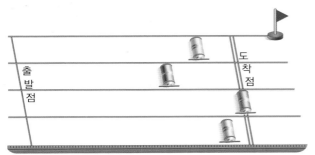

일정한 거리를 달릴 때에는 가장 짧은 시간에 도착하는 고무 동력 수레가 가장 빠르다.

일정한 시간 동안 달리기

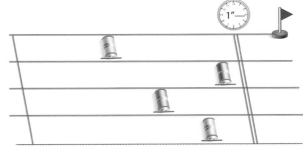

일정한 시간 동안 달릴 때에는 가장 멀리 가는 고무 동력 수레가 가장 빠르다.

멈출 때까지 달리기

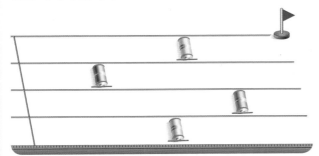

멈출 때까지 달릴 때에는 가장 멀리 가는 고무 동력 수레가 가장 빠르다.

경사면에 오르기

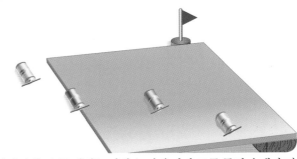

경사면에 오를 때에는 가장 높이 올라간 고무 동력 수레가 가장 빠르다.

관찰로 알게 된 점 경기 종목에 따라 빠른 고무 동력 수레를 결정하는 방법이 다르다. 일정한 거리 달리기에서는 가장 짧은 시간에 도착한 고무 동력 수레가, 일정한 시간 동안 달리기에서는 가장 멀리 가는 고무 동력 수레가 가장 빠른 것이다. 이와 같이 물체의 빠르기를 비교할 때에는 이동 시간과 이동 거리가 중요한 역할을 한다.

과학자의 눈
고무줄의 탄성력을 이용한 고무줄 동력 장치

고무 동력 수레와 같이 고무줄이 늘어났을 때 되돌아 가려는 힘, 즉 탄성력을 이용하여 움직이는 것을 고무줄 동력 장치라고 한다. 고무줄의 탄성력을 이용하면 고무 동력 비행기, 고무 동력 배와 같은 여러 종류의 움직이는 장치를 만들 수 있다.

고무 동력 비행기

고무 동력 배

133

133 조사 　운동이 무엇인지 알아보기

움직이는 물체는 어떤 것일까? 또, 움직이지 않는 물체는 어떤 것일까? 운동이 무엇인지 알아보고, 움직이는 물체와 움직이지 않는 물체를 구분해 보자.

> **준비물** 움직이는 물체의 사진, 움직이지 않는 물체의 사진

움직이는 것과 움직이지 않는 것 구분하기

움직이는 물체인가?

시간이 지나면 위치가 변한다.　예　②, ③, ⑥, ⑦

시간이 지나도 위치가 변하지 않는다.　아니오　①, ④, ⑤, ⑧

운동이란 무엇일까?

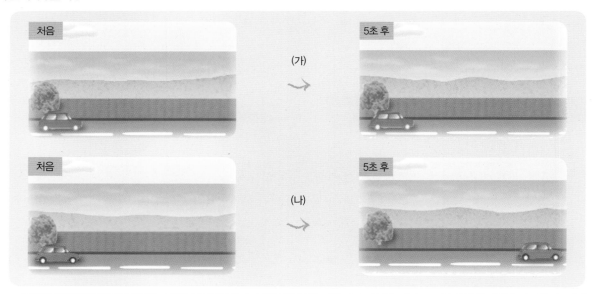

처음　(가)　5초 후

처음　(나)　5초 후

▲ 물체의 움직임을 판단할 때에는 기준점이 필요하다. 사람들은 보통 지면이나 자신을 기준으로 물체의 움직임을 판단한다. 지면이나 자신을 기준으로 했을 때, 시간이 지남에 따라 물체의 위치가 변하면 움직인다고 하고, 변하지 않으면 움직이지 않는다고 한다. 위의 그림에서 왼쪽 나무를 기준으로 했을 때, 5초 후에 위치가 변하지 않은 (가)는 움직이지 않은 것이고, 5초 후에 위치가 변한 (나)는 움직인 것이다. (나)와 같이 시간에 따라 물체의 위치가 변하는 것을 운동이라고 한다.

> **조사로 알게 된 점** 기준점과 비교했을 때, 시간이 지남에 따라 물체의 위치가 변하면 움직인다고 하고 위치가 변하지 않으면 움직이지 않는다고 한다. 이때 시간에 따라 물체의 위치가 변하는 것을 운동이라고 한다.

134 조사 물체의 위치 나타내기

시간에 따라 물체의 위치가 변하는 것을 운동이라고 한다. 그렇다면 운동을 어떻게 나타낼 수 있을까?
시간의 경과와 위치의 변화를 이용하여 운동을 나타내 보자.

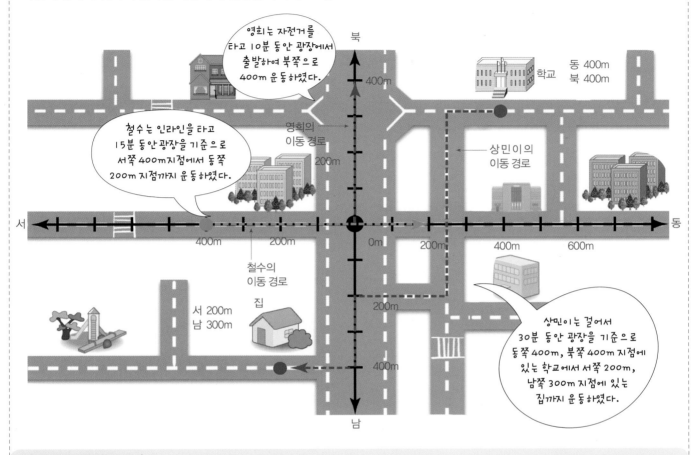

조사로 알게 된 점 물체의 운동은 시간의 경과와 위치의 변화를 이용하여 나타낸다. 이때 물체의 위치는 기준점으로부터의 방향과 거리로 나타낸다.

과학자의 눈

런닝머신 위에서 뛰는 사람은 운동하고 있지 않다?

시간에 따라 물체의 위치가 변하는 것이 운동이다. 하지만 런닝머신 위에서 뛰는 사람은 시간이 지나도 위치는 변하지 않는다. 그렇다면 런닝머신 위에서 뛰는 사람은 운동하고 있지 않는 것일까? 물체의 위치 변화를 말할 때 꼭 생각해야 하는 것이 기준점으로부터의 거리이다. 런닝머신의 밖에 있는 사람이 보았을 때 런닝머신 위에서 뛰는 사람은 위치의 변화가 없다. 하지만 런닝머신을 뛰는 사람의 기준점은 런닝머신에서 처음 뛰기 시작한 벨트의 위치이다. 따라서 처음 뛰기 시작한 벨트의 위치에서부터 이동한 거리를 계산한다면 런닝머신 위에서 뛰는 사람도 시간에 따라 이동한 것이므로 운동하고 있다고 할 수 있다.

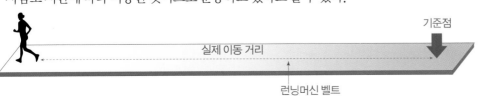

물체의 속력

물체의 빠르기를 비교하는 방법에는 어떤 것이 있을까?

135 조사 일정한 거리를 이동한 물체의 빠르기 비교하기

일정한 거리를 이동한 물체들의 빠르기는 어떻게 비교할까? 일정한 거리를 이동하는 데 걸린 시간으로 물체들의 빠르기를 비교해 보자.

준비물 운동 경기의 기록 자료(인터넷 검색, 뉴스, 신문 자료 등)

일정한 거리를 이동하는 물체의 빠르기를 비교하는 경우

쇼트트랙

육상

자동차 경주

수영

봅슬레이

라인 트레이서

2014년 동계올림픽 스피드 스케이팅 여자 500m 경기 결과

나라	이름	시간(초)
	이상화	74.70
	올가 팟쿨리나	75.06
	마르홋 부르	75.48
	장훙	75.58
	고다이라 나오	75.61

◀ 일정한 거리를 이동하는 물체의 빠르기는 일정한 거리를 이동하는데 걸린 시간으로 비교할 수 있다. 일정한 거리를 이동하는 데 시간이 적게 걸린 물체가 많이 걸린 물체보다 더 빠르다고 할 수 있다. 따라서 스피드 스케이팅 경기 결과에서 일정한 거리 500m를 이동하는 데 걸린 시간이 가장 짧은 한국의 이상화 선수가 가장 빠르다고 할 수 있다.

조사로 알게 된 점 일정한 거리를 이동하는 물체의 빠르기는 일정한 거리를 이동하는 데 걸린 시간으로 비교할 수 있다.
일정한 거리를 이동하는 데 걸린 시간이 짧을수록 빠른 물체이다.

136 조사 일정한 시간 동안 이동한 물체의 빠르기 비교하기

일정한 시간 동안에 이동한 물체들의 빠르기는 어떻게 비교할까? 일정한 시간 동안에 이동한 거리로 물체들의 빠르기를 비교해 보자.

준비물 여러 동물의 1분 동안 이동한 거리 자료

여러 동물의 1분 동안 이동한 거리

동물의 종류	1분 동안 이동한 거리
사람	600 m
고양이	804 m
독수리	1020 m
치타	1800 m
말	1200 m

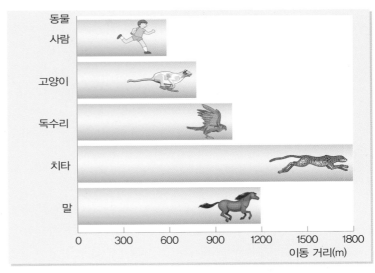

▲ 일정한 시간에 이동한 물체의 빠르기는 일정한 시간 동안 이동한 거리로 비교할 수 있다. 일정한 시간에 먼 거리를 이동한 물체가 가까운 거리를 이동한 물체보다 더 빠르다고 할 수 있다. 따라서 여러 동물 중 일정한 시간(1분) 동안 가장 먼 거리를 이동한 치타가 가장 빠르고, 가장 짧은 거리를 이동한 사람이 가장 느리다고 할 수 있다.

조사로 알게 된 점 일정한 시간에 이동한 물체들의 빠르기는 일정한 시간 동안 이동한 거리로 비교할 수 있다. 일정한 시간에 더 먼 거리를 이동할수록 빠른 물체이다.

과학자의 눈
다중 섬광 사진 (스트로보 사진)

다중 섬광 사진은 움직이는 물체를 같은 시간 간격으로 찍은 연속 사진이다. 예를 들어 0.1초 간격으로 빛을 비추면서 움직이는 물체를 찍으면 한 장의 사진에 같은 물체가 0.1초 간격으로 움직이는 모습이 찍힌다. 다중 섬광 사진에 찍힌 물체 사이의 시간 간격은 일정하므로 물체 사이의 거리를 측정하면 그 구간의 빠르기를 비교할 수 있다.

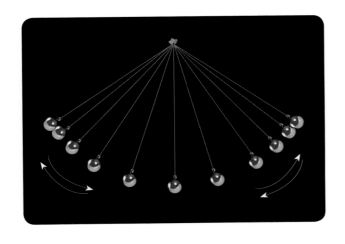

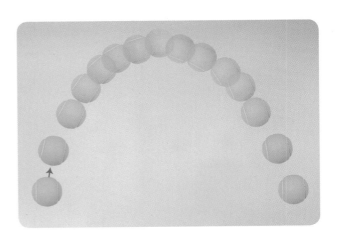

10초 동안 50m를 달린 사람과 20초 동안 200m를 이동한 자전거 중에서 어느 것이 더 빠를까?
이동 거리와 걸린 시간이 다른 물체의 빠르기를 속력으로 나타내어 비교해 보자.

준비물   계산기

일정한 거리를 이동하는 데 걸린 시간으로 물체의 빠르기 비교하기

50m

5초 ← 자전거로 이동한 시간

10초 ← 사람이 이동한 시간

▲ 물체의 빠르기는 일정한 거리를 이동하는 데 걸린 시간으로 비교할 수 있다. 일정한 거리 50m를 이동하는 데 사람이 10초 걸린다면 자전거가 50m를
이동하는 데 걸리는 시간을 구한 후, 사람이 걸린 시간과 비교하면 된다. 자전거는 200m를 이동하는 데 20초 걸리므로 200m의 $\frac{1}{4}$인 50m를 이동하
는 데에는 20초의 $\frac{1}{4}$시간, 즉 5초가 걸린다. 따라서 일정한 거리 50m를 이동하는 데 사람은 10초, 자전거는 5초가 걸리므로 자전거가 사람보다 빠르
다는 것을 알 수 있다.

일정한 시간 동안 이동한 거리로 물체의 빠르기 비교하기

자전거로 이동한 거리

100m

사람이 이동한 거리

50m

10초

▲ 물체의 빠르기는 일정한 시간 동안 이동한 거리로 비교할 수 있다. 일정한 시간 10초 동안 사람이 50m 이동했다면 자전거가 10초 동안 이동한 거
리를 구한 후, 사람이 이동한 거리와 비교하면 된다. 자전거는 20초 동안 200m 이동하므로 20초의 $\frac{1}{2}$인 10초 동안에는 200m의 $\frac{1}{2}$거리, 즉
100m를 이동한다. 따라서 일정한 시간 10초 동안 사람은 50m, 자전거는 100m를 이동하므로 자전거가 사람보다 더 빠르다는 것을 알 수 있다.

물체의 빠르기를 속력으로 나타내기

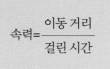

$$속력 = \frac{이동 \ 거리}{걸린 \ 시간}$$

◀ 물체의 빠르기는 속력으로 나타낼 수 있다. 속력은 물체의 이동 거리를 걸린 시간으로 나누어 구한다. 즉, 일정한
시간 동안 이동한 거리를 구하는 것이다. 10초 동안 50m를 달린 사람의 속력은 $\frac{50m}{10초}$=5m/초, 20초 동안 200m
를 이동한 자전거의 속력은 $\frac{200m}{20초}$ = 10m/초이다. 따라서 자전거의 속력이 사람의 속력보다 빠르다.

조사로 알게 된 점   이동 거리와 걸린 시간이 서로 다른 물체들의 빠르기는 속력으로 비교할 수 있다. 속력은 물체가 이동
한 거리를 걸린 시간으로 나누어 구한다. 속력 5m/초는 1초 동안 5m의 거리를 이동할 수 있는 빠르
기를 말하며 '초속 오미터'로 읽는다.

138 조사 단위가 다른 물체들의 속력 비교하기

30m/초의 속력을 가진 치타와 72km/시의 속력을 가진 자동차의 속력은 어떻게 비교할 수 있을까? 단위가 다른 물체들의 속력을 비교하는 방법을 알아보자.

준비물 계산기

에너지 · 물체의 속력

속력의 단위를 같게 하여 물체의 속력 비교하기

나는 1시간 동안 72km를 갈 수 있어.

나는 1초 동안 30m를 갈 수 있어.

구분	자동차	치타
1초 동안 이동한 거리	20m (1200m ÷ 60초)	30m
1분(=60초) 동안 이동한 거리	1200m (72000m ÷ 60분)	1800m (30m × 60초)
1시간(=60분=3600초) 동안 이동한 거리	72km(=72000m)	108000m(=108km) (1800m × 60분)

1시간=60분 =3600초

1km=1000m

◀ 단위가 다른 물체들의 빠르기는 단위를 같게 바꾼 다음 비교한다. 단위를 바꿀 때에는 1km=1000m, 1시간=60분=3600초, 1분=60초인 단위들 사이의 관계를 이용한다. 단위를 같게 한 다음 자동차와 치타의 속력을 비교하면 자동차 20m/초, 치타 30m/초로 치타의 속력이 자동차보다 빠르다는 것을 알 수 있다.

속력의 단위에 따른 다양한 표현법

구분	자동차	치타
초속	20m/s, 20m/초, 2000cm/s, 2000cm/초	30m/s, 30m/초, 3000cm/s, 3000cm/초
분속	1200m/min, 1200m/분, 1.2km/min, 1.2km/분	1800m/min, 1800m/분, 1.8km/min, 1.8km/분
시속	72km/h, 72km/시, 72000m/h, 72000m/시	108km/h, 108km/시, 108000m/h, 108000m/시

조사로 알게 된 점 단위가 다른 물체의 빠르기를 비교할 때는 시간과 거리의 단위를 같게 해야 한다. 이때 1km=1000m, 1시간=60분=3600초, 1분=60초인 단위들 사이의 관계를 이용한다. 비교하고자 하는 속력의 단위에 따라 초속, 분속, 시속으로 나타낼 수 있다.

과학자의 눈
비행기의 속력은 어떻게 측정할까?

비행기의 속력은 공기의 흐름을 이용하여 측정한다. 빠른 속력으로 날고 있는 비행기 안에서 공기의 흐름을 측정하는 것은 쉬운 일이 아니다. 이때 이용하는 것이 '피토관'이라는 것인데, 피토관은 공기의 흐름을 직접 받아들이는 주둥이와 공기의 흐름과 직각으로 향하고 있는 주둥이로 이루어져 있다. 이 두 관의 압력 차이로 공기 흐름의 속력을 정확하게 측정할 수 있다.

물체의 속력을 그래프로 나타내기

물체의 속력을 한눈에 알아볼 수 있는 방법은 없을까? 물체의 속력을 그래프로 나타내어 비교해 보자.

준비물 줄자, 빨대 조각, 움직이는 장난감, 시계, 모눈종이, 플라스틱 자

1초마다 장난감이 움직인 위치를 빨대 조각으로 표시하기

→ 가는 방향

장난감의 속력 구하기

시간(초)	0	1	2	3	4	5	6
이동 거리	0	20	40	58	73	83	90
1초당 이동 거리(cm)	20	20	18	15	10	7	
속력(cm/초)	20	20	18	15	10	7	

장난감의 속도를 그래프로 나타내기

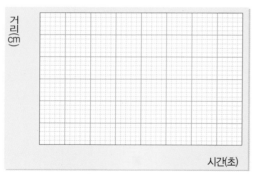

① 가로축 오른쪽 끝에 시간(초), 세로축 위쪽 끝에 거리(cm)로 축 이름과 단위를 표시한다.

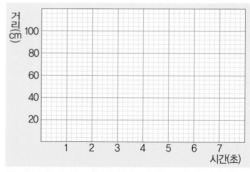

② 가로축과 세로축의 한 눈금의 크기를 정한다.

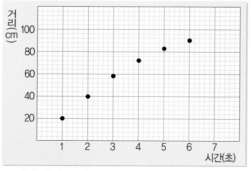

③ 시간에 따라 이동한 거리에 점을 찍는다.

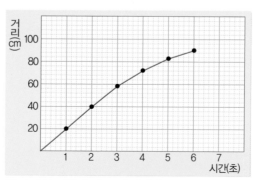

④ 표시한 점들을 자로 연결한다.

그래프의 기울기로 물체의 속도 비교하기

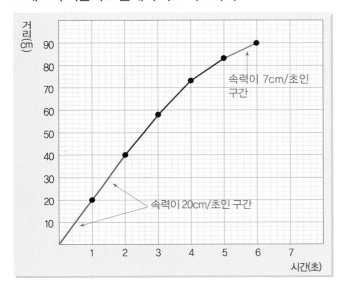

◀ 속력이 20cm/초인 구간(붉은색 직선)의 기울기와 속력이 7cm/초인 구간(푸른색 직선)의 기울기를 비교해 보면 붉은색 직선의 기울기는 급하고 푸른색 직선의 기울기는 완만하다. 이를 통해 속력이 크면 기울기가 크고 속력이 작으면 기울기가 작다는 것을 알 수 있다. 즉, 거리–시간 그래프에서 물체의 속력이 클수록 선분의 기울어진 정도는 커진다.

조사로 알게 된 점 물체의 **빠르기**는 거리–시간 그래프로 비교할 수 있다. 거리–시간 그래프에서 선분의 기울어진 정도는 물체의 속력을 의미한다. 따라서 물체의 속력이 클수록 선분의 기울어진 정도는 크고 물체의 속력이 작을수록 선분의 기울어진 정도는 작다.

과학자의 눈
등속 직선 운동

물체가 일정한 속력으로 직선 운동을 하는 것을 등속 직선 운동이라 한다. 우리 주변에서 볼 수 있는 등속 직선 운동을 하는 물체에는 에스컬레이터, 무빙워크, 엘리베이터 등이 있다. 등속 직선 운동은 다중 섬광 사진이나 시간 기록계를 이용한 종이테이프의 기록을 통해서 확인할 수 있다. 다중 섬광 사진과 시간 기록계는 일정한 시간 간격 동안 이동한 거리를 측정하는 것이므로 등속 직선 운동을 하는 물체의 경우, 다중 섬광 사진이나 시간 기록계의 종이테이프에서 일정한 간격으로 나타난다.

등속 직선 운동의 다중 섬광 사진

시간 기록계

시간 기록계는 물체가 운동한 시간이나 속력의 변화를 기록하는 기계 장치이다. 전자석의 원리를 이용한 것으로, 종이테이프에 일정한 간격으로 점을 찍는다. 종이에 찍힌 점과 점 사이의 시간 간격이 일정하므로 종이에 찍힌 점은 일정한 시간 간격마다 움직인 거리를 표시한 것이다.

⟵ 종이테이프의 운동 방향

▲ 속력이 일정한 운동을 할 때 시간 기록계는 같은 거리마다 점을 찍는다.

속력과 안전

물체의 속력이 우리 생활에 주는 이로움과 문제점은 무엇일까? 또 안전한 생활을 위해 실천해야 할 것에는 무엇이 있을까?

140 조사 교통 사고를 줄이기 위한 노력 알아보기

물체의 빠른 속력은 우리 생활에 여러 가지 이로움을 주지만 교통 사고와 같은 큰 피해를 주기도 한다. 이러한 문제점을 극복하기 위해 사람들은 여러 가지 약속과 장치를 만든다. 교통 안전을 위한 여러 가지 약속과 장치에 대해서 알아보자.

준비물 교통 표지판 자료, 과속 단속 자료, 안전 장치

여러 가지 교통 표지판의 종류와 의미

지시 표시	보행자 전용 도로임을 지시한다.	보행자가 횡단 보도로 통행할 것을 지시한다.	어린이 보호 구역 안에서 어린이 또는 유아의 보호를 지시한다.	자전거 전용 도로 또는 전용 구간임을 지시한다.
규제 표시	자전거의 통행을 금지한다.	차의 진입을 금지한다.	표지판에 표시한 속도로 자동차 등의 최고 속도를 지정한다.	보행자 및 차마 등의 통행을 금지한다.
주의 표시	 과속 방지턱이 있음을 알린다.	 도로 위나 도로 가에서 공사나 작업을 하고 있음을 알린다.	 어린이 또는 유아의 통행로나 횡단 보도가 주변에 있음을 알린다.	 횡단 보도가 있음을 알린다.

교통 안전을 위한 노력

안전 벨트 착용

무인 속도 측정기

과속 방지턱

과속 경보 표지판

조사로 알게 된 점 우리 생활에 이용하는 물체의 빠른 속력은 이롭기도 하지만 문제점도 있다. 물체의 빠른 속력으로 발생하는 문제점을 극복하기 위해 교통 규칙을 만들고 다양한 안전 장치를 개발한다.

141 조사 놀이 안전에 대해 알아보기

바퀴 달린 놀이 기구는 빠른 속력을 낼 수 있다. 하지만 보호 장비를 착용하지 않거나 방심하였을 경우, 큰 사고로 이어질 수도 있다. 놀이 기구의 안전에 대해서 알아보고 실천해 보자.

준비물 바퀴 달린 놀이 기구 자료, 안전 장치

바퀴 달린 놀이 기구의 안전

인라인스케이트를 신고 계단을 오르내리지 않습니다.

차가 다니지 않는 넓은 공터에서 탑니다.

핸들을 양손으로 잡고 바른 자세로 탑니다.

• 안전모와 보호대 등 보호 장구를 착용한다.
• 몸에 맞는 밝은색 옷과 신발을 신는다.
• 핸들, 바퀴, 브레이크 등에 이상이 없는지 자주 점검한다.
• 내리막길에서는 브레이크로 속도를 줄이거나 내려서 걷는다.

조사로 알게된 점 바퀴 달린 놀이 기구는 반드시 보호 장구를 착용하고 차가 다니지 않는 넓은 공터에서 타야 한다. 또한 브레이크 사용법을 익혀 속력을 조절할 수 있어야 한다.

과학자의 눈
자전거 안전 운전 면허 시험

국제 어린이 안전 기구인 세이프키즈코리아는 어린이를 대상으로 2001년부터 '어린이 자전거 안전 운전 면허 시험'을 진행하고 있다. 이론 교육과 필기시험은 홈페이지(www.safekids.or.kr)를 통해 이뤄지며, 여기에서 70점 이상을 받으면 실기 시험 응시 기회가 주어진다. 실기 시험은 매년 4월에서 10월까지 전국 10개 시험장에서 이루어지며 자전거 똑바로 가기, 횡단 보도 건너기, 지그재그 주행, 좌·우 회전 수신호, 컵 옮기기, 언덕 오르내리기 등 단계별로 이루어져 있다. 총 10개 코스 중 7개 코스 이상을 무사히 통과하면 자전거 안전 운전 면허증을 발급받을 수 있다.

도로에서의 안전

도로에서 차의 속력은 사람이 뛰는 속력보다 훨씬 빠르다. 따라서 차가 멀리서 오고 있다고 판단하고, 도로를 건너거나 물건을 잡으러 도로로 달려가면 매우 위험하다. 더욱이 차 안의 운전자가 도로에 있는 사람을 발견하고 브레이크를 밟아 차를 세울 때까지는 시간이 필요하므로 더 위험하다.

초시계와 거리 측정 장치가 없었던 때에는 움직이는 물체의 속력을 어떻게 측정하였을까? 간단한 도구를 통해 물체의 속력을 어림해 보자.

준비물 줄자(50m), 표시 깃발 두 개, 초시계

움직이는 물체의 속력 어림하기

① 학교 주변 어린이 보호 구역의 인도에 표시 깃발 두 개를 50m 간격으로 놓는다.

자동차가 두번째 깃발을 통과할 때 신호를 보낸다.

신호를 보고 시간을 측정한다.

자동차가 첫번째 깃발을 통과할 때 신호를 보낸다.

② 자동차가 첫번째 표시 깃발을 지나갈 때와 두 번째 표시 깃발을 지나갈 때 걸린 시간을 측정한다.

결과

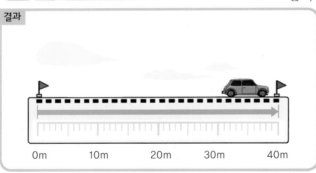

◀ 자동차가 40m를 이동할 때 초시계로 측정한 시간이 4초라면 속력은 거리를 시간으로 나눈 값이므로 자동차의 속력은 10m/s임을 어림할 수 있다. 길에 있는 전봇대와 전봇대 사이의 거리는 약 100m이므로 이를 이용해서도 속력을 어림할 수 있다.

실험으로 알게된 점 속력을 알기 위해서는 이동 거리와 걸린 시간을 측정해야 한다. 따라서 움직이는 물체의 속력은 정해진 구간을 통과하는 데 걸린 시간을 측정하여 어림할 수 있다.

과학자의 눈

항해하는 배의 속력 어림하기

항해하는 배의 속력을 측정하는 기구는 16세기에 최초로 개발되었는데 매듭이 있는 밧줄, 납으로 된 추가 달려 있는 삼각형 나뭇조각으로 되어 있다. 삼각형 나뭇조각을 바다에 던져 놓으면 배가 앞으로 나아갈 때에 밧줄과 매듭이 함께 풀린다. 모래시계의 모래가 한 번 다 떨어지는 동안 풀린 밧줄의 길이를 재면 배의 속력을 구할 수 있다.

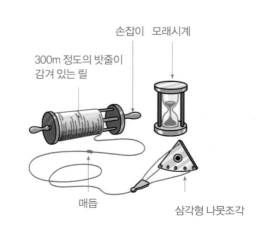

손잡이 모래시계

300m 정도의 밧줄이 감겨 있는 릴

매듭

삼각형 나뭇조각

빠르게! 더 빠르게!

2000년 시드니 올림픽 수영 종목에서 33개 금메달 중 23개를 전신 수영복 스피드 패스트 스킨을 착용한 선수들이 획득했다. 이 일이 있고 난 후 많은 사람들은 전신 수영복에 숨어 있는 과학적 원리에 관심을 가지게 되었다. 전신 수영복에는 삼각형 돌기가 나 있는데, 이것은 상어 비늘의 미세한 돌기인 리블렛(Riblet)의 원리를 적용하여 개발한 것이다.

상어 비늘의
리블렛

상어 비늘의 미세 돌기인 리블렛은 수영할 때 몸 주변에서 발생하는 소용돌이를 밀어내는 역할을 하여 최대 8%까지 마찰 저항을 줄임으로써 더 빠른 속력으로 헤엄칠 수 있도록 한다.

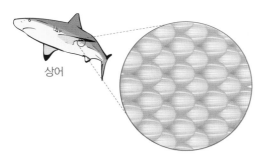

상어

상어 비늘 리블렛

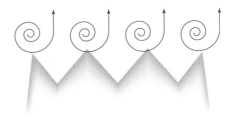

▲ 소용돌이가 표면에 닿지 않고 끝에서 밀려난다.

이와 같은 상어 비늘의 리블렛은 공기나 물의 저항을 줄일 필요가 있는 자동차의 타이어, 잠수함, 비행기, 수영복 등 다양한 용도로 이용되고 있다. 서울대 최해천 교수(기계항공 우주공학과)는 인공 상어 비늘을 비행기의 표면에 붙이면 최대 8%까지 공기 저항을 줄이고 이로 인하여 연료를 크게 줄일 수 있다는 연구 결과를 발표했다.

하지만 $\frac{1}{100000}$ m 간격인 리블렛 사이에 낀 먼지를 청소하는 비용이 너무 비싸서 경제적이지는 않다는 결론에 도달했다. 이 문제를 해결하기 위해서 최근 최해천 교수는 물속에서 시속 110km로 헤엄치는 돛새치의 비늘을 연구하고 있다.

렌즈

오목 렌즈와 볼록 렌즈로 물체를 보면 어떻게 보일까? 렌즈를 통과한 빛은 어떻게 나아갈까?

143 실험 신기한 색깔 렌즈 만들기

렌즈와 여러 가지 색깔의 셀로판 종이 등을 이용하여 무늬와 색깔이 다양한 색깔 렌즈를 만들고, 빛을 통과시켜 다양한 무늬의 모습을 관찰해 보자.

> **준비물** 손잡이가 있는 여러 가지 렌즈, 색깔 렌즈 판, 셀로판 테이프, 셀로판 종이(빨간색, 파란색, 노란색, 초록색), 가위, 하얀색 종이, 광원(햇빛 또는 LED 손전등)

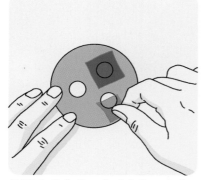

① 둥근 색깔 렌즈 판 뒷면에 오린 셀로판 종이를 붙인다.

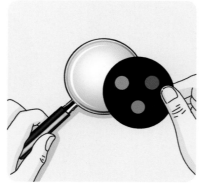

② 셀로판 종이를 붙인 색깔 렌즈 판을 셀로판 테이프를 이용하여 렌즈에 붙인다.

③ 햇빛이나 LED 손전등의 빛을 이용하여 하얀색 종이에 다양한 색깔 무늬를 만들어 본다.

결과

색깔 볼록 렌즈

색깔 오목 렌즈

▲ 색깔 볼록 렌즈를 사용하면 색깔 무늬가 모이면서 하얀색으로 변한다.

▲ 색깔 오목 렌즈를 사용하면 색깔 무늬가 넓게 퍼진다.

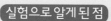 **실험으로 알게 된 점** 색깔 볼록 렌즈를 사용했을 때 빛이 하얀색으로 변한 것으로 보아 볼록 렌즈는 빛을 모으는 성질이 있고, 색깔 오목 렌즈를 사용했을 때 색깔 무늬가 넓게 퍼지는 것으로 보아 오목 렌즈는 빛을 퍼지게 하는 성질이 있음을 알 수 있다.

144 실험　오목 렌즈로 물체를 보면 어떻게 보이는지 알아보기

렌즈는 유리와 플라스틱과 같이 투명한 물질을 오목하게 또는 볼록하게 만들어 빛을 퍼지게 하거나 모이게 하는 도구이다. 오목 렌즈의 모양과 오목 렌즈로 물체가 어떻게 보이는지 알아보자.

준비물　오목 렌즈, 여러 가지 물체

오목 렌즈의 모양

오목 렌즈의 모양을 관찰해 본다.

▲ 평면 오목 렌즈

▲ 양면 오목 렌즈

▲ 볼록-오목 렌즈

오목 렌즈로 물체 살펴 보기

① 오목 렌즈를 눈에서 한 뼘 길이 정도의 위치에 두고 한 뼘 길이 정도 가까이 있는 물체와 한 팔 길이보다 멀리 있는 물체를 관찰하여 본다.

② 오목 렌즈를 눈에서 한 팔 길이 정도의 위치에 두고 한 뼘 길이 정도 가까이 있는 물체와 한 팔 길이보다 멀리 있는 물체를 관찰하여 본다.

결과

▲ 오목 렌즈와 눈 사이의 거리가 한 뼘 길이 정도일 때에 오목 렌즈에서 한 뼘 길이 정도 가까이 있는 물체와 한 팔 길이보다 멀리 있는 물체는 모두 작고 똑바로 보인다.

결과

▲ 오목 렌즈와 눈 사이의 거리가 한 팔 길이 정도일 때에 오목 렌즈에서 한 뼘 길이 정도 가까이 있는 물체와 한 팔 길이보다 멀리 있는 물체는 모두 작고 똑바로 보인다.

실험으로 알게 된 점　오목 렌즈를 옆에서 보면 렌즈의 가운데 부분이 가장자리 부분보다 얇으며, 오목 렌즈로 물체를 보면 물체가 항상 작고 똑바로 보인다.

볼록 렌즈의 모양과 볼록 렌즈를 통하여 보이는 물체의 모습을 살펴 보자.

> 준비물 볼록 렌즈, 여러 가지 물체

볼록 렌즈의 모양

볼록 렌즈의 모양을
관찰해 본다.

▲ 평면 볼록 렌즈

▲ 양면 볼록 렌즈

▲ 오목—볼록 렌즈

볼록 렌즈로 물체 살펴 보기

① 볼록 렌즈를 눈에서 한 뼘 길이 정도의 위치에 두고 한 뼘 길이 정도 가까이 있는 물체와 한 팔 길이보다 멀리 있는 물체를 관찰하여 본다.

② 볼록 렌즈를 눈에서 한 팔 길이 정도의 위치에 두고 한 뼘 길이 정도 가까이 있는 물체와 한 팔 길이보다 멀리 있는 물체를 관찰하여 본다.

결과

▲ 볼록 렌즈와 눈 사이의 거리가 한 뼘 길이 정도일 때에 볼록 렌즈에서 한 뼘 길이 정도 가까이 있는 물체와 한 팔 길이보다 멀리 있는 물체는 모두 크고 똑바로 보인다.

결과

▲ 볼록 렌즈와 눈 사이의 거리가 한 팔 길이 정도일 때에 볼록 렌즈에서 한 뼘 길이 정도 가까이 있는 물체는 크고 똑바로 보이고, 한 팔 길이보다 멀리 있는 물체는 작고 거꾸로 보인다.

실험으로 알게 된 점 볼록 렌즈를 옆에서 보면 렌즈의 가운데 부분이 가장자리 부분보다 두꺼우며, 볼록 렌즈로 물체를 보면 물체가 크고 똑바로 보이지만 볼록 렌즈와 눈 사이의 거리가 한 팔 길이 정도일 때에 볼록 렌즈에서 한 팔 길이보다 멀리 있는 물체를 보면 작고 거꾸로 보인다.

146 실험 안경은 어떤 렌즈로 만드는지 알아보기

안경에는 근시경과 원시경이 있다. 안경으로 물체를 관찰하고 안경의 종류에 따라
물체가 어떻게 달라 보이는지 알아보자.

준비물 근시경, 원시경

안경으로 물체 관찰하기

가까이 있는 물체를 볼 때

멀리 있는 물체를 볼 때

▲ 안경과 눈 사이의 거리가 한 뼘 길이 정도일 때

가까이 있는 물체를 볼 때

멀리 있는 물체를 볼 때

▲ 안경과 눈 사이의 거리가 한 팔 길이 정도일 때

구분	가까이 있는 물체를 볼 때	멀리 있는 물체를 볼 때
근시경	작고 똑바로 보임.	작고 똑바로 보임.
원시경	크고 똑바로 보임.	크고 똑바로 보임.

구분	가까이 있는 물체를 볼 때	멀리 있는 물체를 볼 때
근시경	작고 똑바로 보임.	작고 똑바로 보임.
원시경	크고 똑바로 보임.	작고 거꾸로 보임.

근시경과 원시경을 만드는 렌즈

▲ 근시가 있는 사람이 멀리 있는 물체를 보
았을 때

▲ 근시가 있는 사람이 근시경을 쓰고 멀리
있는 물체를 보았을 때

◀ 근시경을 통하여 보는 모습은 오목 렌즈를
통하여 보는 모습과 같다. 즉, 근시경은 오목
렌즈를 이용해서 만든다.

▲ 원시가 있는 사람이 가까이 있는 물체를
보았을 때

▲ 원시가 있는 사람이 원시경을 쓰고 가까이
있는 물체를 보았을 때

◀ 원시경을 통하여 보는 모습은 볼록 렌즈를
통하여 보는 모습과 같다. 즉, 원시경은 볼록
렌즈를 이용해서 만든다.

실험으로 알게 된 점 근시경을 통하여 본 모습은 오목 렌즈를 통하여 본 모습과 같고, 원시경을 통하여 본 모습은 볼록 렌
즈를 통하여 본 모습과 같다. 따라서 근시경은 오목 렌즈로, 원시경은 볼록 렌즈로 만든다는 것을 알
수 있다.

공기 중에서 나아가던 빛이 렌즈를 만나면 어떻게 되는지 알아보자.

> **준비물** 손잡이가 있는 볼록 렌즈, 손잡이가 있는 오목 렌즈, LED가 한 개인 손전등, 종이컵 두 개, 모눈 종이 스크린, 자

렌즈에 빛 통과시키기

① 종이컵을 뒤집어 놓고 그 위에 불이 켜진 손전등을 올려놓는다.

② 손전등에서 50cm 정도 떨어진 위치에 종이컵을 뒤집어 놓고 볼록 렌즈를 올려 놓는다.

③ 모눈종이 스크린을 볼록 렌즈에 가까이 붙였다가 서서히 멀리 하면서 모눈종이 스크린에 비친 밝은 부분을 그려 본다.

④ 오목 렌즈를 이용해 ①~③의 활동을 해 본다.

결과

볼록 렌즈를 통과한 빛

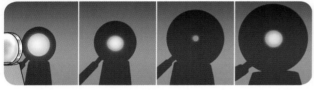

▲ 스크린이 볼록 렌즈와 점점 멀어지면 좁은 면적으로 모였다가, 더 멀어지면 빛이 다시 퍼진다.

오목 렌즈를 통과한 빛

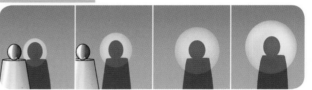

▲ 스크린이 오목 렌즈와 점점 멀어질수록 빛이 넓은 면적으로 퍼진다.

렌즈를 통과한 빛이 나아가는 모습

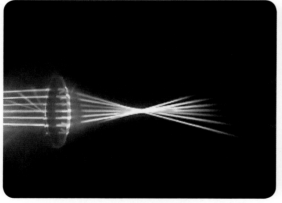

▲ 볼록 렌즈를 통과한 빛은 한점에 모였다가 다시 퍼진다.

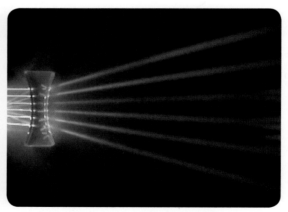

▲ 오목 렌즈를 통과한 빛은 넓은 면적으로 퍼진다.

실험으로 알게된 점 볼록 렌즈를 통과한 빛은 한점으로 모였다가 다시 퍼지며, 오목 렌즈를 통과한 빛은 넓은 면적으로 퍼진다. 이를 통해 빛이 렌즈를 통과할 때 렌즈의 두꺼운 쪽으로 퍼진다는 것을 알 수 있으며, 이러한 현상을 굴절이라고 한다.

생활 속 빛의 굴절

냇가에서 물의 깊이를 눈으로 어림하여 보면 실제보다 얕아 보인다. 그래서 물에 들어갔다가 보이는 것보다 물이 깊다는 것을 알고 당황하기도 한다. 물의 깊이가 실제보다 얕아 보이는 까닭은 빛이 물속에서 공기 중으로 나올 때 물의 표면에서 빛이 꺾여 나오는 굴절 현상 때문이다.

물 밖에 있는 사람이 물속에 있는 물체를 볼 수 있는 까닭은 물체에서 나온 빛이 사람의 눈에 도달하기 때문이다. 물체에서 나온 빛은 물속에서 공기 중으로 나올 때 물의 표면에서 굴절되어 눈으로 들어오지만 사람의 눈은 빛이 굴절되지 않고 곧바로 눈에 도달하는 것으로 생각한다. 그래서 사람의 눈에는 물속에 있는 물체가 실제 위치보다 얕은 곳에 있는 것처럼 보인다.

태양은 보기보다 늦게 뜨고 일찍 진다.

태양에서 발생한 빛은 지구의 대기권을 지나면서 굴절된다. 이로 인하여 실제 태양의 위치와 관찰자가 보게 되는 태양의 위치에 차이가 생긴다. 태양이 A 위치에 있을 때 굴절된 태양 빛에 의해서 태양이 마치 A' 위치에 있는 것처럼 보인다. 즉, 태양이 실제 지평선 위에 떠오르지 않았지만 관찰자가 보기에는 이미 뜬 것처럼 보인다. 해가 질 때에도 같은 현상이 나타난다. 태양은 이미 지평선이나 수평선 아래로 내려간 B 위치에 있지만 굴절에 의해서 우리 눈에는 B' 위치에 있는 것처럼 보이기 때문에 아직 태양이 지지 않았다고 생각하게 된다. 즉, 태양은 우리가 보는 것보다 늦게 뜨고 더 일찍 진다.

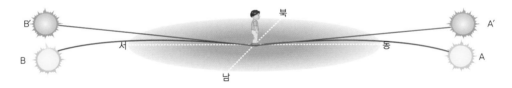

갈릴레오의 망원경

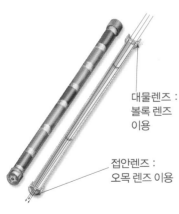

대물렌즈 : 볼록 렌즈 이용

접안렌즈 : 오목 렌즈 이용

갈릴레오 갈릴레이(Galileo Galilei, 1564~1642)는 직접 제작한 망원경으로 역사상 처음 밤하늘을 관찰한 과학자이다. 갈릴레오는 1609년 한스 리퍼쉬(Hans Lippershey)가 사물을 확대해서 볼 수 있는 망원경을 발명했다는 소문을 들었다. 갈릴레오는 한스 리퍼쉬의 망원경을 구입한 후, 여러 차례의 개량을 거쳐 배율이 32배가 되는 망원경을 만들었다. 그리고 이를 이용하여 은하수, 토성 주위의 고리, 태양의 흑점, 목성 주위의 4개의 위성 등을 발견하였다.

갈릴레오 망원경은 나무와 가죽으로 이루어진 관의 양쪽 끝에 대물렌즈와 접안렌즈가 끼워져 있다. 대물렌즈는 바깥쪽이 볼록한 렌즈를 사용했으며, 접안렌즈는 양쪽이 오목한 렌즈를 사용하였다. 하늘 쪽에서 빛이 들어와 바깥쪽이 볼록한 렌즈를 통과하여 빛이 휘어지고, 이 빛이 오목 렌즈를 통과하면서 확대된 상을 관찰할 수 있는 것이다.

렌즈는 빛을 모으거나 퍼지게 하는 기구이다. 볼록 렌즈를 이용해 햇빛을 한 점으로 모으면 어떤 현상이 나타나는지 알아보자.

준비물 손잡이가 있는 볼록 렌즈, 손잡이가 있는 오목 렌즈, 하얀색 종이, 알코올 온도계, 초시계

① 손잡이가 있는 볼록 렌즈의 한쪽 면 이 햇빛을 향하게 하고 다른 한쪽 면 아래에 하얀색 종이를 놓은 후 거리 를 조절하며 햇빛을 모아 본다.

② 하얀색 종이 위에 알코올 온도계를 놓고 액체샘 부분에 볼록 렌즈로 햇 빛을 모아 비추어 본다.

③ 오목 렌즈로 햇빛을 모을 수 있는 지 확인한다.

볼록 렌즈와 오목 렌즈에 햇빛을 통과시켰을 때의 결과

볼록 렌즈에 햇빛을 통과시켰을 때	햇빛이 한 점에 모이며 밝아짐.
볼록 렌즈로 햇빛을 모아 온도계의 액체샘을 비추었을 때	온도가 점점 높아짐.
오목 렌즈에 햇빛을 통과시켰을 때	햇빛이 모아지지 않음.

볼록 렌즈로 햇빛 모으기

볼록 렌즈에 햇빛을 통과시키면 한 점에 모이며 밝아지고 온도가 점점 높아진다. 따라서 햇빛이 모이는 한 점에 종이나 불이 잘 붙는 물체를 놓으면 온도가 점점 높아지다가 물질의 발화점 이상으로 온도가 올라가면 불이 붙는다. 종이의 발화점이 약 240℃ 정도이 므로, 볼록 렌즈로 햇빛을 모았을 때의 온도는 그 이상이라는 것을 알 수 있다.

실험으로 알게된 점 볼록 렌즈로 햇빛을 모으면 밝기가 밝아지며, 온도가 높아진다. 오목 렌즈는 렌즈의 가장자리 부분 이 가운데 부분보다 두꺼워 빛이 바깥쪽으로 꺾여 퍼지기 때문에 오목 렌즈로는 빛을 모을 수 없다.

렌즈를 이용하여 만든 기구는 우리 생활을 편리하게 해 준다. 다음 그림에서 렌즈를 이용하는 기구를 찾아 기구의 용도와 이용한 렌즈의 종류를 조사해 보자.

원시가 있는 사람이 가까이 있는 물체를 선명하게 볼 수 있게 하여 주며 볼록 렌즈가 이용된다.

물체를 크게 보여 주며, 볼록 렌즈가 이용된다.

물체에서 나온 빛이 모이도록 하여 물체의 모습이 생기도록 하여 주며 볼록 렌즈가 이용된다.

▲ 원시경

▲ 돋보기

▲ 사진기

에너지 · 렌즈의 이용

▲ 루페

물체의 모습을 크게 보여 주며, 볼록 렌즈가 이용된다.

▲ 망원경

먼 곳에 있는 물체를 크게 보여 주며, 볼록 렌즈 두 개 또는 볼록 렌즈 한 개와 오목 렌즈 한 개가 이용된다.

▲ 근시경

근시가 있는 사람이 멀리 있는 물체를 선명하게 볼 수 있게 하며, 오목 렌즈가 이용된다.

조사로 알게 된 점 렌즈를 이용하는 기구에는 망원경, 현미경, 근시경, 원시경, 돋보기, 루페 등이 있으며, 기구의 종류에 따라 볼록 렌즈와 오목 렌즈가 이용된다.

물체의 모습을 똑같이 재현하는 사진기는 어떤 원리를 이용한 것일까? 간이 사진기를 만들어 물체를 관찰해 보면서 사진기의 원리를 알아보자.

준비물 1000mL 우유 상자, 검은색 도화지, 볼록 렌즈, 기름종이, 칼, 가위, 셀로판 테이프

간이 사진기 만들기

① 우유 상자의 바닥에 렌즈보다 조금 작은 구멍을 낸다.

② 셀로판 테이프를 이용하여 우유 상자 바닥에 렌즈를 붙인다.

③ 검은색 도화지를 이용하여 우유 상자 안에 끼울 속 상자를 만든다.

④ 속 상자 앞부분에 기름종이를 붙여서 스크린을 만든다.

⑤ 기름종이를 붙인 속 상자를 우유 상자 안에 끼운다.

⑥ 물체를 관찰하면서 렌즈와 기름종이 사이의 거리를 조절하여 초점을 맞춘다.

바늘구멍 사진기와 간이 사진기의 차이점

바늘구멍 사진기	간이 사진기
• 겉 상자에 바늘구멍을 뚫는다. • 물체에서 반사되어 바늘구멍을 통과하는 빛은 매우 적다. • 스크린에 맺히는 상이 희미하다.	• 겉 상자에 볼록 렌즈를 붙인다. • 물체에서 반사된 빛이 볼록 렌즈에 의해 겹치지 않게 모아진다. • 스크린에 선명한 상이 맺힌다.
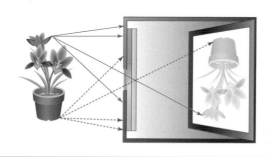	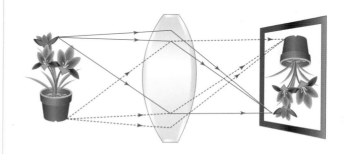

실험으로 알게 된 점 바늘구멍 사진기는 작은 구멍을 통과한 빛에 의해서만 상이 만들어지므로 스크린에 희미한 상이 맺힌다. 바늘구멍이 커지면 빛은 더 많이 들어오지만 많은 빛이 겹쳐서 상이 선명하지 않게 된다. 하지만 바늘구멍보다 좀 더 큰 구멍을 뚫고 볼록 렌즈를 끼운 간이 사진기는 볼록 렌즈에 의해 물체에서 반사된 빛이 겹치지 않게 스크린에 모이므로 스크린에 선명한 상이 맺히게 된다. 이러한 이유로 사진기에 렌즈를 사용하게 된 것이다.

사진기는 렌즈를 이용한 기구이다. 이런 사진기의 렌즈 앞에 다른 렌즈나 렌즈의 역할을 하는 주변의 물건을 이용해 창의적인 사진을 찍어 보자.

준비물 사진기(또는 휴대폰), 오목 렌즈, 볼록 렌즈, 유리컵, 유리막대 등

① 여러 가지 물건을 관찰하여 사진을 찍을 때에 사용할 수 있는 물건을 선택한다.

사진기와 렌즈의 거리를 한 뼘 거리, 한 팔 길이 등으로 조절하며 찍는다.

② 사진기와 렌즈와의 거리를 달리하며 사진을 찍어 본다.

다양한 렌즈를 이용해 찍은 사진

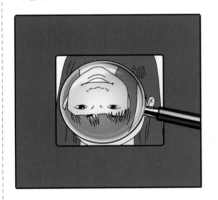

▲ 볼록 렌즈를 이용해 찍은 모습

▲ 오목 렌즈를 이용해 찍은 모습

볼록 렌즈   오목 렌즈

▲ 볼록 렌즈와 오목 렌즈를 이용해 찍은 모습

실험으로 알게 된 점 렌즈에는 볼록 렌즈와 오목 렌즈가 있으며 가까이 있는 물체를 크게 보이게 하는 볼록 렌즈와 물체가 작고 똑바로 보이게 하는 오목 렌즈의 성질을 이용하면 창의적인 사진을 찍을 수 있다.

과학자의 눈
허블 망원경의 렌즈

허블 망원경은 대기권 밖에서 우주 관측을 정밀하게 하기 위해서 만들어진 반사 망원경으로 미국 항공우주국과 유럽 우주국이 주축이 되어 개발되었다. 허블 망원경은 전체 길이 13.3m, 무게 11.6t으로 대형 버스 정도의 크기이며 설치되어 있는 광학 망원경의 렌즈는 지름이 2.4m로 웬만한 어른의 키보다 더 크다.

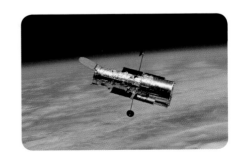

전기 회로

우리 생활에 꼭 필요한 전기는 눈에 보이지 않고 손으로 만질 수도 없다. 전기가 흐르고 있음을 어떻게 알 수 있을까?

152 관찰 철사를 이용한 놀이 기구 만들기

철사를 이용해서 놀이 기구를 만들고 놀이 기구를 통해 전구에 불이 켜질 때와 켜지지 않을 때 어떤 차이점이 있는지 관찰해 보자.

준비물 전지, 전지 끼우개, 집게 전선, 전구, 전구 소켓, 철사, 라디오 펜치

① 철사를 20cm로 잘라 지름이 2cm 정도인 철사 고리를 만든다.

철사를 구부릴 때는 철사 끝이 흔들려 눈에 찔리지 않도록 한다.

② 철사 80cm로 다양한 모양의 구불구불한 철사 길을 만든다.

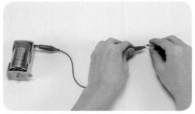

③ 전지와 전구를 전선으로 연결한다.

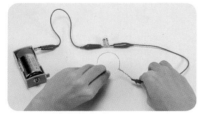

④ 전구와 연결된 전선을 철사 고리에 연결한다.

⑤ 전지와 연결된 전선을 철사 길에 연결한다.

⑥ 철사 고리를 철사 길에 끼워 철사 길을 통과해 본다.

결과

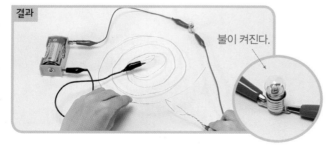

불이 켜진다.

▲ 철사 고리가 철사 길에 닿으면 전구에 불이 들어온다.

결과

불이 켜지지 않는다.

▲ 철사 고리가 철사 길에 닿지 않으면 불이 들어오지 않는다.

관찰로 알게 된 점 철사 고리와 철사 길이 서로 닿지 않을 때에는 전구에 불이 켜지지 않지만 철사 고리와 철사 길이 닿았을 경우에는 전구에 불이 켜졌다. 전구에 불이 켜졌다는 것은 전기 회로에 전기가 흐른다는 것을 나타낸다. 즉, 철사 고리와 철사 길이 닿지 않았을 때는 열린 회로가 되어 전기 회로에 전류가 흐르지 않지만, 철사 고리와 철사 길이 닿았을 때는 닫힌 회로가 되어 전기 회로에 전류가 흐른다는 것을 알 수 있다.

153 실험 전지, 전구, 전선을 연결하여 전구에 불 켜기

전지, 전선, 전구, 스위치 등의 여러 가지 전기 부품들을 연결한 것을 전기 회로라고 한다. 전구에 불이 켜지려면 전기 회로를 어떻게 연결해야 하는지 알아보자.

준비물　전지, 전선, 전구, 피복 벗기개, 셀로판 테이프

전선 피복 벗기기

▲ 전선 2개의 양쪽 끝을 피복 벗기개를 이용하여 피복을 벗겨 낸다.

전지와 전구를 전선 2개로 연결하여 전구에 불이 켜지는지 확인하기

▲ 전구에 불이 켜지지 않는다.

꼭지쇠
꼭지

▲ 전구에 불이 켜지지 않는다.

▲ 전구에 불이 켜진다.

▲ 전구에 불이 켜지지 않는다.

전지와 전구를 전선 1개로 연결하여 전구에 불이 켜지는지 확인하기

▲ 전구에 불이 켜진다.

▲ 전구에 불이 켜지지 않는다.

▲ 전구에 불이 켜진다.

▲ 전구에 불이 켜지지 않는다.

실험으로 알게된 점　전선 2개로 연결할 때는 전선이 전구의 꼭지와 꼭지쇠에, 전지의 양쪽 극에 각각 연결되어 있으면 전구에 불이 켜진다. 또한 전선 1개로 연결할 때는 전선이 전구의 꼭지쇠(꼭지)와 전지의 (−)극에 연결되어 있고, 전구의 꼭지(꼭지쇠)가 전지의 (+)극에 연결되어 있으면 불이 켜진다. 즉, 전구에 불이 켜지기 위해서는 전구의 꼭지와 꼭지쇠, 전지의 양끝이 하나로 연결된 닫힌 회로가 되어야 한다.

전기 플러그의 콘센트에 꽂는 부분은 왜 금속으로 되어 있을까? 전기가 통하는 물질과 통하지 않는 물질을 살펴보면서 그 까닭을 알아보자.

준비물 전지, 전지 끼우개, 집게 전선, 전구, 전구 소켓, 스위치, 여러 가지 물체(쇠숟가락, 동전, 알루미늄 포일, 클립, 못, 종이, 고무풍선, 나무젓가락, 빨대 등)

회로 검사기 꾸미기

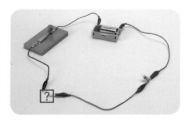

① 전지, 전구, 전선, 스위치를 이용하여 전기가 통하는 물체와 통하지 않는 물체를 구별하기 위한 전기 회로를 꾸민다.
② 전기 회로의 ? 부분에 여러 가지 물체를 연결한다.
③ 스위치를 눌렀을 때, 전구에 불이 켜지는 물체는 어느 것인지 관찰한다.

회로 검사기에 여러 가지 물체 연결하기

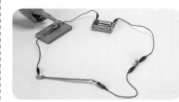
▲ 쇠숟가락 – 불이 켜짐

▲ 동전 – 불이 켜짐

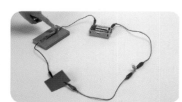
▲ 종이 – 불이 안켜짐

▲ 알루미늄 포일 – 불이 켜짐

▲ 고무풍선 – 불이 안 켜짐

▲ 클립 – 불이 켜짐

▲ 나무젓가락 – 불이 안 켜짐

▲ 못 – 불이 켜짐

▲ 빨대 – 불이 안 켜짐

전기가 통하는 물질과 통하지 않는 물질

구분	실험 결과	공통점
전구에 불이 켜지는 물체	쇠숟가락, 동전, 알루미늄 포일, 클립, 못	철, 알루미늄, 구리 등의 금속 물질로 이루어져 있다.
전구에 불이 켜지지 않는 물체	종이, 고무풍선, 나무젓가락, 빨대	나무, 고무, 플라스틱 등의 물질로 이루어져 있다.

실험으로 알게된 점 철, 알루미늄, 구리 등의 금속 물질로 이루어진 물체는 전기 회로에 연결했을 때 전구에 불이 켜진다. 하지만 나무, 고무, 유리, 플라스틱 등의 물질로 이루어진 물체는 전기 회로에 연결했을 때 전구에 불이 켜지지 않는다. 전구에 불이 켜진다는 것은 닫힌 회로가 되어 전류가 흐른다는 것이다. 즉, 금속은 전기를 통하게 하는 성질이 있고, 나무, 고무, 유리, 플라스틱은 전기를 통하지 않는 성질이 있다. 이와 같이 전기가 통하는 물질을 **도체**라 하고 전기가 통하지 않는 물질을 **부도체**라고 한다.

전기 부품에서 도체인 부분과 부도체인 부분

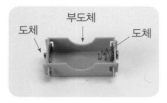

부도체
도체   도체

전지 끼우개

도체   도체
부도체

전구 소켓

부도체   부도체
도체   도체

집게 전선

부도체
도체   도체   도체

스위치

도체   부도체
부도체

플러그

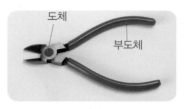

도체
부도체

니퍼

전구의 구조

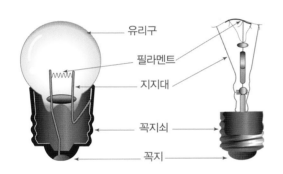

유리구
필라멘트
지지대
꼭지쇠
꼭지

▲ 일반 전구의 필라멘트는 텅스텐으로 되어 있고, 유리구 속은 진공 상태이거나 아르곤과 질소 가스로 채워져 있다.

전지의 구조(망간 건전지)

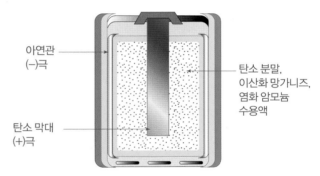

아연관 (−)극
탄소 막대 (+)극
탄소 분말,
이산화 망가니즈,
염화 암모늄
수용액

▲ 전지는 (−)극의 아연통 속에 (+)극의 탄소 막대가 중앙에 끼워져 있고, 그 사이에 염화 암모늄과 이산화 망가니즈가 채워져 있다.

부표형 태양광 발전기

수산과학원에서는 양식장의 스타이로폼 부표처럼 물 위를 떠다니며 전력을 생산하는 '부표형 태양광 발전기'를 개발했다.

비치볼 모양의 태양 전지와 이를 감싸는 투명 아크릴 덮개로 이루어진 부표형 태양광 발전기는 바람이나 파도에 휩쓸리지 않고 바다에 반사된 강한 햇빛을 전기로 바꾼다.

평면의 태양 전지판은 태양과 이루는 각도에 따라 발전 효율이 달라지지만 부표형 태양광 발전기는 바다나 호수는 물론 좁은 땅에서도 반사판과 함께 설치할 수 있어 환경이나 면적에 관계없이 태양광 발전이 가능하다.

부표형 태양광 발전기

직렬 연결과 병렬 연결

생활에서 이용하는 전기 제품은 전지와 전구가 다양한 방법으로 연결되어 있다. 전지와 전구의 연결 방법이 왜 다른 걸까?

155 실험 전지의 연결 방법에 따른 전구의 밝기 비교하기 ? 🖧 !

전지 여러 개를 함께 사용하는 경우, 전기 제품에 따라 전지의 연결 방법이 다르다. 전지의 연결 방법이 다른 까닭은 무엇일까? 전지의 연결 방법에 따른 전구의 밝기를 관찰하면서 그 까닭을 알아보자.

준비물 전지, 전지 끼우개, 집게 전선, 전구, 전구 소켓

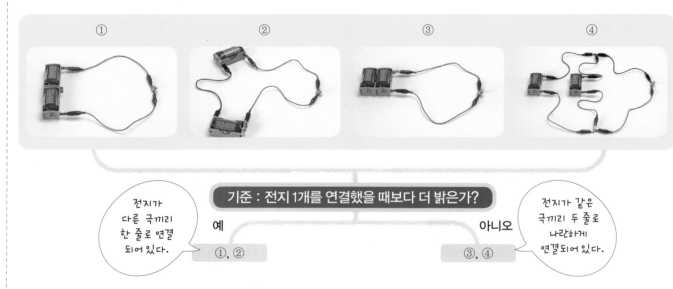

기준 : 전지 1개를 연결했을 때보다 더 밝은가?

전지가 다른 극끼리 한 줄로 연결되어 있다.

예 ①, ②

아니오 ③, ④

전지가 같은 극끼리 두 줄로 나란하게 연결되어 있다.

분류한 두 무리의 전기 회로에서 전지 한 개씩 빼기

결과

▲ 전지의 직렬 연결은 전지에서 전류가 나오는 길이 하나이기 때문에 전지 하나를 빼면 열린 회로가 되어 전구의 불이 꺼진다.

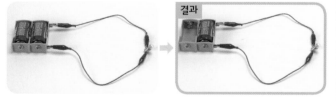

결과

▲ 전지의 병렬 연결은 전지에서 전류가 나오는 길이 두 개로 나누어져 있어 하나의 전지를 빼더라도 다른 전지에서 전류가 공급되어 전구의 불은 그대로 켜져 있다.

실험으로 알게 된 점 전지 2개를 다양한 방법으로 연결한 후 전구의 밝기를 비교하면 전지 1개를 연결했을 때보다 더 밝은 것과 비슷한 것으로 분류할 수 있다. 이때 전지 1개를 연결했을 때보다 더 밝은 것들은 전지 2개가 다른 극끼리 한 줄로 연결되어 있고, 비슷한 밝기의 것들은 전지 2개가 같은 극끼리 두 줄로 나란하게 연결되어 있다. 전지를 서로 다른 극끼리 한 줄로 연결한 것을 **전지의 직렬 연결**이라 하고, 전지를 같은 극끼리 나란하게 연결한 것을 **전지의 병렬 연결**이라 한다.

전구의 연결 방법에 따라 전구의 밝기는 어떻게 될지 전구 2개를 다양한 방법으로 연결해 보고 전구의 밝기를 비교해 보자.

준비물　전지, 전지 끼우개, 집게 전선, 전구, 전구 소켓

에너지 · 전기의 작용

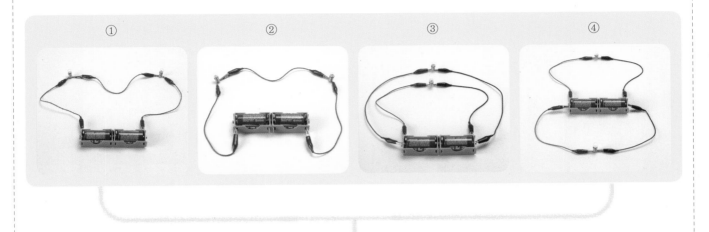

① ② ③ ④

기준 : 전구 1개를 연결했을 때보다 더 어두운가?

전구 2개가 전선을 따라 연이어 연결되어 있다.

예

①, ②

아니오

③, ④

전구 2개가 두 개의 전선에 나누어 연결되어 있다.

참고 전구의 밝기가 덜 밝고 전구가 한 줄로 연결되어 있는 것을 전구의 **직렬 연결**이라고 한다. 전구의 밝기가 좀 더 밝고 전선이 갈라져서 전구가 나란하게 연결되어 있는 것을 전구의 **병렬 연결**이라고 한다.

분류한 두 무리의 전기 회로에서 전구 한 개씩 빼기

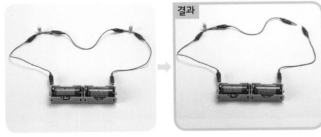

결과

결과

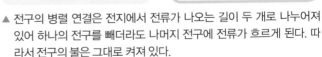

▲ 전구의 직렬 연결은 전지에서 전류가 나오는 길이 하나이기 때문에 전구 하나를 빼면 열린 회로가 되어 나머지 전구에 전류가 흐르지 않게 된다. 따라서 나머지 전구의 불이 꺼진다.

▲ 전구의 병렬 연결은 전지에서 전류가 나오는 길이 두 개로 나누어져 있어 하나의 전구를 빼더라도 나머지 전구에 전류가 흐르게 된다. 따라서 전구의 불은 그대로 켜져 있다.

실험으로 알게 된 점 전구 2개를 다양한 방법으로 연결한 후 전구의 밝기를 비교하면 전구 1개를 연결했을 때보다 더 어두운 것과 비슷한 것으로 분류할 수 있다. 이때 전구 1개를 연결했을 때보다 더 어두운 것들은 전구 2개가 전선을 따라 연이어 연결되어 있고, 비슷한 밝기의 것들은 전구 2개가 두 개의 전선에 나누어 연결되어 있다. 전구 여러 개를 전선을 따라 연이어 연결하는 방법을 **전구의 직렬 연결**이라 하고, 전구 여러 개를 두 개 이상의 전선에 나누어 연결하는 방법을 **전구의 병렬 연결**이라 한다.

전기가 연속적으로 이동하는 현상을 전류라고 한다. 전류는 어느 방향으로 흐를까?
LED가 연결된 전기 회로에서 LED를 관찰하면서 전류가 흐르는 방향을 알아보자.

준비물 전지, 전지 끼우개, 집게 전선,
전구, 전구 소켓, LED

LED의 특성

- LED는 작은 전류에서도 밝은 빛을 내며 오래 쓸 수 있는 친환경 광원이다.

- LED는 두 개의 발을 가지고 있는데 하나는 길고 다른 하나는 짧다.

- 긴 발은 (+)극, 짧은 발은 (−)극을 띤다.

- 긴 발 쪽에서 짧은 발 쪽으로 전류가 흐를 때 불이 켜진다.

LED가 연결된 전기 회로에서 LED 관찰하기

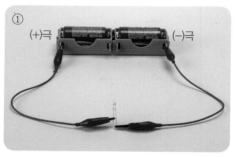

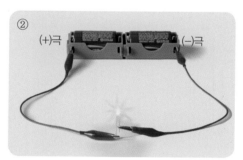

▲ LED는 긴 발 쪽에서 짧은 발 쪽으로 전류가 흐를 때 불이 켜지는 성질이 있다. ①번에서 LED의 긴 발을 전지의 (−)극에 연결했을 때는 LED에 불이 켜지지 않지만, ②번에서 LED의 긴 발을 전지의 (+)극에 연결했을 때 LED에 불이 켜졌다. 이를 통해 전지의 (+)극에서 전류가 나와 LED를 거쳐 전지의 (−)극으로 들어간다는 것을 알 수 있다.

전류가 흐르는 방향 화살표로 표시하기

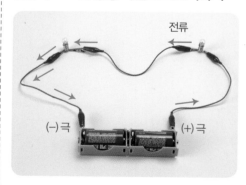

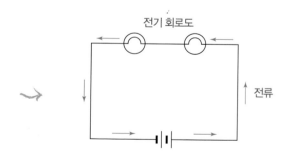

실험으로 알게된 점 LED의 긴 발을 전지의 (−)극에 연결하면 LED에 불이 켜지지 않지만 (+)극에 연결하면 불이 켜진다. LED는 긴 발 쪽에서 짧은 발 쪽으로 전류가 흐를 때 빛이 나는 성질이 있으므로 전류가 전지의 (+)극에서 (−)극으로 흐른다는 것을 알 수 있다. 전류가 흐르는 방향은 전선 위나 옆에 화살표로 나타낼 수 있다.

에너지·전기의 작용

전기를 만드는 동물들

사람만 전기를 사용하는 것은 아니다. 전기뱀장어, 전기메기, 전기가오리와 같은 물고기들도 몸에서 전기를 만들어 사용한다. 그중 가장 유명한 것은 단연 전기뱀장어이다.

전기뱀장어가 일으키는 전기는 말과 같이 큰 동물도 기절시키거나 죽일 수 있을 만큼 강력하다. 하지만 정작 전기뱀장어 자신은 감전되지 않는다. 그 까닭은 무엇일까?

전기뱀장어의 꼬리 근육에는 전기를 일으키는 전기판이라는 기관이 있다. 같은 방향으로 일렬로 늘어선 전기판은 많은 전지를 직렬로 연결한 것과 같은 효과를 낸다. 그리고 일렬로 늘어선 전기판은 140줄이 나란하게 병렬로 연결되어 꼬리 근육을 이루고 있다.

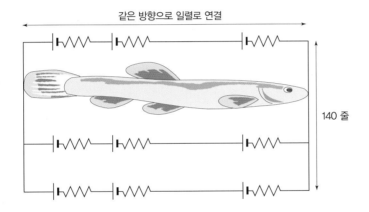

바로 이러한 전기판의 배열(일렬로 늘어선 전기판이 140줄 병렬 연결되어 있는 것) 덕분에 전기뱀장어의 몸에 흐르는 전류는 물에 흐르는 전류의 $\frac{1}{140}$정도 밖에는 안 된다. 따라서 전기뱀장어는 다른 동물들을 위협할 강력한 전기를 만들고도 자신은 감전되지 않는 것이다.

전기가오리

전기뱀장어

전기메기

자기장

자석 주위에 철 가루가 늘어서는 이유는 무엇일까? 전류가 흐르는 전선 주위에서 나침반 바늘이 움직이는 이유는 무엇일까?

158 실험 | 자석 주위에서 일어나는 현상과 이유 알아보기

자석은 떨어져 있는 철로 된 물체를 잡아당겨 자석에 붙게 한다. 서로 떨어져 있는 두 자석은 서로 당기기도 하고 밀어내기도 한다. 이러한 현상이 일어나는 이유를 다음 실험을 통해 알아보자.

준비물 막대 자석, 나침반, 투명 아크릴 판, 철 가루, 스타이로폼 조각

① 막대 자석 위에 투명 아크릴 판을 놓고 철 가루를 뿌리면서 철 가루가 늘어선 모양을 관찰한다.

▲ 철 가루가 자석의 양극 주변에 많이 모여 있으며, 자석을 감싸는 모양을 하고 있다. 철 가루는 서로 이어져 있다.

② 막대 자석 주위에 나침반 8개를 놓은 다음 나침반 바늘이 가리키는 방향을 관찰한다.

▲ 나침반의 바늘은 자석의 한 극에서 나와 다른 극으로 둥글게 돌아가는 모습으로 늘어서 있다.

[실험으로 알게 된 점] 자석 주위에 철 가루를 뿌리면 철 가루가 일정하게 늘어서고, 나침반을 놓으면 나침반의 바늘 방향이 일정한 방향을 가리킨다. 이것은 자석 주위에 철 가루가 늘어서거나 나침반 바늘을 움직이게 하는 어떤 힘이 있기 때문이다. 눈에 보이지는 않지만 철 가루나 나침반, 다른 자석에 영향을 주는 이것을 **자기장**이라고 한다.

자석 주위에 나침반을 놓으면 자기장 때문에 나침반 바늘이 일정한 방향을 가리키게 된다. 전류가 흐르는 전선 주위에 나침반을 놓으면 어떻게 되는지 알아보자.

준비물 전지, 전지 끼우개, 집게 전선, 전구, 전구 소켓, 스위치, 나침반

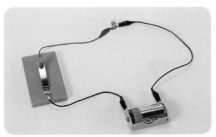

① 전지, 전선, 전구, 스위치를 연결하여 전기 회로를 만든다.

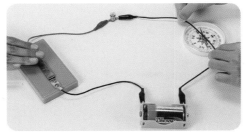

② 전선을 나침반의 바늘과 나란한 방향으로 나침반 위에 놓고 전류를 흘려주면서 나침반 바늘의 움직임을 관찰한다.

▲ 전선이 나침반 위일 때 나침반 바늘의 N극이 왼쪽으로 움직였다.

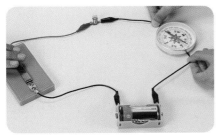

③ 전선을 나침반의 바늘과 나란한 방향으로 나침반 아래에 놓고 전류를 흘려주면서 나침반 바늘의 움직임을 관찰한다.

▲ 전선이 나침반 아래일 때 나침반 바늘의 N극이 오른쪽으로 움직였다.

전지의 극을 바꾸면 회로에 흐르는 전류의 방향이 바뀐다.

④ 전지의 극을 반대로 바꾼다.

나침반 바늘의 움직임을 관찰하는 것은 어떤 공간에 자기장이 있는지 확인하는 방법이다.

⑤ 전선을 나침반의 바늘과 나란한 방향으로 나침반 위와 아래에 놓고 전류를 흘려주면서 나침반 바늘의 움직임을 관찰한다.

▲ 전선이 나침반 위일 때 나침반 바늘의 N극이 오른쪽으로 움직였다.

▲ 전선이 나침반 아래일 때 나침반 바늘의 N극이 왼쪽으로 움직였다.

주의 전선을 놓을 때 나침반의 바늘이 가리키는 방향과 나란한 방향으로 놓아야 그 공간에 자기장이 있는지를 확인할 수 있다.

실험으로 알게 된 점 전류가 흐르는 전선 주위에서 나침반 바늘이 움직이는 것으로 보아 전류가 흐르는 전선 주위에는 자석처럼 자기장이 있다는 것을 알 수 있다. 전선에 흐르는 전류의 방향을 바꾸었을 때 나침반 바늘이 가리키는 방향도 반대가 되는 것은 전류의 방향이 바뀌면 자기장의 방향도 달라지기 때문이다.

전류가 흐르는 전선 주위에는 자기장이 있어서 나침반 바늘은 일정한 방향을 가리키게 된다. 고리 모양의 전선 주위에서 나침반 바늘의 방향은 어떻게 되는지 알아보자.

> 준비물   전지, 전지 끼우개, 집게 전선, 전구, 전구 소켓, 스위치, 나침반

① 둥근 물체를 이용하여 전선을 10회 정도 감아 고리 모양을 만든다.

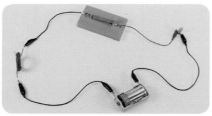

② 고리 모양의 전선을 세워 놓고 전기 회로를 만든다.

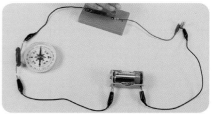

③ 고리 모양의 전선 옆에 나침반을 놓고 스위치를 누르면서 나침반 바늘의 움직임을 관찰한다.

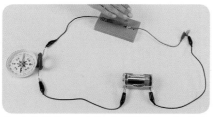

④ 나침반을 고리의 반대쪽으로 옮긴 후 전류가 흐를 때 나침반 바늘의 움직임을 관찰한다.

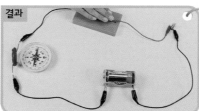

결과

▲ 나침반 바늘의 N극이 왼쪽으로 움직인다. → 고리 전선의 오른쪽이 S극이다.

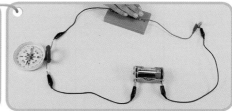

▲ 나침반 바늘의 N극이 왼쪽으로 움직인다. → 고리 전선의 왼쪽이 N극이다.

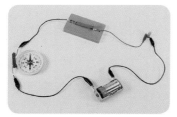

⑤ 전지의 극을 반대로 바꾼 후 ③, ④번과 같은 방법으로 실험한다.

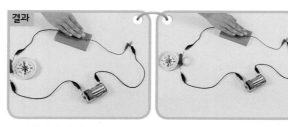

결과

▲ 나침반의 위치에 상관없이 나침반 바늘의 N극이 오른쪽으로 움직인다. → 고리 전선의 왼쪽은 S극, 오른쪽은 N극이다.

> **실험으로 알게 된 점**   고리 모양의 전선에 전류가 흐르면 전선 주위에 자기장이 생기고, 두 종류의 극을 찾을 수 있다. 전류의 방향이 반대가 되면 전선 주위의 자기장의 방향도 반대가 된다.

과학자의 눈
전류가 흐르는 전선 주위에 뿌린 철 가루가 늘어서는 모양

직선 모양의 전선

고리 모양의 전선

여러 개의 고리 모양의 전선

◀ 전류가 흐르는 전선 주위에 철 가루를 뿌리면 자석 주위에서와 마찬가지로 철 가루가 일정한 모양으로 늘어서는 것을 관찰할 수 있다.

전선에 전류가 흐르면 자석의 성질을 띠게 되는 것을 이용하여 만든 자석을 전자석이라고 한다. 전자석은 어떤 성질을 가지고 있는지 알아보자.

준비물 전지, 전지 끼우개, 집게 전선, 전구, 전구 소켓, 스위치, 못, 종이, 에나멜선, 사포, 가위, 투명 아크릴 판, 스타이로폼 조각, 철 가루, 철 가루 뿌리개, 나침반, 침핀

① 종이로 감싼 못에 에나멜선을 촘촘히 감는다.

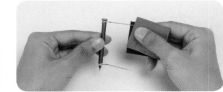

② 에나멜선 양끝의 피복을 사포를 이용하여 벗겨낸다.

③ 에나멜선의 양끝을 전기 회로에 연결한다.

④ 에나멜선을 감은 못을 침핀에 가까이 가져간 후 스위치를 닫을 때와 열 때 침핀이 어떻게 되는지 관찰한다.

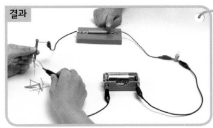

▲ 스위치를 닫으면 못에 침핀이 붙고, 스위치를 열면 침핀이 떨어진다.

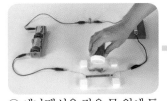

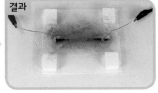

⑤ 에나멜선을 감은 못 위에 투명 아크릴 판을 놓고 철 가루를 뿌린 후 스위치를 닫을 때 철 가루가 늘어선 모양을 관찰한다.

▲ 막대 자석 주위의 철 가루 모습과 비슷한 모양이 관찰된다.

⑥ 에나멜선을 감은 못 주위에 나침반을 놓고 스위치를 닫을 때, 나침반 바늘의 움직임을 관찰한다. 또 전지를 반대로 끼우고 관찰한다.

▲ 막대 자석 주위의 나침반 바늘의 모습과 같은 모양이 관찰된다. 전류의 방향이 바뀌면 바늘의 방향도 바뀐다.

실험으로 알게 된 점 물체에 에나멜선을 감고 전류를 흐르게 하여 물체가 자석의 성질을 띠게 만든 것을 **전자석**이라 한다. 전자석도 영구 자석처럼 두 개의 극이 있고, 쇠붙이가 붙는다. 영구 자석과 달리 전자석은 극과 세기를 바꿀 수 있고, 전류가 흐를 때만 자석의 성질을 띤다.

과학자의 눈
전자석이 제대로 작동하지 않을 때

▲ 쇠못을 불에 달군다.

▲ 얇은 종이를 쇠못에 꼭 붙여 감는다.

▲ 쇠못에 에나멜선을 더 촘촘하게 감는다.

▲ 사포나 칼을 이용하여 에나멜선의 피복을 잘 벗겨낸다.

▲ 새 건전지로 교체한다.

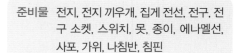

전류가 흐를 때만 자석의 성질을 가지는 전자석은 영구 자석과는 달리 세기를 조절할 수 있다. 전자석의 세기를 조절하는 방법에 대해 알아보자.

> **준비물** 전지, 전지 끼우개, 집게 전선, 전구, 전구 소켓, 스위치, 못, 종이, 에나멜선, 사포, 가위, 나침반, 침핀

① 종이로 감싼 못에 에나멜선을 촘촘하게 100번을 감아 전자석을 만든다.

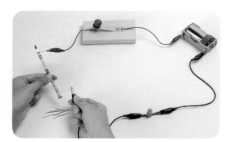

② 전자석을 전지 1개를 사용한 전기 회로에 연결한다.

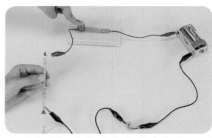

③ 전자석을 핀에 가까이 가져간 후 스위치를 닫았을 때 전자석에 붙는 핀의 개수를 측정한다.

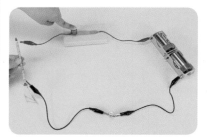

④ 전지 2개를 전기 회로에 연결하고 스위치를 닫았을 때 전자석에 붙는 핀의 개수를 측정한다.

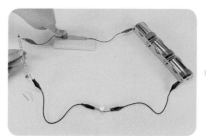

⑤ 전지 3개를 전기 회로에 연결하고 스위치를 닫았을 때 전자석에 붙는 핀의 개수를 측정한다.

결과

전지의 개수	전자석에 붙는 핀의 개수
1개	2개
2개	3개
3개	4개

▲ 전지의 수가 많아질수록 전자석에 붙는 핀의 개수가 증가한다. 즉, 전지의 수가 많아지면 전자석의 세기가 세진다.

과학자의 눈
에나멜선의 굵기와 전자석의 세기

에나멜선의 굵기를 달리하면 전자석의 세기는 어떻게 될까?
사용하는 못의 종류, 에나멜선을 감은 수, 전지의 개수 등을 일정하게 유지하면서 에나멜선의 굵기만을 달리했을 때 전자석에 붙는 핀의 개수를 비교하면 에나멜선의 굵기가 전자석의 세기에 영향을 주는지 알 수 있다. 이러한 방법으로 실험을 하면 에나멜선이 굵을수록 전자석의 세기가 세어지는 것을 확인할 수 있다.

가는 에나멜선으로 감았을 때

중간 굵기의 에나멜선으로 감았을 때

굵은 에나멜선으로 감았을 때

▲ 종이로 감싼 못에 감은 에나멜선의 굵기가 굵어질수록 전자석에 붙는 핀의 개수가 증가한다. 즉, 에나멜선의 굵기가 굵어질수록 전자석의 세기가 세진다.

주의 에나멜선을 감은 수를 달리할 때, 에나멜선을 감은 부분의 길이는 모두 같게 해야 한다.

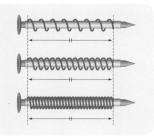

⑥ 종이로 감싼 못에 에나멜선을 느슨하게 50번 감은 전자석과 촘촘하게 150번을 감은 전자석을 만든다.

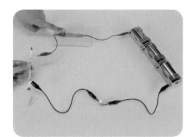

⑦ 전지 3개를 연결한 전기 회로에 에나멜선을 50번 감은 전자석을 연결했을 때 전자석에 붙는 핀의 개수를 측정한다.

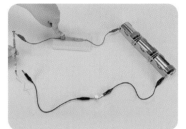

⑧ 전지 3개를 연결한 전기 회로에 에나멜선을 150번 감은 전자석을 연결했을 때 전자석에 붙는 핀의 개수를 측정한다.

결과

에나멜선을 감은 수	전자석에 붙는 핀의 개수
50번	2개
150번	7개

▲ 에나멜선을 감은 수가 많아질수록 전자석에 붙는 핀의 개수가 증가한다. 즉, 에나멜선의 감은 수가 많아지면 전자석의 세기가 세진다.

※ 실험 결과는 건전지의 잔량에 따라 달라질 수 있다.

실험으로 알게 된 점 전자석의 세기를 변화시킬 수 있는 요인으로는 전지의 수와 에나멜선을 감은 수가 있다. 전지의 수가 많아질수록 전자석의 세기는 세지고, 종이로 감싼 못에 에나멜선을 감은 수가 증가할수록 전자석의 세기가 세진다. 전자석의 세기는 못에 붙는 클립이나 핀의 개수를 비교하면 알 수 있다.

과학자의 눈
나무젓가락에 에나멜선을 감으면?

전자석은 종이로 감싼 못에 에나멜선을 감아서 만든다. 만약 못 대신에 다른 물체를 이용하면 어떻게 될까?

못 대신 나무젓가락에 에나멜선을 감아서 전자석을 만들어 확인해 보자. 이때 못으로 만든 전자석과 같은 종류의 에나멜선을, 같은 수만큼 감아서 만들어야 한다. 그리고 두 전자석을 같은 수의 전지를 사용한 전기 회로에 연결한 후 전자석의 세기를 비교한다. 그런데 나무젓가락으로 만든 전자석은 그 세기가 매우 약해서 핀이나 클립이 붙지 않는다. 따라서 나침반의 바늘이 움직이는 정도를 비교하는 것이 적합하다.

못으로 만든 전자석을 나침반에 가까이 가져갔을 때 나침반의 바늘이 움직이는 정도가 나무젓가락으로 만든 전자석을 나침반에 가까이 가져갔을 때 나침반의 바늘이 움직이는 정도보다 훨씬 크다. 못을 이용한 전자석과 비교했을 때 나무를 이용한 전자석의 세기는 $\frac{1}{1000}$ 정도이다.

못을 이용한 전자석

나무젓가락을 이용한 전자석

※ 처음 나침반 바늘의 방향은 수평 방향이었다.

19세기의 과학자 패러데이는 전류가 흐르는 전선과 자석을 이용하여 전동기를 발명하였다. 전동기를 만들어 보고, 그 원리를 알아보자.

준비물 지름이 1mm인 에나멜선, 전지, 전지 끼우개, 네오디뮴 자석, 구멍뚫린 구리판 기둥, 니퍼, 사포

간이 전동기 만들기

① 에나멜선을 지름 3cm 정도의 원으로 5~10회 정도 감아 고리를 만든다.

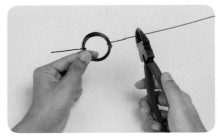
② 감은 에나멜선이 풀리지 않게 양쪽에서 2번 정도 감은 후 자른다.

③ 에나멜선의 한쪽 끝은 사포로 완전히 벗겨내고 다른 한쪽은 절반만 벗긴다.

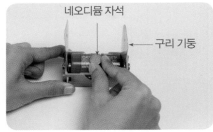
④ 전지 끼우개에 전지를 끼운 후 구리 기둥을 세우고 네오디뮴 자석을 전지에 붙인다.

⑤ 구리 기둥에 에나멜선으로 만든 고리를 걸고 손으로 가볍게 돌린 후 고리가 어떻게 되는지 관찰한다.

▲ 에나멜선으로 만든 고리가 계속 돌아간다.

전동기의 원리

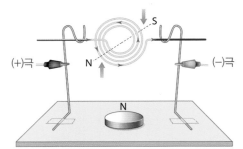
▲ 구리판에 닿는 에나멜선에 전류가 흐르면 자기장이 생겨 한쪽은 N극, 다른 쪽은 S극인 전자석이 된다. 이때 전자석과 자석 사이에 같은 극끼리는 밀고 다른 극끼리는 당기는 힘에 의해 에나멜선 고리가 회전한다.

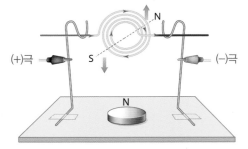
▲ 에나멜선의 양쪽이 모두 벗겨져 있으면 고리가 반 바퀴 돌았을 때 전류가 흐르기 때문에 전자석의 극이 반대가 된다. 이때 반대 방향으로 돌게 만드는 힘이 생겨서 고리는 계속 돌아가지 못한다. 그러나 한쪽의 에나멜선을 반만 벗겼기 때문에 전류가 흐르지 않아 고리를 반대 방향으로 돌리려는 힘이 생기지 않는다. 따라서 고리는 처음에 회전하던 방향으로 계속 돌게 된다.

실험으로 알게 된 점 전류가 흐르는 전선과 자석을 이용하면 전동기를 만들 수 있다. 전동기는 자석이 전류가 흐르는 전선을 밀거나 당기는 힘을 이용하여 고리가 계속 회전하게 만든 것이다. 전동기가 계속해서 작동하기 위해서는 에나멜선의 한쪽 끝은 반만 벗겨야 한다.

전자석은 전류가 흐를 때만 자석의 성질을 띤다. 이러한 전자석의 원리를 이용하여 발명품을 설계해 보자.

준비물　종이, 그림 도구, 관련 서적, 인터넷

에너지·전기의 작용

전자석의 원리를 이용한 발명품 설계 과정

일상 생활에서 불편한 점을 찾아 본다.

(예) 동생의 자석 낚시 장난감의 자석 낚싯대에 달린 자석에 집 안의 다른 물건이 달라붙는다.

발명 다이어리에 생각나는 단어를 써 본다.

(예) 자석 낚싯대, 나무, 클립, 종이, 막대 모양, 손잡이

모은 단어를 바탕으로 좋은 의견을 선택하여 설계도를 그려 본다.

(예) 자석 낚시 장난감의 자석 낚싯대를 전자석으로 만들어 필요할 때만 자석의 성질을 띠게 한다.

내가 그린 설계도를 전자석의 특징이 잘 나타나도록 광고하는 글을 써 본다.

(예) 원하는 장소와 시간에 작동하는 똑똑한 전자석 낚시 놀이 기구이다. 이 놀이 기구의 주인은 바로 당신이다.

전저석의 원리를 이용한 또 다른 발명품 설계도

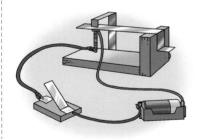

▲ 전자석과 철판의 인력을 이용하여 신호를 보낼 수 있는 전신기

▲ 전자석과 철캔과의 인력을 이용한 철캔 수거기

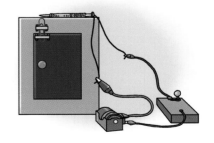

▲ 전자석과 클립과의 인력을 이용한 출입문 잠금 장치

조사로 알게 된 점　생각 열기(관련된 단어를 나열하고, 그 단어에 대한 특징이나 좋은 점을 쓰기) → 생각 펼치기(자료 수집과 정보 검색을 통하여 추가할 수 있는 정보 찾기) → 생각 모으기(단어 중 몇 가지를 골라 서로 강제 결합 시키기) 등의 방법으로 발명품을 설계할 수 있다는 것을 알았다.

학년	대단원	탐구 번호	탐구 활동
	4. 용해와 용액	6	줄기 속 물의 이동 알아보기
		7	식물의 잎 모양 관찰하기
		8	식물 잎의 기공 관찰하기
		9	잎에 도달한 물이 어떻게 되는지 알아보기
		10	잎에서 만들어지는 물질 알아보기
		11	꽃의 생김새 관찰하기
		12	꽃의 구조 관찰하기
		13	열매가 되는 과정 알아보기
		14	열매의 구조와 하는 일 알아보기
		15	식물의 열매가 형성되는 과정 알아보기
		16	씨가 퍼지는 방법 알아보기
		17	현미경으로 식물 세포 관찰하기
		82	재미있는 설탕물 층 만들기
		83	여러가지 가루 물질을 물과 아세톤에 넣어 관찰하기
		84	물질이 물에 녹으면 어떻게 되는지 알아보기
		85	소금 용액 속에 용해된 소금 찾아보기
		86	물의 양에 따라 녹는 물질의 양 알아보기
		87	물의 온도에 따라 녹는 물질의 양 알아보기
		88	용액의 진하기 비교하기
		89	물질을 빨리 녹이는 방법 알아보기
		90	용액의 진하기를 비교하는 도구 만들기
		91	용액의 색 변화 관찰하기
		92	여러 가지 용액 분류 방법 알아보기
		93	지시약을 이용하여 용액 분류하기